薄荷实验

Think As The Natives

［法］布鲁诺·拉图尔
［英］史蒂夫·伍尔加 著
修丁 译

Bruno Latour
Steve Woolgar

实验室生活

科学事实的建构过程

Laboratory Life

The Construction of Scientific Facts

华东师范大学出版社
·上海·

图书在版编目（CIP）数据

实验室生活：科学事实的建构过程 /（法）布鲁诺 · 拉图尔，（英）史蒂夫 · 伍尔加著；修丁译. —上海：华东师范大学出版社，2023

ISBN 978-7-5760-3721-0

Ⅰ. ①实… Ⅱ. ①布… ②史… ③修… Ⅲ. ①科学社会学—研究 Ⅳ. ① G301

中国版本图书馆 CIP 数据核字（2023）第 040268 号

实验室生活：科学事实的建构过程

著　　者　〔法〕布鲁诺 · 拉图尔 〔英〕史蒂夫 · 伍尔加
译　　者　修　丁
责任编辑　顾晓清
审读编辑　陈锦文　韩　鸽
责任校对　江小华
装帧设计　周伟伟

出版发行　华东师范大学出版社
社　　址　上海市中山北路 3663 号　邮编　200062
客服电话　021－62865537
网　　店　http://hdsdcbs.tmall.com/

印 刷 者　苏州工业园区美柯乐制版印务有限责任公司
开　　本　890 × 1240　32 开
印　　张　11
版面字数　233 千字
版　　次　2023 年 6 月第 1 版
印　　次　2023 年 6 月第 1 次
书　　号　ISBN 978-7-5760-3721-0
定　　价　75.00 元

出 版 人　王　焰

致索尔克研究所

如果社会学不能彻底理解科学知识，科学也无法科学地认识自己。

——布鲁尔（1976）

当心纯化，它是灵魂的毒液。

——米歇尔·图尼耶（《礼拜五》[*Vendredi*]）

目录

致　谢

构成本书讨论基础的实地研究由第一作者进行。富布赖特奖学金（1975—1976）、北约奖学金（1976—1977）与索尔克研究所的特别拨款资助了这项实地研究。特别感谢罗歇尔·吉耶曼教授与他的小组，他们为田野研究提供了很大帮助。随后的写作得到了PAREX、人类科学之家以及文莱大学的财政支持。我们向所有人表达感谢，同时也感谢那些不厌其烦阅读本作并提出有益批评的人。

序　言

一般来说，科学家都反感非科学人士对科学说三道四。外行人写科学批评，跟不写小说、不作诗歌的人写文学批评不是一回事。只有受过科学教育的记者写的报道，或是科学家本人写的亲身经历，才最能称得上是科学批评。至于科学论研究与科学哲学，则大多深奥难懂，或只论述众人皆知的历史事件与年代久远的案例轶事，不讨论实验台上的日常工作与科学家在研究中的交流互动。而且，这些新闻性的或社会学式的描述有时像是只为证明科学家也是人。

一些社会阶层对科学家可谓爱恨交织，既有人对科学研究抱有极高期待，也有人反思科学研究的成本与风险，然而他们无一例外，全都忽视了科学工作本身的内容与过程。经济学家与社会学家在“科学政策”的名义下研究科学活动，往往只关心出版物的数量与科学工作的可重复性。这些研究具备一定价值，但还有很大的进步空间，例如这类研究大多是为了控制生产力与创造性，使用的统计工具也简陋粗糙，不过最大的问题是它们不关心科学思想与科学活动的实质内容。因此对科学家来说，外人怎么看待科学事业并不重要，他们更关心同道中人的想法。

不过，本书与一般的业外评论略有不同。它基于一位法国年轻哲学家在索尔克生物研究所为期两年的研究，由这位哲学家与另一位英国社会学家合作撰写。作为实验室的一员，我尽管不是最初邀请他们的人，也欢迎他们到来，想看看借此机会，他们能否用自己深思熟虑的方法弥补既往科学论研究的一些不足。

布鲁诺·拉图尔（Bruno Latour）采用了一种人类学方法研究科学“文化”，也就是成为实验室的一员，近距离观察科学工作精细的日常过程，不过在“深入”实验室的同时，他还要保持自己局外观察者的身份。他观察科学家做什么，想什么，怎么想，不放过任何一个细节。拉图尔从观察结果中提炼出独创的、科学家基本没听过的概念与术语，把信息转译成人类学的通用代码，编写进属于他自己的程序。拉图尔试着像科学家一样，后者冷静地盯着细胞、激素或化学反应，目不转睛，他则同样沉着专注地盯着科学家们，但科学家还不适应被人这样居高临下地观察，因此感到不安。

本书没有流言八卦、暗指影射与尴尬故事，也没有其他研究与评论中常见的心理学化现象。两位作者使用真实有效的实验室科学实例，证实了他们口中科学的“社会建构”。这本身就构成一项成就，因为他们或多或少只是实验室科学的门外汉，我们并不指望他们掌握实验室科学的基本原理，只要能理解其中最容易理解的那部分，像是实验室生活的表象就好。

我读着这本书，看着拉图尔用社会学家的显微镜观察我的同事，意识到一项科学研究竟能够如此科学，连观察它的局外人都有了模仿的冲动，想仿照自己眼前的科学方法从事研究。

两位作者的研究工具和概念虽然是粗陋的、定性的，但他们那股想去理解科学工作的意志，同样彰显了科学精神。我看到他们在研究中展现出的勇气乃至自负，想起很多科学家也是这样，努力冲破重重阻碍，探索科学真理。科学家们从事科研，可能受不了这样的客观观察，仿佛自己成了蚂蚁或大鼠，在迷宫里跑来跑去。然而，情况似乎并非如此，对我来说，这项研究及其成果最有趣的地方在于，一开始，哲学社会学家布鲁诺·拉图尔想对生物学进行社会学研究，但随着研究的推进，他也逐渐开始从生物学的角度思考社会学。生物学家思考有机体、秩序、信息、变异等问题的概念和方式改变了他的思维模式。说来奇怪，原本是社会学家研究生物学家，生物学家研究生命进程，但经过无限倒推，社会学家发现他们的工作属于科学研究活动，科学研究活动又属于生命的组织化进程。

我想说的最后一点是，本书搭建起了连通科学（家）与社会其他部分的桥梁，因此也值得科学家们一读。“桥梁”这个评价不太准确，两位作者估计也不会接受，毕竟他们心中的目标要远大得多。他们主要的观点之一：科学，乃是其他诸多社会行动的结果，所谓的“科学世界在这边，社会世界在另一边”并不成立，“人类事务”与他们口中的“科学生产”是一回事。他们认为自己最大的贡献，就是揭示出“人的面向”如何在“事实生产”的最后阶段被剔除了出去。我对他们的思维方式心存疑虑，另外我自己的研究也有很多细节与两位作者构造的思维图示有出入，但二位力图说明科学、人文两种“文化”[①]实际是一种，这点一直对我有所启发。

不管两位作者的观点会激起何种反对意见，也不管书中具体细节将引发什么争论，现在我都确信，应该有更多的研究像这样直接观察职业科学家，这一方面是为了社会的最佳效益，另一方面也为了科学家群体的最大利益，而且科学家们也应该鼓励支持这样的研究。总的来说，科学让人们满怀希望，也让人们惶恐不安，一直以来外人与科学家的关系都激情四射，一会儿热情以待，一会儿陷入恐慌，一切都在转瞬之间突如其来。如果能帮助公众了解科学知识如何生产，明白它不比其他行业的产品来得更为非同凡响，同样也能够被人理解，人们就不会要求科学家去做他们力所不及的事情，也不会像现在这样对科学家心存恐惧。如此这般，不仅科学家的社会位置能得到澄清，公众也能更清楚地理解什么是科学、科学追求、科学知识创造的实质。身为科学家，尽管我们投身科学，以毕生之力拓展知识，彰显理性，点亮世界，然而人们常常觉得我们在变魔法，认为某个科学家或所有科学家的工作都神神秘秘，我们偶尔也会因此灰心丧气。

---

① 英国科学家与小说家斯诺（Charles Snow）1959 年在剑桥大学瑞德讲座上提出的两种文化，指西方的智识生活已经日益分裂成两个极端，一端是文学知识分子，另一端是科学家，彼此缺乏了解，互不理解甚至相看两厌。斯诺在《两种文化和科学革命》一文中对这两种文化的各自特征与相互隔膜作了详细描述，认为英国的文化分裂现象尤其突出，源于迷信分科教育和阶级固化问题。（如无特殊说明，脚注均为译者注）

即使不赞同本书的具体细节，读到某些内容或许还稍感不适，甚至是痛苦，但我还是认为，拉图尔朝着正确的方向迈进了一步，我们需要破除围绕科学活动的神秘想象。我确信在未来，很多研究所和实验室都会邀请哲学家或社会学家进入其中。对我来说，布鲁诺·拉图尔来我们研究所是桩趣事。首先，他能在此开展研究，这也使我第一次关注到这类研究；其次，最有趣的地方在于他能看到自己和自己的方法如何被研究所这段经历影响、改变。要是这本科学评论能再引发讨论与批评，不仅两位作者（以及其他兴趣与背景类似的学者）能给科学家递上一面镜子，帮他们认识自己，更多的公众也能从一个前所未有的、耳目一新的角度理解科学追求。

医学博士乔纳斯·索尔克

加利福尼亚，拉霍亚

1979 年 2 月

第一章

瓦解秩序

5分。约翰来了，他走进办公室，飞快地说自己犯了个大错。他寄出去了一篇论文综述……剩下的句子听不清了。

5分30秒。芭芭拉来了。她问斯宾塞要在试管里放什么溶剂。斯宾塞在办公室回答了她。芭芭拉朝实验台走去。

5分35秒。简进来询问斯宾塞："你在准备吗啡静脉注射（I. V.）时，用的是生理盐水还是蒸馏水？"斯宾塞从办公室回答了问题，他似乎正伏在桌前写着什么。简离开了。

6分15秒。威尔逊进门后环视了一圈办公室，想把大家召集起来开个全体会议。几个人含糊地应下。"这个问题值4000块，必须在接下来两分钟内解决掉，两分钟最多了。"随后他去往大厅。

6分20秒。比尔从化学区过来，递给斯宾塞一个细细的小瓶，指了指标签："你要的两百微克，记得把编号写在本子上。"说完便走了。

接下来是一阵漫长的沉默。图书馆里空无一人。几个人在办公室写东西，几个人在明亮的靠窗实验台区工作。噼里啪啦的打字声传入大厅。

9分。朱列斯咬着苹果走进来，手捧一本《自然》杂志的复印本浏览着。

9分10秒。朱莉从化学区过来，坐在桌前打开她负责的电子表格，开始填一张纸质表单。斯宾塞走出办公室，视线越过朱莉的肩膀看向表单："看上去不错。"然后带着几页草稿进了约翰的办公室。

9 分 20 秒。秘书从大厅进来，把一份新打印的草稿放在约翰的桌上，随后与他简单聊了一下截稿日期。

9 分 30 秒。库存助理罗丝紧随秘书进来，告诉约翰他想买的那个仪器要 300 美元。他们在约翰的办公室里聊天，哈哈大笑。她随后离开了。

又是一阵沉默。

10 分。约翰在办公室高喊："斯宾塞，你知道有哪个临床小组报告肿瘤细胞分泌生长抑素的吗？"斯宾塞从办公室回喊："我从阿希洛马会议[①]摘要中读到过，他们当它是众所周知的事实。"约翰说："有什么证据吗？"斯宾塞回复："这个嘛，他们发现……增加了，就说那是生长抑素引起的。或许是吧，我不确定他们有没有直接测生物活性，搞不太清。"约翰说："你怎么不在下周一生物测定的时候试试呢？"

10 分 55 秒。比尔和玛丽突然进来，两人讨论的话题已接近尾声。"我不信这篇论文，"比尔说，"我不相信，因为它写得太烂了。你看吧，肯定是某个医学博士写的。"他们看向斯宾塞，笑了……（摘自观察者笔记）

---

① 1975 年 2 月由保罗·伯格（Paul Berg）组织召开的 DNA 重组会议，目的在于审查 DNA 重组研究的进展，讨论这项生物技术的潜在生物危害与监管问题，与会人员制定了相关原则以确保 DNA 重组技术安全开展。

每天一早，职员们手提装有午餐的棕色纸袋踏入实验室。技术员立即动手准备测定，他们设定手术台，称量化学物，从夜间持续工作的计数器上采集数据。秘书们坐在打字机前重新修订手稿，它们总是姗姗来迟。研究员依次走进办公区，有些人早就来了，他们简单聊了聊当天工作，片刻后便走向各自的实验台。管理员与其他雇员送来动物实验品、新鲜化学品和一堆邮件。这里似乎有一种无形场力，说得再具体一些，一个谜题已经确定，谜底今天或便揭晓，一切工作都围绕解谜展开。这栋建筑和里面的人都受索尔克研究所庇护，美国国立卫生研究院定期将纳税金拨给研究所，用以支付经费与工资。参加这个讲座，出席那个会议，这是人们心头两桩大事。每隔十几分钟就有同行、编辑、官员打来电话找小组某个成员。人们在实验台前交谈讨论，争个不停："你怎么不试试那个呢？"黑板上潦草地勾画着表格，一台台电脑源源不断涌出打印件，长长的数据表摞在办公桌上，紧挨着同事们草涂的论文复印件。

黄昏时分，稀有金贵的样品被包在干冰里，同邮件、手稿、预印本一起寄了出去。技术员陆续下班，气氛更加轻松，没有谁再跑来跑去，人们在大厅里插科打诨。今天共用去 1000 美金，库存里新添进几个形似汉字的显微镜片，其中一个被破译，是个极微小的无形增量。细微的暗示正在浮现。眼看着一两则陈述的可信性增加（或减少）了几分，波动幅度颇像道琼斯工业日均指数。今天大多数实验可能都搞砸了，要么正将研究者引入死胡同。也有可能今天过后，少数想法会更紧密地关联起来。

一位菲律宾清洁工拖着地，倒空垃圾。这是一个寻常的工作日。现在研究所全空了，只剩一个孤独的观察者，他默默思索着今天目睹的一切，略感困惑……（观察者叙事）

20 世纪初以来，男男女女深入丛林，饱尝恶劣气候，忍受敌意、无聊与疾病的考验，只为收集所谓的原始社会的遗迹。人类学者虽然频频踏足异域，却很少走进身旁的“部落”一探究竟。这事儿似乎不可思议，因为这些“部落”的产品分明遍布现代文明社会，深受人们重视——没错，我们说的正是科学家“部落”与科学生产。如今，人们虽悉知异邦部落的神话与割礼仪式，但仍不甚了解科学部落的类似活动，尽管世人公认科学工作给文明带来的影响不说惊天动地也是举足轻重。

近年来，诸多领域的学者确将目光投向科学，但多半热衷于考察科学的宏观影响。目前，不少研究涉及科学整体增长的规模与一般形式（例如，Price，1963；1975）、科学基金的经济学（Mansfield，1968；Korach，1964）、科学支持与科学影响的政治学（Gilpin and Wright，1964；Price，1954；Blisset，1972），以及科学研究的全球分布情况（Frame et al.，1977）。但人们容易产生一种印象：历经宏观研究，科学的神秘色彩似乎不减反增。尽管我们对科学外部效应有了更深入的了解，也更为接纳科学，但谈及科学内部运作的复杂活动却还在原地踏步。社会科学家彼此信念不同，理论承诺有别，都在用各自的概念描述科学，于是现有研究越发强调科学的外部运作。社会科学家没能帮助人们更好地理解科学活动，反而用高度专业化的概念将科学描绘成一个独立的世界。由于他们使用各不相同的专业化方法研究科学，总体成果版图很不和谐，往往呈现这副模样：分析科学论文的引用情况时，几乎不探讨论文的实质内容；对科学基金进行宏观分析时，避而不谈这项智力活动的本质；对科学发展史进行定量研究时，过分看重最易量化的科学特征。另外，很多研究不曾想着解释科学产品的最初制造过程，只是轻易接纳了它们，在后续分析中也不予以质疑。

极少有科学论研究（studies of science）[①] 采取任何手段自评方法，于是我们对上述研究路径更是大为不满——说来也怪，一旦科学研究者自称有了“科学”发现，人们便不由自主地期望他能始终明白个中依据。既然如此，那些关心科学生产的学者也理应起手考察自身发现的依据吧，但他们即便在巅峰作品中也对研究方法、论证条件三缄其口。自然有人会说，刚刚起步的研究领域难免缺乏反身性，研究者过度关注方法论便分身乏术，难以产出虽然初步但也是亟需的研究成果。不过其实有少量证据表明，新兴领域通常不会为了尽早产生实质性结论就推迟探讨方法论。相反，领域发展之初便会澄清、讨论方法问题（Mulkay et al.，1975）。为何科学社会研究（social studies of science）在方法上缺乏反身性？更合理的解释也许已在上文提及：不过是因为宏观视角主导现有研究，不容反思方法论。倘若有研究者细考自身方法论，或会开启一项全新的科学论研究

① 国内一般将“studies of science ”译作“科学论”，此处为了行文通顺，加上了“研究”二字。

事业，它的关注点将与当前研究——侧重科学总体发展，看重科学政策与科学资金增长的影响——截然不同。

我们不满于研究现状，又想揭开科学的神秘面纱，反思性地理解在职科学家活动的细节，于是下定决心去建构一个新的叙述。我们为此来到实验室，与科学家开始了两年的朝夕相处（参见下文的材料与方法）。

观察者与科学家

在职科学家被外部观察者问起科研工作时，大致会有下面几种反应。假如观察者是专攻其他方向的科学家，或是立志要当科学家的学生，科学家多半会满足他的好奇。除特殊情况外（比如内容需要绝对保密，或涉及政党竞争），他们往往化身教师回答观察者的提问，告知他这个陌生领域的基本情况。但观察者若是对科学一窍不通，也志不在此，科学家的反应将截然不同。这时，最天真幼稚的（或许也是最少见的）会说：科学活动不是外行该操心的事儿。大多数人则知道很多学者（比如历史学者、哲学家、社会学家）会对科学有专业兴趣，实际情况也的确如此，但他们还是不太明白学者们究竟想看到什么，了解什么。这也难怪，因为多数科学家对其他学科的原理、理论、方法与棘手问题顶多了解个大概。因此，当观察者介绍自己是“研究科学的人类学家”时，科学家不免惶惶不安。

一方面，科学家欠缺其他学科的知识，自然对科学论研究报告提不起兴致，常常点评道：科学社会研究的学术小本子读来“乏味得很”。这至少可以看出在他们心中，很多科学社会研究无关紧要。另一方面，科学家不了解自然科学以外的学科，很容易心生疑虑。他们往往假定观察者只会好奇科学生活比较肮脏的一面。既然调查者的问题基本都与科学实践无关，合其口味的故事想必是——谁卷入了阴谋与丑闻，谁违背了科学研究一贯的高标准，谁违反了道德，谁喝着咖啡大谈高见，谁著名的天才之举，谁灵光乍现的瞬间。观察者固然可以挖掘这些信息的深层含义，但科学家提供的信息无疑会深刻影响调查报告。至于他们会提供哪种信息，反过来取决于科学家同调查者的关系，因此急需考察这一关系，简要分析它对科学研究报告的影响。

我们有幸进入索尔克研究所收集本书的讨论材料，因为该研究所公开宣称其有培养广泛兴趣的优良传统，科学兴趣也好，哲学兴趣也罢，在这里通通受到鼓励。创所人还特别制定了一项原则：本所应在主流生物学之外广纳各种“生命科学”的研究旨趣。例如该所包含一个语言学部门。一定程度上多亏了这条原则，我们入场时少了许多麻烦。一间实验室的负责人为我们的调查者争取到了办公室，两年期间，他便在那儿近距离观察科学家的日常活动。虽然入场没遭遇制度性困难，但观察者尚未打消实验室成员的疑虑——他究竟为什么要研究实验室呢？有什么动机与目的？

当然，观察者情愿用体系完备的学术范畴介绍自己，免得平添科学家的疑虑与好奇。例如，相比于“社会学家”“人类学家”，“历史学家”“哲学家”更容易被人接受。一提起“人类学家”，人们便会想到“原始”或“前科学”的信仰体系研究。“社会学家”激发的想象更丰富些，但基本会让科学家联想起一连串现象，它们都以这样那样的方式破坏着社会的、政治的阴谋。当研究者自称要开展科学活动的“社会学”研究时，不出意外，很多科学家会认为他主要想考察科学事业“非科学”的那面。于是乍看上去，科学的社会学无非关心种种余类[①]（residual category）行为现象，概括起来就是：科学家终究是社会存在，他们的社会行为难免妨碍科学实践，但这些行为基本处于科学实践的边缘地带。只有在绝对保密、欺骗或其他比较罕见的情况下，人们才偶尔察觉到有社会现象在科学领域作祟。只有那时，科学逻辑与科学程序的内核才会动摇，科学家才会发现外部力量干扰并阻挠了他的工作。

社会与科学之别：科学家的一种资源

很多资料证实，科学家多半都像这样看待社会学与“社会事物”。第一，这符合科学家对社会学家常有的印象，他们认为

① 近似于兜底分类，包括难以被划归到给定类别的对象，比如调查问卷当中的“其他”选项。在学科体系中，“余类”一般用来形容跨系科特质明显的专业，或交叉学科。

社会学者从事学术揭丑工作。一旦调查者承认自己不懂科学专业知识，科学家回应提问时便基本只谈科学外部事件。第二，科学家指摘、质疑他人主张的惯用手法之一，便是提醒人们留意该主张所处的社会环境。例如，有人断言——

X首次观察到光学脉冲星。

若改作如下表述，可信性便会大幅下降：

X三夜未睡，正处在精疲力竭的状态之中，以为自己首次观看到光学脉冲星。

说法二中，社会因素闯入了系统性的科学进程，扰乱了科学的内在逻辑，后文适时之处会展示更多细节。在这个例子中，“社会因素”既指“三夜未睡”，也指作者将直接“观察”改述为心理过程——“以为观看到”。一直以来，要想观察取得成功，科学理应脱离“社会因素”独立运行，或像少数特例那样，纵有“社会因素”在场，“伟大的”科学家也能确保科学顺利进行。至于平庸之辈，一旦遭遇“社会因素”便无法贯彻科学，故可援引社会环境贬低、指摘其观察、主张与成果。第三，尽管社会环境可以用来攻讦科学成就，但改口说它是科学常规进程的必要部分也未尝不可。如此一来，“社会因素”便不再像它看上去那样与科学无关，相反，它们不再是“社会的”并就此超出了社会学专业范畴。例如，在发现脉冲星事件中（Woolgar，

1978），有个别射电天文学小组抱怨剑桥对手们无故拖延，迟迟不公布发现成果。换言之，他们试图引导公众留意“脉冲星发现”受到了传播管控，想借此贬抑剑桥的成就。很多评议者都发表了如下双刃剑式的评论：

> 事实上几个月来，休伊什（Antony Hewish）及整个剑桥小组讳莫如深，筑起一道安全机密的信息墙，这本身就是一项成就，几乎不亚于发现脉冲星。（Lovell，1973：122）

剑桥发言人回应此类批评时表示，保密需求只是常规科学进程的一部分：

> 我认为，一直以来，在科学的历史长河中，做出科学发现的个人、团体有权进行跟踪研究，毋需公布最初结果。（Ryle，1975）

剑桥发言人意在表明，人们质疑剑桥行为科学性的依据其实是常规科学的必要阶段。“讳莫如深”（这个词引起剑桥参与者激烈争辩）行为不再是指责剑桥的外部社会因素，反被纳入科学内部运行的常规过程。另有几位科学家还表示保密行为属于正常科学进程，不值得行外社会学家费心关注。

后文适时会再谈这个问题，届时将细考科学家如何使用类似程序处理与其活动相关的环境。但是，我们不仅意在指明科学家一般都会区分“社会”与“知识”，更要揭示他们能从中汲取资源，据以描绘自己、他人的事业，因此急需探究这一区分的本质，分析科学家如何加以利用。除此之外，观察者对该区分的认可程度也深刻影响其科学报告。

社会与科学之别：观察者的两难困境

让我们假设一种极端情况：有位观察者完全同意上述区分。这时他会假定科学现象、社会现象分属两个基本不同的领域，社会学的概念、程序与专业知识只能研究后者，因此，社会学解释多半会绕开科学工作的核心过程与重大成果。默认这一立场的研究方法已遭多方严厉批评，这里不再详细重复，只概述几大批判方向。第一，若研究重心仅限于科学的“社会”层面，回避“技术”问题，适于研究的现象将极度有限。简言之，除非研究者能确定正有政客紧盯着科学家不放，否则无需进行科学社会学研究。换言之，但凡无外部机构直接干涉，科学便可自主运行而无需社会学分析。这一论断对社会–政治因素的理解十分狭隘，其认为它们不过偶施影响，但凡没有它们，科学的实质即可径自贯彻下去。第二，强调“社会”“技术”对立导致学者在选择分析对象时，太过青睐貌似“错判”或“错误”的科学典例。后文会提到，事实建构的重要特征之一是：在建构过程中，事实一经确立，“社会”因素便会无影无踪。既然科学家喜好在他认为科学失灵的地方保留（或复活）“社会”因素，一旦观察者与科学家同声同气，他必将分析社会因素如何影响（或导致）“错误”的信念。然而如巴恩斯[①]（Barry Barnes，1974）所言，哪怕出于实际需求也应采取对称（symmetrical）法分析信念（参见 Bloor，1976）。被冠以正确之名的科学与其同胞（谬误）一样适用于社会学分析。第三，有批评者指出，强调“社会”因素导致现有研究失衡，其不够关心“技术”，因此需采取一些补救措施。例如惠特利（Richard Whitley）认为，科学的社会学兴趣有转变为“科学家社会学研究”的危险，难以发展为成熟的“科学社会学研究”：

> 只研究特定文化制品（即科学）的生产者，而不考虑科学本身的形式与实质，这是错误的。（Whitley，1972：61）

第四，人们批评默顿科学规范结构启发的分析，当中许多是社会学家区分“社会”“技术”的典型案例。多数批评者认为，这类分析勾勒的现代科学精神缺乏实证支持。例如，有学者切中肯綮，指出默顿的规范根本不像他所言那般指导科学家的行为（Mulkay，1969）。最近有学者指出，科学中规范与反规范的并存（Mitroff，1974）源于社会学家面对科学家向外人描述工作时的说法，未能进行充分的批判性分析（Mulkay，1976）。但是，批评科学规范说缺乏实证支持还不够，更要意识到它无视科学的技术本质。社会学家即便总结出正确的规范，也不过是

---

① 科学知识社会学（SSK，sociology of scientific knowledge）的代表人物之一，爱丁堡学派的奠基人之一，与布鲁尔合著《科学知识》一书。

描述了一个专业渔民的社区，因为他没有告诉我们科学活动的本质与实质。

马尔凯[①]（Michael Mulkay）比起“社会”更关注“技术”。他（1969）认为相较于社会规范，既存知识体系及与之相关的“认知与技术规范”更实际地约束着科学家的行为。因此（Mulkay，1972），科学家基本就在库恩描述的范式（Kuhn，1970）系统内工作。学者们主张“技术”因素应当与“社会”因素一样，受同等重视，被统一分析，这催生了重视社会与智识并行（parallels）进展的研究。采纳该路径的部分研究者表示，考察认知发展理应了解“与之相伴”的社会进展。马林斯（Nicholas Mullins，1972；1973a；1973b）最为直截了当地表示，社会进程（如“社会组织领袖”出现）与“智识”进展（如从“确定立场”到“进行研究”）同步。可以将社会进程与智识发展分开处理、讨论。与之类似，科学增长模型揭示了科学领域历经多个发展阶段，各阶段对应不同的社会与认知特征（Crane，1972；Mulkay et al.，1975）。马尔凯强调，需建立“一种呈现智识进展与社会进程之间关联的描述”（Mulkay et al.，1975：188）。

从智识与社会的关联出发考察科学活动也有其问题所在。如上所述，一直有社会学家抱怨“社会”与“智识”尚未达成

① 英国社会学家，科学知识社会学代表人物之一，著有《科学与知识社会学》《科学社会学理论与方法》等书，这里讨论的是他与艾奇合写的《天文学的变革：英国射电天文学的兴起》（*Astronomy transformed: the emergence of radio astronomy in Britain*）一书。

适当平衡。例如，劳[①]（John Law，1973）认为马林斯（Mullins，1972）过度关注某一专业因时而变的网络特征，忽视了思想观念的发展（也可参见 Gilbert，1976：200）。同时，区分社会与智识或多或少会引发因果关系争议：到底是社会群体成型导致科学家专攻某些研究方向，还是因为科学家在智识上有所分歧，所以建立起社会网络？部分研究者不想费心指明因果方向（Mulkay et al.，1975），其余则认为孰因孰果需考虑研究涉及的具体科学领域（比如，Edge and Mulkay，1976：382），有待进一步探索（例如，Tobey，1977，特别是脚注 4）。

若致力于理解“技术”与“智识”，传统社会学方法将面临巨大挑战。埃奇[②]（David Edge）与马尔凯（Edge and Mulkay，1976）迎难而上，在研究英国射电天文学兴起时，他们全面细致地梳理了技术发展史。因此，二人的论证明显偏离早期科学社会学观点。不过需要注意，有评论者就二位对射电天文学“社会”“技术”的相对强调评论了该报告。例如，克兰[③]（Diana Crane）认为两位作者的论证侧重技术史，因此理论性阐释难免

① 英国社会学家，行动者网络理论（ANT）的主要倡导者之一。

② 英国科学社会学家与物理学家，任爱丁堡大学科学研究部（Science Studies Unit）第一任主任，该部门建立时正值“科学社会学”（sociology of science）转向“科学知识社会学”。埃奇聘请了巴里・巴恩斯（Barry Barnes）、大卫・布鲁尔（David Bloor）、加里・韦尔斯基（Gary Werskey）、斯蒂芬・夏平（Steven Shapin）等人，他们后来均成为 SSK 第一代领军人物，组成了为人熟知的爱丁堡学派。

③ 加拿大社会学家，研究文化社会学，著有《无形学院：知识在科学共同体中的扩散》《时尚与社会议程：服装中的阶级、性别与身份》（*Fashion and Its Social Agendas: Class, Gender, and Identity in Clothing*）等作品。

相形见绌，相应地在推广结论时也浅尝辄止：

> 对射电天文学发展的某些方面，作者给予了社会学分析，但即便此处的分析也如两位作者坦言，“不太具有普遍性，近似案例研究产生的经验性数据”。（Crane，1977：28）

对我们来说，埃、马研究与早期科学社会学有一重大区别：他们的报告由两人合作撰写，其一为社会学家，其二为某射电天文学研究小组的前成员。行外人若当真想把握科学的技术性细节，似乎首先都需要这种有益合作，不过这也并非万无一失。

马尔凯（Mulkay，1974）提出，科学社会学研究应细考科学的技术文化，因此需积极与精通技术的科学家合作。他还指出，行外人很少好奇技术文化，通常也胜任不了技术工作，所以在听取科学家说法时必须小心谨慎，科学家回答外人问题时说的话明显混淆了“科学的”与“历史学的”准确性。马尔凯谈起不同访谈时（分别由前科学家单独进行、社会学家单独进行、二者合作进行）强调了科学家与行外人的关系。若访谈涉及技术问题，且受访者在日常活动中经常谈到类似问题，前科学家就能马上与受访者融洽交谈起来。至于更具社会学意义的问题则往往留至访谈后期，前科学家与社会学家同时在场时尤其如是。于是受访者更拿社会学家当外人，他们假定，只有当论题不与科学的技术内容直接挂钩时，社会学家才有发言权。

从研究者与受访者的互动中，我们看到社会学家历经了重重困难，这进一步佐证科学家在工作时会明确区分“社会”与“技术”。这种区分引人深思：二元对立是否达到了公正平衡？尽管人们确信“技术与社会密切相关”（Mulkay，1974：114），上述问题仍挥之不去，遂给观察者设下了一道难题。

我们主张不必太牵挂“社会”与“智识”的“正确”平衡，主要原因有二：第一，如前所述，在职科学家常将二者的对立当作资源。我们关心这种二元对立在科学活动中发挥了什么重要作用，而无意证明二者之一更适于理解科学。第二，我们重视科学活动的细节，因此必会跨越这一对立。科学家对“技术”与“智识”术语的使用显然构成科学活动的一大特征，我们正是在此意义上关注“技术”问题，将科学家对这类概念的使用视作需要解释的现象。更进一步，我们认为重要的是：避免不加批判地使用这类概念与术语，它们已构成科学活动的一部分，绝不可借用来构筑我们对科学活动的解释。

科学的“人类学”

本研究聚焦于特定实验室的日常工作，我们现场观察特定场景下的科学家活动，得到了构筑研究主体的材料。我们主张，社会学家笔下的科学在诸多方面立足于细枝末节——它们是科学活动的常规流程。至于历史大事、重大突破与关键竞争一类现象，则外在于持续涌动的科学活动之流。用埃奇（Edge，

1976）的话来说，本研究关键在于揭示“科学软肋”[①]（the soft underbelly of science）的本质，因此将重点关注坚守在实验台上的科学家，观察他们的工作内容。

研究从上述视角切入成型，由于找不到更合适的术语，我们将其命名为科学的人类学（an anthropology of science），以便突显研究方法的几大特点。[1]首先，人类学这一术语旨在表明，本研究仅初步呈现收集而来的经验材料，不会详尽描述各行各业科学家的活动，我们志在为特定科学家群体写作一本人类学专著。我们想象自己是勇敢无畏的探险者，深入科特迪瓦，为了研究“野性思维”（savage minds）的信仰体系、物质生产，与部落民朝夕相处，同甘共苦，几乎成为个中一员，最终带回等身的观察结果，据以写作初步研究报告。其次，前文已经透露，我们特别重视观察**特定场景**（particular setting）中的科学活动，收集材料并加以描述。我们希望投入参与式观察，以便解决一个重大问题，至今人们理解科学都深受其困，即：外部观察者依赖科学家的自我陈述，据以理解科学活动的本质。近来人们对此日益不满，部分科学家也控诉出版的论文虽在科学活动中诞生，却系统地歪曲了它（Medawar，1964）。[2]与之类似，沃特金斯[②]（John Watkins，1964）抱怨科学报告要求

---

① 埃奇认为有关科学家间沟通的研究中，经引证分析（citation analysis）法耙梳到的材料基本是正式发表的期刊作品，如此便忽视了科学家之间的非正式沟通——埃奇称之为“科学软肋”。

② 英国哲学家，著有《科学与怀疑论》。

的“死板说教”[①]（didactic deadpan）风格设下了重重阻碍，读者因此难以理解科学进程。特别是部分科学家撰写报告时有意避开自传体，导致构成报告背景信息的项目、脉络也变得晦涩难懂。在对科学活动的历史脉络作社会学解释时，社会学家发现采用科学家的说法会导致特殊问题（Mulkay，1974；Woolgar，1976a；Wynne，1976），即便可以借助社会学阐释调和自相矛盾的解释，让它们显得和谐一致（Mulkay，1976；也可参考 Woolgar，1976b）。讨论科学的工艺（craft）特质时，学者也发现使用科学家陈述或将遭致麻烦。例如，拉韦兹[②]（Jerome Ravetz，1973）指出，科学报告的形式彻底歪曲了科学活动的实质。科学家的陈述不仅阻碍历史学阐释，还系统地掩盖了科学活动的本质，尽管恰是科学活动催生了科学报告。换言之，科学家与外人交谈时，陈述方式与内容经常变化不定，既给后者重构科学事件添麻烦，也使科学进程愈显艰深晦涩。因此，必须对科学实践活动进行在场观察，以便寻回其工艺特质。具体而言，必须通过实证调查说明，工艺实践（craft practices）如何被组织为有序的系统性研究报告。简言之，现实科学实践如何转变为描述科学进程的陈述？我们认为，外部观察者若打入科学家内部，长期观察他们的日常活动，或可较好地回答该问

① 沃特斯金总结了两种不同的科学工作呈现方式，一个是笛卡尔的自白式（confessional），另一个是牛顿的说教式（didactic deadpan）。后者抹除科学发现者本人的痕迹，仅断言事实，并指出事实对理论的影响，论述必须在逻辑层面组织，因此显得深奥，难以把握。

② 科学哲学家，提出后常态科学（post-normal science）。

题与类似问题。参与式观察另有好处：观察者体验田野时，科学活动描述便会“突现”（emerge）。换言之，我们不会特意强调观察结果的技术、历史、心理任一面向，在讨论开始之前不会限定分析能力所及范围，也不会预设某概念（或某组概念）可最恰当地解释田野遭遇。第三，使用打引号的“人类学”强调需“括”（bracketing）起对研究对象的熟悉感。我们认为，将科学活动被坦然接受的特征陌生化[1]颇有启发意义。显然，不加批判地接受科学家所用概念、术语只会增强，而非减少科学实践（the doing of science）的神秘感。矛盾的是，我们使用人类学式的陌生化概念正为消解，而非助长时而伴随科学出现的异国情调。我们采用陌生化的处理方式，又试图避免“技术”“社会”二分，因此走向了一种特殊的科学活动分析法，它看上去对科学十分不敬。在我们看来，事先认知（prior cognition）（对前参与者来说，也可以说是事先的社会化）**绝非**理解科学家工作的先决要件。正如人类学家拒绝向原始巫师的知识低头，即便实验室成员明显精通技术，我们也认为这种优势无足轻重。轻而易举进入田野并迅速同参与者建立亲密关系，其潜在优势不足以弥补“土生土想”[2]（going native）的风险。在这间实验室里，科学家们组成部落，他们每天在部落操控、制造物件。外界一旦赋予科学活动崇高地位，时不时对科学产出大表欢迎，

---

① 本段中的“陌生化”均在人类学意义上理解，原文用词为“strange”，应与诗学中的陌生化（defamiliarization）区别开。

② 原为马林诺夫斯基提倡的参与式观察理念，此处应为批判完全融入“化身”（becoming）研究对象导致缺乏“研究者–研究对象”之间的必要距离。

便极有可能误解科学活动。据我们所知，没有任何先验理由能够佐证科学家的实践比旁人的更具理性。因此，我们会尽可能让实验室活动显得陌生，以免读者视其为理所当然。若行外人大致不懂技术问题，却不加批判地一来便接纳了技术文化，他的观察敏锐度将大幅下降。

我们研究科学时特别采用了人类学视角，因此需要保持一定程度的反身性，这在很多科学论研究中往往并不明显。反身性是指意识到研究者观察科学活动时所用的方法，与其观察对象使用的方法在本质上相近。"社会科学是否是科学，它在何种意义上可被称为科学"，对于这类争论，社会科学家想必都谙熟于心。但是，论争各方通常都误解了科学方法的本质，这源于哲学家在描述科学实践方式时以偏概全。例如，针对议题"社会科学是否能够（或应该）追随波普尔与库恩的脚步"，学者们虽众说纷纭，但至少难以判断他们是否如实描述了现实科学实践。[3] 因此，本文将回避这些一般性话题，集中讨论具体问题，也就是科学实践者与科学活动观察者都可能会面临的问题。需要清楚表明的是，我们在建构、呈现自身讨论时（尤其是在本书的后半部分）已经意识到方法论的某些问题。

为了满足上述人类学视角的要求，我们尝试从一位特殊观察者的经历出发展开讨论，他经受了一定的人类学训练，但基本不懂科学。我们希望借此理解实验室内的生产过程，说明观察者方法与科学方法的相似性。

本文无法给在职科学家带来任何新知，我们也不会假定可以向科学家透露他们至今尚不知晓的工作细节。正如前文所述，实验室多数成员显然承认我们刻画的工艺实践的确存在。不过，工艺活动如何转变为“有关科学的陈述”（statements about science）？我们对这一问题的回答也许能给科学家带去新启发。科学家如果固执地信奉科学报告，信赖其中描绘的科学活动，想必会对我们怒目以待。通常，他们抱持这一信念是因觉察到科学报告有助于争取资金，或便于他们要求其他特权。因此，一旦科学家认定我们假借科学运作方式的另类表述破坏、威胁其特权保障，反对意见就随之而来。探究信仰基础常被等同于怀疑信仰，同理，在本研究中，探究科学知识的社会建构被视作怀疑科学知识（例如，Coser and Rosenberg，1964：667）。我们坚持不可知论立场，所以看起来对科学“不敬”，“缺乏尊重”，但我们无意攻击科学活动。必须强调的是，我们从不否认科学是一种具有高度创造性的活动，而只想指出这种创造性的确切性质遭到了广泛误解。我们使用“创造性”一词，不为指代某些人的特殊能力——凭借它，他们更易进入尚未揭示的广袤真理之域——而要用它反映本文的前提假设，即科学活动只是一个建构知识的社会舞台。

有人可能会反驳，称我们研究的特定实验室工作实属罕见，它在智力水平上表现不佳，包含例行的枯燥作业，不同于其他科学领域的多数工作，后者具有典型的戏剧、推测、冒险特征。然而就在这篇手稿动笔不久后，1977 年，我们实验室的一位成员被授予了诺贝尔医学奖。本文所描绘的这类实验室工作即便仅是例行公事，它也仍可能被授予科学界的最高荣誉。

分析边界案例、争议性科学事件、保密与竞争典例时，大概容易指明社会因素扰乱了科学。因为科学家这时可以拿出证据，控诉他受到了非科学的、超技术的干扰。所以遇上这些案例，社会学家便不由自主想用“社会”解释“技术”。但是我们选择的实验室工作属于“常规”科学，相比之下不受明显的社会学事件干扰。因此，我们也不太想从科学家口中套取流言蜚语、负面新闻。我们既不做学术揭丑工作，也不认为科学少了阴谋诡计就不值得社会学关注。

现在，读者想必知晓我们的方法与传统社会学研究不大一样，“科学的人类学研究”尤其传达出我们笔下的“社会”概念不同以往。社会学分析的功能主义传统企图具体阐明指导科学家行动的规范，我们对此兴致缺缺。还有不少研究声称“社会”“技术”紧密相连，但又默认二者对立有别，我们避免采纳这种区分，否则便会陷入危险：要么无法批判性考察技术问题的实质，要么只有在科学明显受到外部干扰时才能辨识出社会力量。更严重的问题是，该区分毫不知晓它已自成一种资源，并在科学活动中发挥着重要作用。除了避免二元对立外，我们也不作全面的历史学描述，而更关注科学活动的细节，因此会利用特定场景中收集而来的观察资料构筑研究。我们主要讨论科学事实的社会建构，不过只在特定意义上使用“社会”一词，它的具体含义将在论证过程中逐渐明晰。要想充分理解观察结果，简单强加概念自然行不通。例如，我们虽然关注“社会”，但不会只观察科学的非技术层面，仅看重那些可用规范、竞争等社会学概念解释的过程。相反，本文将重点讨论应用社会学概念时隐含的意义建构过程，它是本研究所用方法的要义所在。因此本研究中的“社会”可暂表为：只要科学知识的社会（social）建构足以提请人们注意一种过程（process），认识到科学家凭借该过程赋予自身观察以意义，它便是我们所关注的社会建构。

究竟什么是“科学的社会建构中的意义建构过程”？下面将举例说明。剑桥射电天文学实验室里有专门对类星体进行天空测绘的仪器，1967 年末的某天，研究生乔丝琳·贝尔[①]（Jocelyn Bell）检查仪器时发现，它的输出记录中有一段奇怪的“颈背”（scruff）形图案连续出现。这句话本身是一则高度精简的描述，它源于各种资料，当然也包括贝尔的讨论材料（Woolgar，1976a）。社会学家各有各的学术取向与研究风格，自然会从不同角度看待这一事件。例如，关心规范的社会学家可能会问：在激烈的竞争氛围中如何阻止消息传开？科学家有多遵守普遍性规范[②]（norms of universality），或多严重地违反了该规范？若照这个思路走下去就不会分析贝尔的认知活动。也可以考虑一种更复杂的研究，那便需要考察当时的社会环境：例如，设备获取有何限制，导致贝尔的观测与众不同？这一时期的射电天文学有什么组织特点，导致贝尔的观测意义非凡？这种路径更

---

① 英国天体物理学家，在其还是研究生时，与导师安东尼·休伊什（Antony Hewish）一起，利用射电望远镜发现了第一颗脉冲星。

② 默顿提出了现代科学的四种规范，分别是普遍性、共有性、无私利性、有条理的怀疑主义。普遍性规范指“接受还是拒斥某些学说进入科学的体系，不依赖于这些学说的倡导者的个人属性和社会属性。”（参见《社会理论和社会结构》，译林出版社，2015 年第 2 版，第 822 页）

加精细，因为它会考察一些因素，比如剑桥大学研究的组织情况，以及研究参与者过往的论争经验，确定这些因素对观测结果与后续解释的影响。如果各个因素有变，观测结果的阐释也会变化，甚至根本不会出现这个结果。

在这个例子中，记录检查若是自动进行，抑或贝尔已经充分社会化，不相信会有持续复现的“颈背”形图案，她便不会注意到脉冲信号，脉冲星可能很久以后才会被发现。因此，像贝尔观测这样的技术性事件远不只是一种心理活动，认知行为本身即由普遍的社会力量构成。不过，我们对观测过程的细节更感兴趣，尤其想知道贝尔通过什么方式理解那一系列图像，并作了如下描述：“一段颈背形的图案重复出现。”（There was a recurrence of a bit of scruff.）固然可以从心理学角度解释贝尔最初的认知过程，但我们更关注那些可及的社会进程，是它们帮助贝尔从看似混乱的各种可能认知中建构起一则有序的陈述。

建构秩序

我们对如何从混乱中建构科学秩序感兴趣，主要原因有二：第一，如果探究“特定科学行动何以发生”，总能诉诸不同的社会特征，理论上任何解释都有缺陷，我们都能予以质疑。因此，最好改换重点，转而考察人们诉诸社会特征建立秩序的方式。第二，外部观察者与科学家本质上立场相同，二者都肩负建构有序叙述描述一系列无序观察的任务。我们希望充分利用观察者的反身性，发展出一种富有启发性的分析方法，反过来用它考察我们对科学实践的理解。后文将论证，观察者一旦意识到自己与科学家使用的方法基本相近，并进一步考察这种相似性，他便能更好地理解科学活动的某些细节。接下来，就让我们依次阐释上述两点内容。

我们可以使用脉冲星研究进展的另一案例完美证明第一点（Woolar，1978）。曾有人在分析脉冲星发现最初接受情况，考察其引发的争议时，说道：

> 1968 年 2 月，媒体报道了首颗脉冲星被发现的消息，尽管这一发现本身似乎发生在 1967 年 9 月前的两个月内。（Hoyle，1975）

一方面，这句话证实确实有人“抱怨”剑桥小组，称其不知何故违反了科学协议，不当地推迟消息发布。作者认为 1967 年 9 月与 1968 年 2 月之间的时间差属于“显见”特征（因而也是值得注意的特征）。之所以说它显见，或许是因为另一小组的成员未能成功观测，作者因此恼怒，抑或作者感觉延迟发布会阻碍人们进一步研究脉冲星特性。另一方面，这句话原则上也可表达对剑桥小组的“钦佩”：他们居然能保密这么久！之所以构成“钦佩”，同样因为延迟时段是不同寻常的特征，值得人们注意。但若作此解读，延迟时段便成了一项艰难成就，因为剑桥小组克服重重阻碍保护了一名研究生的首个成果，保证科学进程不受媒体或其他观察者的干扰。

理论上，这句话可作各式解读，不过考虑到语境，知情者只会接受部分解读是合理解读。同样，只要研究者对脉冲星观测研究略有了解，他便能（几乎自动地）判断哪种解释更为可信。例如，有人认为“抱怨”比“钦佩”更符合其他可靠证据。可以这样说：在脉冲星观测诺奖余波中，霍伊尔又想起与剑桥小组打交道的经历，积怨就此爆发，于是他发表了这则评论，因此将其解释为“抱怨”更加合理。[4]但若有人说一种解读符合其他证据，则这种说法必（以某些复杂方式）取决于他对其他证据的解读。如果反对者要求他说明这些“辅助”解读的合理性，他则必须进一步诉诸新的解读，或回到最初那句话中加以证明。无论他选择采取哪一种方法，原则上反对者都能无休无止地要求他解释下去。当然，在现实中，再顽固的反对者也会妥协，于是一种解读便被人们接受下来。换言之，特定解读只是出于当前需要而被接受。不过我们重点是想说明，**理论上**任何解释都会被质疑。即便事实情况是许多观察者同意“抱怨”比“钦佩”更可信，但这并不重要，重要的是替代解读始终存在，没有完美的解读，只有永可质疑的解读。

我们可以顺着这一思路继续拓展，思考观察者如何解释观察，而不仅仅是解释一句言说，由此可将本文讨论主题暂表为：观察者必须变动不居地进行分析。既然观察与言说的任一解读都有其他解读与之抗衡，观察者便面临如何建构有序解读的难题。原则上，他无望建构一种不可动摇的解读，据以解释研究对象的行动与行为。但我们知道，他通常会提供这样一种有序解读以供他人理解。因此，建构秩序必须“出于实际目的”，必须回避或无视原则性障碍。[5]这样一来，重点便在于了解观察者如何习惯性地忽视哲学命题："总存在替代描述与解读。"换言之，既然我们已经认识到这些基本问题，自然会想探究观察者究竟使用什么方法与程序，有序地组织起经年累月的言说与观察。从这个角度看来，本文重点研究秩序的生产。

可想而知，科学家在工作过程中也面临着类似问题。例如，在脉冲星发现的研究中，科学家就发现对报告的正确解读产生了分歧（报告由剑桥一位主要研究人员所写）（Woolgar，1978）。一些人认为报告缺乏一致性，不够清晰，足以证明剑桥有意隐瞒、保密；另一些人则认为报告内容前后一致。争论不休时，人们自然会出于实际需要接受某种解读。但在整体科学活动中，科学家也一直不假思索地接受解读。科学活动的核心特征之一就是消除对数据的替代解释，降低它们的可信性。因此，实践中的科学家很可能与外部观察者一样，基本也参与建构叙述的工作，从大量无序观察中整合出有序且合理的解释。作为观察者，我们会更关注自己如何组织起各位读者此刻正阅读的这本书，希望借此了解科学家建构有序叙述的技巧。

总而言之，我们的讨论基于这样一种信念：一个外界普遍认为组织有序、逻辑明确、条理清晰的科学实践体系，实际上由一系列混乱无序的观察组成，科学家在其中奋力创造出秩序。前文提到过，如果我们相信科学是一个井然有序的体系，便会进一步推断出所有对科学实践的研究都相对浅显，并且认为科学内容超出社会学研究范围。但本文认为，无论是科学家还是观察者，在日常工作中都深陷于不计其数的替代解释。科学家固然可以有序重构、合理化科学实践，但他们在现实中必然面对一团乱麻，必须不断协商。他们选择强加若干准则，以便降低背景噪声[①]，突显出一个合理信号，以此解决混乱问题。这些准则的建构与推行过程即为本研究的主题。

至此，我们充分证明有必要重点讨论科学家生产秩序的方式，接下来需要探究科学家理解观察与经历时，采用何种方法论途径组织材料。如前所述，完全有理由相信这并非易事，只需想想观察者面对田野笔记时的类似任务，个中困难便显而易见。观察者需将本章开头引述的田野笔记转化为有条理的叙述。但是究竟应该怎么做？从哪里入手？一个一无所知的新人来到实验室，在他眼中，这里的日常往来自然泛着奇异色彩。最初，观察者迎面撞上一连串看似毫不相干的神秘事件。为厘清观察，他通常会采用一些主题以便建构出一种模式。如果他能成功地运用一个主题说服他人相信的确存在一种模式，那么根据不甚严谨的标准，至少可以说他“解释”了他的观察。当然，“主题”的选择与采用很重要。观察者选择主题的手段会影响解释的有效性，因此，主题选择便构成观察者的研究方法，他需要对此负责。仅仅从杂乱的原始观察中编织出秩序还不够，观察者还需证明他的编织手法正确，简单来说，观察者需要证明他使用的方法有效。

为了满足有效性标准，研究者设计了诸多方法，其中之一

① 背景噪声或环境噪声原指除被监测的声音（主要声音）以外的任何无关声音，可引申为实验当中的无关干扰，以及不相关的、不正确的信息。

采用演绎手段，借助理论体系描述社会现象，再据经验观察检验描述。检验应当在观察资料来源地之外进行，这一点尤其重要。除此之外，有人认为要想充分描述行为现象，观察者必须长期与之接触。描述之所以充分，完全因它在参与式观察等过程中“突现”（emergence），更可能贴近研究对象（参与者）的分类与概念集合。这种社会学有效方法有多种变体，从格拉斯（Barney Glaser）与施特劳斯（Levi-Strauss，1968）的“扎根理论”，到“现象学导向的”社会学的箴言：研究者应当“忠于数据”（例如，可以参见 Tudor，1976）。方法一主张通过演绎得到独立的、可检验的描述，立足于“客位”（etic）验证（Harris，1968），即：最终应当由观察者同行共同体评估一则描述的有效性。它的主要优势在于能较轻松地评估描述的可靠性与可复制性。相比之下，方法二认为应从现象学上对社会行为作“突现”式描述，这一方法恰如其分地诉诸“主位”（emic）验证，即最终应当由被研究的参与者本人判定描述的有效性。它的好处在于，经由此法产生的观察者描述很少将陌生的概念与类比强加于参与者。但与此同时，这种描述基于特定情境内参与者的分类系统，因此难以推而广之。此外，观察者仍要给同行共同体一个交代，因为他们会检查描述是否严格遵循了“客位”验证程序。

上文简单区分了两种观察解释法，但几乎没能恰当再现当前社会学中的方法论立场与争论。不过，它有助于澄清科学论研究中各类可用方法。粗略概括而言，可以认为默顿式的分析依赖“客位”验证，因为它们几乎毫不关心科学家的技术文化；而埃奇与马尔凯更接近“主位”验证，至少科学家认同两人正确使用了他们的技术概念与术语。一般而言，若观察者立足于“主位”验证，则会关注自己是否正确使用了研究对象的概念。但过分关注这些概念的正确用法会导致“土生土想”的危险。在极端情况下，观察者分析一个部落时会完全采用该部落的概念与语言，但在部落之外的人看来，这种分析不仅难以理解而且毫无启发。在科学论研究中，“土生土想”的危险格外突出：一方面作为分析者，我们难免会陷入社会“科学”的传统，其明确试图模仿自然科学；另一方面，当代文化普遍接纳科学方法与科学成就，我们身处其中自会受其影响。我们同意应当严肃对待实验室成员的概念，但为了避免落入“土生土想”的圈套，我们会尝试将科学家对概念的使用解释为一种社会现象。此外，根据“主位”验证原则，我们会关注科学活动的细节，也好奇科学家从无序中建构秩序的方式，因此在方法上依赖“突现”，将借助研究情境中“突现”的主题识别观察内容的模式。于是，我们既可以利用实验室在场观察经验（观察者接近当地的科学实践，自然享有理解科学家生产秩序的优先地位），又意识到不宜想当然地接受科学家工作时使用的概念。

材料与方法

1975 年 10 月到 1977 年 8 月期间，本书第一作者开展田野调查得到讨论材料。之所以选择当前实验室，主要因为该研究所的一位资深成员慷慨地为作者提供了办公场所，且免费提供大部分讨论材料与实验室所有档案资料、论文及其他文件，还同意作者在实验室兼任技术员。为期 21 个月的参与式观察积累了大量数据，本文仅讨论其中一小部分。除田野笔记（在讨论中，以田野笔记的页码与卷数为参考）外，我们还深入分析了成员所有的文献资料。同时，我们收集了大量与实验室日常活动相关的文件，包括写作中的论文草稿、科学家间通信、备忘录，以及科学家提供的各类数据表格。我们正式访谈了全体成员，亦访谈了其他实验室中该领域的几位科学家。这些正式访谈补充了非正式讨论收集到的大量评论与信息。观察者的反思，特别是作为实验室技术员对技术工作的反思，又为研究提供了一个数据来源。

最初的参与式观察开展不久后，研究者便开始初步分析与写作。作者在实验室内有办公场所，因此在写作同时也可参与科学家讨论，观察实验室日常生活的其他方面。

我们不曾隐瞒观察者的角色。例如，我们明确告知科学家，实验室内发生的所有事情都会被记录下来。观察者也与科学家讨论了本文初稿，并组织了几次研讨会，邀请社会学家与科学哲学家前来与实验室成员交流。[6]

除第三章的历史学叙述以外（见下文），所有章节中，科学家的姓名、日期、地点都被更改，或使用首字母替代，这是为了保护参与者的匿名性。我们判断了资料内容，决定仅使用那些不大可能引起社会与政治反响的轶事、事件。

组织论点

本章中我们已经明确表达了对实验室生活的特殊兴趣，即：关注在职科学家如何在日常活动中建构事实。显然，这与当前实验室研究大异其趣。因此，我们不会花很大功夫研究实验室工作的行政组织（Swatez，1970），分析行政组织对创造力的影响，实验室组织对科学家职业的影响（Lemaine and Matalon，1969），等等，也不会流连于科学交流的本质与信息流模式（Bitz et al.，1975）。[7] 我们会集中探讨两个问题：一、在一个实验室中，事实如何建构？社会学家如何解释这种建构？二、若事实建构与叙事建构之间存在区别，区别是什么？

第二章，我们会从一无所知的新人角度描述实验室，借助人类学的陌生化概念，将实验室活动描述为一种遥远的文化活动，以便摆脱对内部成员概念解释的依赖，建构实验室生活的有序描述。为了强调叙述建构过程的虚构性质，我们选择将人类学调查的重担交给一位虚拟人物："观察者"，派他参访实验室。当然，也可沿历史学思路解释实验室的活动与兴趣。特别是可以认为，实验室的活动取决于此前被建构、接纳为事实的东西。因此，基于人类学观察者眼中的实验室活动，第三章细考了一则特定事实的历史建构，及其建构完成后对实验室工作的影响。第四章，我们的目光从对事实建构的历史学阐释上移开，转向实验室中持续的微观协商过程。事实的建构极大依赖这些微观过程，然而对科学活动的事后描述却常用“思维过程”“逻辑推理”等认识论术语取其代之。因此，我们密切关注科学活动替代描述之间的关系，分析一种描述取代另一种描述的过程。在第五章中，我们的注意力会转向事实的生产者。实验室成员决意支持事实建构时会采取什么策略？他们如何提升自身能力以便进一步进行“新”的事实建构？届时我们将特别探讨这些问题。

待到第五章末尾，我们便能够将实验室看作一个事实建构的系统重新思考之。第六章将在前文讨论基础上，回顾从混乱无序中建构有序叙述所包含的基本要素。实验室工作的叙述建构特征与我们描述实验室生活时的叙述建构，两者的相似性问题将在最后得到讨论。

第二章

走入实验室的人类学家

一名人类学观察者初入田野时，必会怀揣一些最基本的成见，比如相信自己最后能够解释观察结果与田野笔记，这毕竟是科学研究的一项基本原则。理想情况下，一名观察者无论走进多么奇怪的部落，无论其中的活动看上去何等荒谬，他都相信自己或多或少能有条理地描述部落生活。但若一名实验室观察者对实验室一无所知，他的信心便会大受打击。可想而知，他一接触到研究对象就会频频发问：这群人在做什么？他们在说什么？这些隔断与墙壁有什么用？为什么这个半明半暗的房间里，实验台那儿亮着？为什么每个人都在窃窃私语？前厅那些不停嘎吱嘎吱的老鼠是用来做什么的？观察者头一次遇到这些问题，它们连珠炮一样袭来，面对此情此景最后还能有序组织、报告观察结果吗？真是天方夜谭。

若不是对科学活动内容略有了解，又能动用一套常识性假设，面对这些问题，我们就会想出一连串荒谬答案：或许这些动物是拿来吃的。看看这些老鼠脏器，我们说不定正见证着神谕预言！那些讨论了好几个小时潦草笔记跟图表的人是律师吧？人们在黑板前吵得热火朝天，他们是在赌博吗？盘踞在实验室里的兴许是一拨猎人，他们耐心地在光谱仪旁等了几小时，突然像猎犬被特殊气味吸引了一样定住不动。

正因为我们这些观察者以为自己掌握了一些知识，知道实验室里可能会发生什么，才会觉得上面的问题与推测荒谬不经。例如，哪怕我们没有踏入实验室，也大概明白墙壁与隔断的用途。难道我们是靠“括”起熟悉感理解实验室吗？恰恰相反，我们需要诉诸某些共同特征，它们既出现在实验室里，也属于我们的知识与经历。实际上，若非我们自以为懂点科学，并根据这点知识理解实验室，便很难合理描述这里的一切。

因此显而易见，观察者组织问题、观察、笔记时不免受文化亲和性所限。异文化只有几组问题与我们的经历有关，所以我们也只能理解有限现象。可见，其实不存在**百分之百**的实验室新人。但观察者如果走向另一极，原样复述科学家口中的实验室生活，同样惹人不满。照搬科学家的术语描述科学，行外人自然看不懂。观察者若只采纳科学家的说法，则无异于简单重复他们引导访客参观实验室时说的导游词，难以对正在发展的科学有何新见地。

在实践中，观察者介于百分百实验室新人（一个无法达成的理想）与百分百参与者（成为了“土生土想”的“本地人”，以至于无法与其他观察者同伴有效交流）之间。当然我们承认，在研究的不同阶段，观察者可能情不自禁想走向某一极端。难在选择一个两全其美的准则，用以有条理地组织叙述，既有别于科学家的实验室描述，又能同时激起科学家与不了解生物学的读者的好奇。简而言之，观察者的叙述组织准则应当是一条阿里阿德涅之线①，帮助他走出好似乱成一团的迷宫。

本章中，我们跟随一个虚构人物——“观察者”[1]——的艰难步伐，他尝试将文学铭文[2]概念作为准则，组织实验室初步观察。

文学铭文

观察者虽然与科学家有共同的文化背景，但他从未见过实验室，对成员们耕耘的专业领域也一窍不通。分辨墙壁、椅子、外套等物件的通用功能时，他头头是道，但碰上促甲状腺素释放因子（TRF）、血红蛋白、缓冲溶液②等术语就没有那么在行了。不过就算不认识这些术语，他也能注意到实验室两个区域差别很大。一区（图 2.1 当中的 B 区）内有各种仪器，另一区（图 2.1 当中的 A 区）则只有书籍、字典与论文。B 区工作人员使用仪器完成各类操作：切割、缝合、混合、振荡、旋拧、标记，等等。至于 A 区，工作人员只与书写材料打交道：阅读、写作、打字。此外，不穿白大褂的 A 区人花很多时间与 B 区白大褂同事交流讨论，相反的情况却很少见。A 区办公室里，被

① 古希腊传说中，英雄忒修斯来到克里特，被当作贡品送进怪物弥诺陶洛斯的迷宫。国王弥诺斯的女儿阿里阿德涅爱上了忒修斯，便向代达罗斯要了一根线，自己牵一端，另一端由忒修斯牵着，以便他标记迷宫路线。后来“阿里阿德涅之线”被用来比喻解决复杂问题的线索。

② 可以抑制 pH 变化的溶液，在很多化学反应中被用来让溶液的 pH 保持稳定。血液就是一种缓冲溶液。

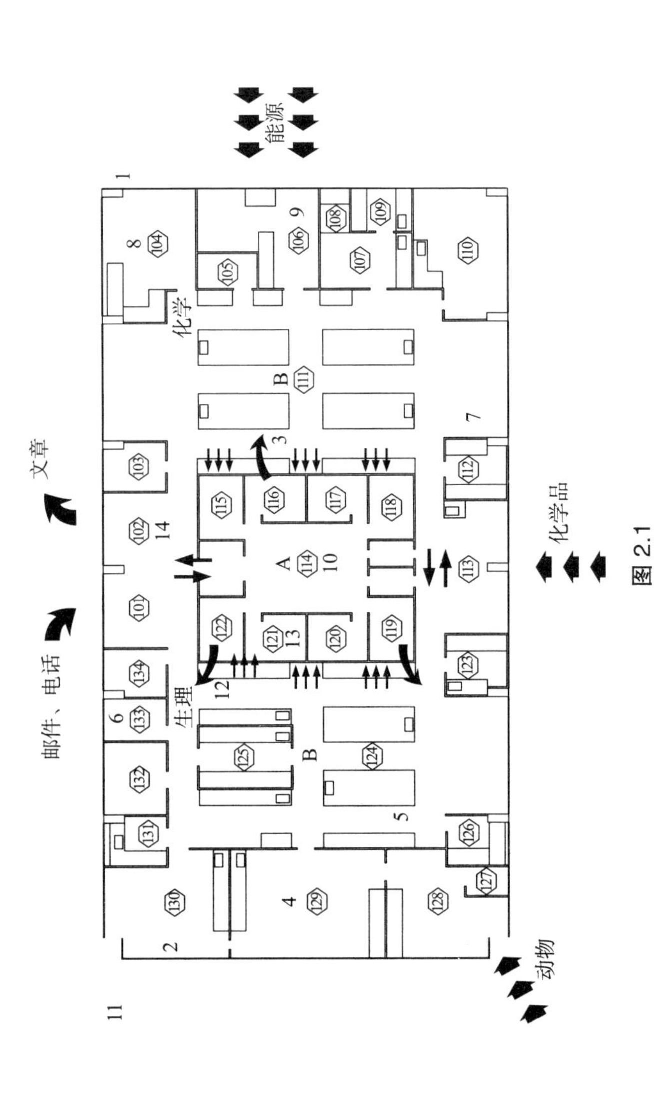

图 2.1

实验室平面图显示了文中所述的隔断与主要物质流向。图中标号与照片集（第 92 页）保持一致。如图所示，实验室建筑布局强化了 A、B 两区，以及化学侧、生理侧之间的差异。

称为博士的成员阅读写作；B 区，被称为技术员的其他工作人员一般都在操作仪器。

两个区域均可再细分。B 区由独立两侧组成：科学家口中的“生理侧”既有动物也有仪器；“化学侧”没有动物。一侧科学家很少进入另一侧。A 区也可再细分，一边是写作与电话讨论，另一边是打字与拨打电话。不同区域都用隔断隔开。其中一个区域里（“图书馆”），八个办公室围绕在一个会议室四周，会议室中设有桌椅与一面屏幕。另一区域（“秘书处”）配有打字机，安排了接电话与收发邮件的人。

A 区（“我的办公室”“办公室”“图书馆”）与 B 区（“实验台”）有何关系？观察者琢磨着他绘制的平面图，苦苦思索还有哪个机构与地点也像这样划区，但他找不出任何工厂或行政机构有类似布局。如果是工厂，那办公区（A 区）应该小得多。如果是行政机构，则完全不需要实验台区（B 区）。许多生产单位都把办公区分成相连两部分，但办公区与实验台区的特定关系为实验室所独有，它明显有两点特征：首先，技术员每天下班时，会把一堆文件从实验台区挪到办公区。工厂里，这些文件一般是产品加工、制造情况的报告。但在实验室，它们却是有待加工与制造的材料。其次，秘书们大概每十天就寄出一篇实验室论文。在这间与众不同的工厂里，论文根本不是产品的“报告”，而恰是工人眼中的“产品”。既然这个单位只有文书工作，想必一定是个行政机构吧？并非如此。只需粗略地扫一眼这些论文，便会发现文中的数据与表格正是 B 区几天（周）前制造的文件。

观察者见状心想：或许可以用一条十分简单的准则解释实验室活动。在他眼里，照片 13[3] 中的场景便是实验室科学工作的原型：办公区一名成员（被称为博士）的桌子上铺满文件。左边桌上摊着一期《科学》杂志，右边有一张图表，是从更右侧的数据表那儿整理总结得到的。**像是有两类文献并置桌上**：一类在实验室外印刷出版；一类从实验室内制造出来——例如草绘的示意图，内含数页图表的文档。桌子正中央的文件下面压着一份草稿，它跟小说、新闻报道的草稿一样潦草，全是更正、问号与修改的痕迹。不过这份草稿与大多数小说草稿还是不同，因为其中插入了大量参考来源，要么是参考其他论文，要么是参见示意图、表格与文件资料（“如图所示……”，“在表格……中我们可以看到……”）。观察者端详了一番桌上（照片 13）的东西，随后发现那期摊开的《科学》杂志就在草稿中被引用了。草稿上写道，根据桌子右侧的文件——它也在草稿中被引用——《科学》某篇文章的部分论证不可重复。由此可见，这张桌子似乎就是这间生产单位的核心，外界文献与实验室文献并置其上，研究者参考它们建构新草稿。

科学家阅读已经发表的论文不足为奇，真正令观察者大吃一惊的是大量文献居然产自实验室内部。它们是怎么制造出来的？实验台区的活动如何利用昂贵的仪器、动物与化学品，才能制造出一份书面文件？为什么科学家如此重视这些文件？

于是，观察者更深入地探索了实验台区，几次过后，他发现这里的成员有强迫性写作习惯，几近强迫症。每个实验台都有一个大皮装本，成员们一丝不苟地在里面用特定数字代码记下自己刚做的事。观察者大惑不解，因为他只见识过少数特别严谨的小说家有类似习惯，他们唯恐忘事，非用笔记下一切不可。但在这儿，技术员若不操作复杂仪器就会填表，他们把一长串数据填进空表单里，不在纸上写就在别的地方写，比如花大功夫在数百个试管壁上写数字，要不就把大大的编号标在大鼠皮毛上。有时他们趴在光滑的手术台面，用彩色纸带标记烧杯或编索引。这种奇特的铭文癖制造了大量文件、文档与字典。在这儿，除了牛津字典与已知肽字典，还有物质字典。比如，照片 2 中有一个冰箱，里面放着一排排样品，每个样品都贴有一个 10 位数的代码标签。实验台区之外的另一分区也有物质字典，一大堆化学品按照字母顺序被摆在架子上，技术员可以从中挑选合适的物质使用。更明显的物质字典有预印本合集（照片 14 中的背景），也有大量满是数据表的文档，它们都有专属代码。除了这些有标签与索引的文档，在这儿还能找到大多数现代生产单位里通用的文件，比如发票、工资支票、库存表、邮件，等等。

观察者走出实验台区进入办公区，迎面撞上了更多书面材料，这里，文章影印件随处可见，部分词句被划线强调，页边打着感叹号。撰写中的论文草稿、速涂着示意图的便签、同行来信、隔壁电脑印出的一堆论文，全部混在一起。成员们从这儿篇文章里剪下几页粘到那儿篇里。论文草稿段的选节在同事间传阅，与此同时，更完善的草稿从一间办公室传到另一间，不断被更改、重输、订正，直到符合特定期刊的格式要求。A 区人如果不在纸上涂涂改改就在黑板上写写画画（照片 10），要不就大声读信，或为下一场讨论准备幻灯片。

我们的人类学观察者便置身于这样一个奇怪的部落，部落民一天间基本都在编码、标记、修改、订正、阅读、书写。除此之外，他们还会做一些与书写毫不相干的事情。比如照片 4 当中，两个年轻女子正处理大鼠。尽管右边就是科学实验计划表，架子上也摆着编了号的试管，照片前景里也有钟表用来给测定实验计时，她们却没有读写什么。左边的女子用一个注射器注射一种液体，用另一个注射器抽取另一种液体，然后把它递给另一名女子，该女子随后将注射器的液体注入一个试管。这时她们才开始记录，仔细地写下注射时间与试管编号。与此同时，她们杀死动物，丢掉各种物品（比如乙醚、棉花、吸管、注射器和试管）。一个新问题出现了：为什么要杀死这些动物？物品消耗与记录活动有什么关联？观察者仔细检查架子（照片 5）上的东西后也没想明白。接下来的几天里，技术员将试管排成行，加进其他液体摇晃几下，最后将混合物冷藏起来。

操作与重新排列试管的常规工作会周期性暂停。这时，工作人员会把从大鼠那萃取的样品放进一台仪器，然后它将改头换面，机器不会直接修改或标记样品，而是吐出一张数字单（照片 6）。一名研究者从机器上将其撕下，仔细查看一番后销毁了试管。也就是说，人们花了几百美金，劳心费力、小心翼翼处理了一周试管，但它现在成了毫无用处的垃圾，人们只对一张数字单感兴趣。幸好，科学家这类荒谬莫测的行为，观察者早已司空见惯，因此他相对镇定，已准备好迎接下一桩奇事。

没过多久奇事便出现了。这张经过漫长测定得到的数字单被输入电脑（照片 11），一会儿工夫，计算机打印出一张数据表，它立刻取代了原先的数字单成为实验操作的重要产品。至于数字单则与数以千计的同类一起被归档进图书馆。不过，产品转化尚未告终。可以看到，照片 12 中，一名技术员正在研究几张计算机生成的数据表。就在这张照片拍完后没多久，她被叫到一间办公室汇报她制造的产品——绘图纸上精心绘制的一条优雅曲线。人们的关注点再度转移，现在轮到计算机数据表被归档，新曲线的峰与斜率引发热议。办公室成员们纷纷说道："真够惊人的"，"这是个高度分化的峰"，"它下降得有点快"，"这个点跟这个点没什么差别"。几天过后，观察者会看到同一条曲线被工整地重绘在一篇可能发表的论文当中。一旦成功发表，其他人便能读到论文并看到这条曲线，进而很有可能将它摆在一张新桌子上，它会组成新的文献并置，参与建构新的论文草稿。

最初萃取的大鼠样品经过一系列转化变成最终发表论文里的曲线，整个过程有大量精密仪器参与其中（照片 8）。这些仪器费用高昂，体量可观，相比之下，最终成果不过是一张薄薄的纸，上面画了曲线、示意图或是数字表。然而，恰恰是这张纸被科学家仔细推敲，他们在其中寻找"意义"（significance），在论证或写作文章时把它当作"证据"。因此可以说，一系列漫长转化主要就是为了得到这样一份文件，很快我们就会明白，它是建构一个"实体"（substances）① 的关键资源。有些时

① "substance" 在科学实验中一般译作"物质"，不过考虑到拉图尔强调实验室物质并非实存客体，而是被建构物，此处译作实体。后文中的 substance，若出现在一般叙述中，译作物质；若强调实存则译作实体。

候，这个过程要短得多。特别是在化学侧，由于使用了特定仪器，人们很容易觉得实体直接自带“签名”（signatures）（照片 9）。整个实验室就是一个写作蜂巢，办公区的另类工蜂们埋头苦写新论文草稿。肌肉切片、光束，甚至吸墨纸碎片，全被各类设备记录下来，记录设备的“写作”是科学家自己写作的基础。

显而易见，那些可以输出书面结果的仪器操作意义非凡。当然，实验室还有很多仪器不具备输出功能，这些“机器”（machines）能转变物质材料的状态。例如照片 3 中的旋转蒸发仪（rotary evaporator）、离心机（centrifuge）、摇床①（shaker）与研磨机（grinder）。相反，另一些被我们称为“铭文装置”[4]（inscription devices）的设备能把物质材料转化为书面文档。“铭文装置”更确切的定义是：一种仪器或仪器配置，能把物质材料转为数字或图表供办公区成员直接使用。后文中会看到，想要输出有价值的铭文，仪器的特殊配置至关重要，而且配置中的某些部件本身无关紧要。比如照片 6 中的计数器，它不单独构成铭文装置，因为它的输出结果不能直接用于论证，不过它确实是生物测定[5]（bioassay）这一铭文装置的组成部分。

铭文装置效果惊人，铭文从此与“原始实体”（the original substance）直接相关：最终图表、曲线代表实体的属性，科学家围绕它们展开讨论，他们争论着数字的含义，闭口不谈物质活动，只字不提转化过程——往往历时漫长且代价高昂。于是，

---

① 化学与生物实验室中常用的溶液搅拌设备。

最终图表反成写作起点，科学家在办公区将它们与其他类似图表、已发表的论文进行比较、对比，撰写有关实体的新论文（参见本书 71—89 页）。

观察者现在稍感宽慰，他发现实验室绝非如初印象般费解。在他看来，无论是仪器的铭文能力，还是科学家对标记、编码、归档活动的狂热，本质上都与写作、说服、讨论等文学技巧相似。这样一来，观察者甚至可以理解一些深奥活动，比如一个技术员为什么要研磨大鼠大脑，因为它最终同样可以产出一张颇有价值的图表。哪怕数字极端复杂无序，最后也能被“博士”们用来论证观点。观察者眼中的实验室就此成为一个文学铭文系统。

很多以前看似怪异的现象一旦用文学铭文解释就变得合理起来。虽然很多活动表面上与“文学”主题无关，但它们也可以制造铭文。比如，能量输入环节（照片 1）提供铭文装置正常运行所需的中间资源。如果把动物与化学品供应也计算在内，那么生产一个小小的数据卷宗可能就要花费几千美金。作为劳动力的技术员与博士也是一类必要投入，需要他们来有效操作铭文装置，写作并发表文章。

迄今为止，我们的讨论围绕文件展开，这与部分科学社会学研究大相径庭——它们偏好考察科学活动中的非正式沟通。比如，研究者屡次谈到，比起正式渠道，科学信息主要经由非正式渠道传播（Garvey and Griffith，1967；1971）。如果存在发达的人际网络，例如有一个无形学院，这种情况就会格外明显（Price，1963；Crane，1969；1972）。持有这种观点的研究者往往轻视正式渠道传递信息的作用，他们认为科学共同体需要正式渠道建立权威，认可成员，所以它才一直存在（Hagstrom，1965）。但是，我们在观察实验室后发现，解释不同渠道的相对重要性时应保持谨慎。我们把正式沟通定义为行文严密且风格明显的报告，典型当属已经发表的期刊论文。我们在实验室观察到，几乎所有讨论、简短交谈都围绕一篇、多篇已发表的文献展开（Latour，1976）。换言之，非正式沟通讨论的内容其实都来自正式沟通。稍后我们会说明，很多非正式沟通实际上会引证、提及已发表的文献，以便建立自身合法性。

实验室每每汇报、讨论成果都要用到幻灯片、科学实验计划表、论文、预印本、标签、文章。哪怕只是极其随意的交谈，成员们也都在直接或间接地讨论文件。他们还告诉我们，打电话几乎也是为了讨论文件资料，要么商量着合写一篇论文，要么探讨已经递交出去的文章，因为当中部分内容还不甚清晰，或者聊聊最近的一次会议中展示的技术。如果电话里没有直接提到某篇论文，那打这通电话多半是为了宣布某个成果，或推销即将被写进近期论文草稿的内容。就算科学家不在谈论哪篇论文草稿，他们也会大费周章、想方设法找出一些可读的东西。这时，他们会预测即将发表的论文，猜想里面可能出现哪些针对自己主张的异议。不过，眼下最重要的是要知道，我们所定义的文献无处不在，书面文件形式多样，正式出版物只是其中一小部分。

实验室文化

如果读者谙熟实验室工作，想必觉得前文内容缺乏新意。但是在我们的人类学家眼里，文学铭文的概念还存在很大问题。前文曾提及，观察者是中间人：虽然他与科学家共享广泛的文化价值观，能较好地理解实验室的常见物品与普通事件，但他不完全相信科学家口中的实验室生活。这个身份导致他的叙述至今没讨得任何一方欢心。比如，观察者说科学家是读者与作者，却未交代他们读写的内容与实质，这引得实验室成员大为光火，他们拒不承认自己从事的是文学活动。首先，这种描述把他们与其他作家混为一谈。其次，成员认为真正重要的是他们在写什么。他们写的是“神经内分泌学”。于是，观察者循着阿里阿德涅之线踏进了绝望的死胡同。

神经内分泌学文章

前文谈到，成员需要借助实验室外的出版物理解其文献并置。这些文献堪称成员心中圣典，它们赋予实验室活动以意义，我们只有细考影响成员活动的神话才能理解文献（Knorr，1978）。“神话”在此不含贬义，仅指广义的参照体系，特定文化的活动与实践在其中定位自身（Barthes，1957）。

观察者发现，一旦有外行人问起，实验室成员就会说自己从事“神经内分泌学”研究，或身处“神经内分泌学”领域，接着解释道，神经内分泌学是20世纪40年代神经学（研究神经系统）与内分泌学（研究激素系统）交叉形成的新领域。科学家称自己“身处某一领域”，这种定位表述促使观察者想到研究小组、科学网络、实验室，其实就像一个由信仰、习惯、系统化知识、典型成就、实验实践、口头传统与工艺技能组成的复杂混合体——人类学称之为“文化”，但自诩为科学家的人称其为“范式”[6]。神经内分泌学似乎具备一个神话的全部要素，它有自己的先驱者、虚构创世者与大变革（Meites et al.，1975）。神经内分泌学神话的极简版本是：二战后，人们发现神经细胞也能分泌激素，而且大脑与垂体之间没有神经连接，即中枢神经系统与激素系统之间不相连。后来在一群科学家（如今他们被称为资深专家）的长期努力之下，“激素反馈模型”这一竞争性观点彻底失势（E. Scharrer and B. Scharrer，1963）。如同众多科学史的神话叙事，这场斗争被描述为模型、观念这类抽象实体的搏斗。因此，神经内分泌学当前研究似乎起于一件特殊概念事件，对它，科学家无需多费口舌。典型表述如下：“在20世纪50年代，思想的结晶倏尔诞生。原来，许多成果四散各处，似乎毫无关联，现在则突然有了意义，被紧密地联系在一起重新考察。”

文化表征自身的神话不一定是无稽之谈。我们统计出版物后发现，1950年后神经内分泌学论文呈指数级增长，1968年仅占整体内分泌学的3%，1975年翻番。大体看来，神经内分泌学似乎遵循几位科学社会学家的“科学发展”模式（例如，

Crane，1972；Mulkay et al.，1975）。然而，实验室成员在日常活动中很少谈起学科发展神话。他们认为神话的核心信仰无可争议，平日里毋需赘言，引导门外汉参观实验室时稍作介绍即可。如此一来，我们难以确定神话在日常中被隐去，究竟是因为年代过于久远，它已成为无足轻重的往事遗存，还是因为神话早便是众所周知、深入人心的民间传说。

观察者在实验室逗留了几日后，成员们便不再向他解释神经内分泌学，转而谈论起一套特定的价值观。虽然他们时不时以“身处神经内分泌学”概述这套价值观，但它似乎已经构成一种独特文化（或“范式”）。我们不会把神经内分泌学简单看作一个隶属于上级学科的分支专业，这样做无异于认为布瓦雷斯民族（Bouarées）属于更大的布卡拉民族（Boukara），实在不够精准。相反，我们认为神经内分泌学构成一种文化，包含一整套观点与信念，成员们在日常工作中不断诉诸之，将全部激情、恐惧与敬仰投射其上。本实验室成员自称正在研究“所谓的释放因子物质”（至于通行说法，可参见 Guillemin and Burgus，1972 年；Serially et al.，1973；Vale，1976）。他们向懂科学的外来者介绍工作时会说自己正努力“分离、表征、合成释放因子，理解释放因子的作用模式”。这一简介总结了他们的研究及成果范畴，彰显他们的特殊性与文化特性，足以将他们与其他神经内分泌学者区别开来。整体神话则为他们订立了至高信条——大脑控制内分泌系统，他们据此融入广大的神经内分泌学文化共同体中。至于他们自己的特殊文化，则从至高信条中推理得到：“大脑对内分泌系统的控制被个别化学物质中介，这些化学物质就是所谓的释放因子，它们具有肽的性质。”（Meites，1970）[7] 于是，他们围绕下丘脑这个特定物质（它被视为对研究释放因子特别重要）施展技能，例行工作，操作仪器。

现在，观察者可把成员们想象成神经内分泌学文献的读者与作者，他们承认其重大成果尽在前五年发表的文章中，其中记录有几个释放因子的结构，它们由特定单词与音素——均与被称为氨基酸的物质相关——组成的句子表示。一般而言，任何肽性物质的结构均可表达为一串氨基酸序列（例如，Tyr-Lys-Phe-Pro）。[8] 成员们一致认同首次详列释放因子结构的文章堪称重大突破（参见第三章）。“1969 年，我们发现了促甲状腺素释放因子（TRF）的结构”；1971 年发现或确定了另一种被称为促黄体生成激素释放因子（LRF）的结构；1972 年发现了第三种释放因子（被称为生长抑素）的结构（概述可参见 Wade，1978；Donovan et al.，即将出版 *）。

详列释放因子结构的论文一经发表，就有大量论文受启发而诞生，其重要性可见一斑。实验室外研究者的文章构成外部文献，它们与内部铭文一起参与新一轮论文生产。图 2.2 显示，每一篇所谓的突破性论文都会引发文献爆炸，一旦某种释放因子的结构得到详细说明，就会出现大量文献据此研究其他各种物质：从 1968 年到 1975 年，在神经内分泌学出版物中，释放

---

* 编者注：指原书出版时，相关著作正在出版中，译作保留该表述以与原书保持一致，后不赘述。

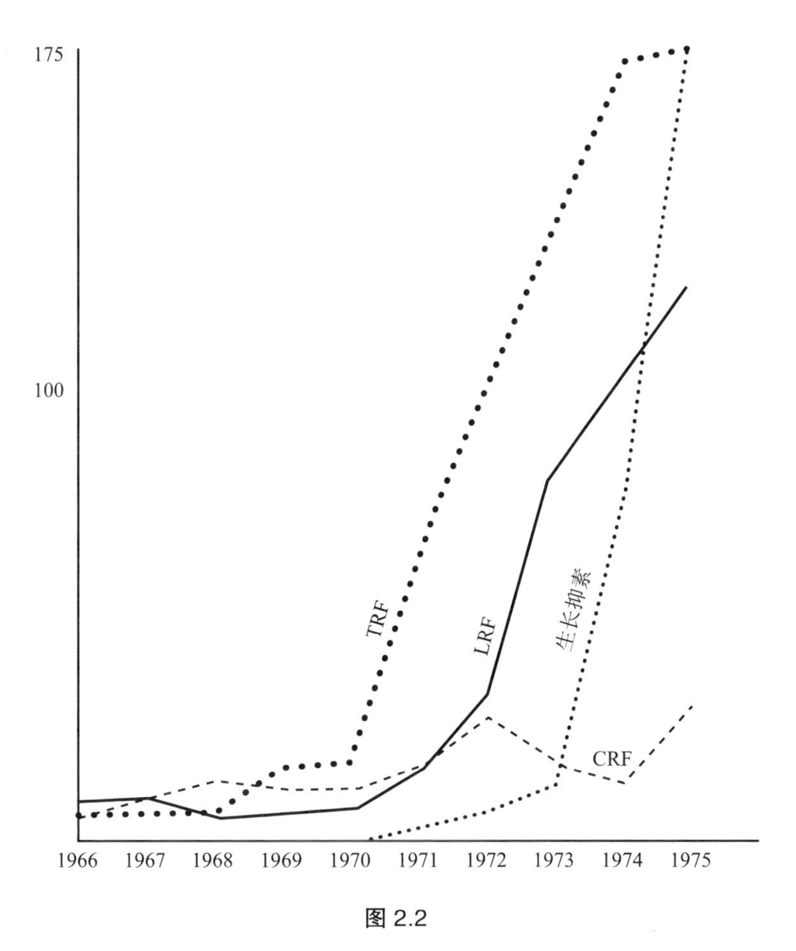

图 2.2

该图统计了四种释放因子每年的出版物数量。由科学引文索引、轮排索引、组合释放因子多种拼写计算得到。图中的释放因子名称与本实验室研究用语一致。TRF 曲线在 1970 年突然急升，1971 年的 LRF 曲线与 1973 年的生长抑素曲线均骤升。至于 CRF，其结构尚未明确（截至本书出版），我们因此将其并入图中以示对比。

因子主题占比从 17% 上升到 38%。由此可见，释放因子专业的突破提升了整体神经内分泌学的地位。实际上，由于外部兴趣激增，本实验室大获成功后发表论文占比反而降低：1968 年有 42% 的释放因子论文出自本实验室，1975 年只有 7%。[9] 不过客观起见，我们需考虑，虽然释放因子占神经内分泌学总出版物的 39%，神经内分泌学却仅占内分泌学的 6%，内分泌学也不过是生物学的分支学科之一。换言之，1975 年，本实验室成员发表的论文只占内分泌学论文的 0.045%。显然，将本实验室中所得科学活动特征推广至全体时须慎之又慎。

我们已经说过任一铭文装置均为机器、仪器与技术员的特殊整合。写作论文不仅需要参考特定的外部文献流，也要直接或间接地使用实验室内部档案：既包含各类“物质字典”，比如大脑萃取物，也包括科学实验计划一类的文本资料。现在，观察者已经能辨识出实验室活动的几大方向，它们各自对应一类论文成稿。对每一类论文，他都需要确定相关人员，认准他们在实验室的位置，知晓辅助的技术员、使用的铭文装置、参考的外部文献类型。如此一来，观察者便在研究期间清晰划出了三条主要文章生产线（成员们称之为“项目”）。如表 2.1 所示，三条生产线对实验室的总体产出贡献不同，各自成本与后续影响也有所区别。观察者想细考三个项目，以便确切说明本实验室独有活动的特征。

实验室制造的**第一类**文章关注下丘脑的新**天然**物质（参见第三章）。这种物质由两组铭文叠加而成，其一来源于生理侧被称作测定（assay）的记录装置，其二源于化学侧的“纯化循环”

（purification cycles）。由于三个项目都会用到测定与纯化循环，接下来我们会详细介绍这两个过程。

表 2.1

<table>
<tr><th colspan="2">项目</th><th>论文数量（单位：篇）</th><th>总占比（单位：%）</th><th>单篇被引量</th></tr>
<tr><td colspan="2">项目一（分离天然物质）</td><td>31</td><td>15</td><td>24</td></tr>
<tr><td colspan="2">项目二（类似物与功能）</td><td>78</td><td>37</td><td>–</td></tr>
<tr><td rowspan="4">项目二</td><td>任务一（类似物）</td><td>–</td><td>–</td><td>–</td></tr>
<tr><td>任务二（结构功能）</td><td>52</td><td>24</td><td>7.6</td></tr>
<tr><td>任务三（临床）</td><td>19</td><td>9</td><td>21</td></tr>
<tr><td>任务四（基础化学）</td><td>7</td><td>3</td><td>7.2</td></tr>
<tr><td colspan="2">项目三（作用方式）</td><td>47</td><td>22</td><td>10.6</td></tr>
<tr><td colspan="2">技术性论文</td><td>20</td><td>9</td><td>7</td></tr>
<tr><td colspan="2">一般论文</td><td>27</td><td>13</td><td>9</td></tr>
<tr><td colspan="2">其他</td><td>19</td><td>5</td><td>–</td></tr>
</table>

测定活动虽种类丰富（例如，生物测定、体内［*in vitro*］测定与体外［*in vivo*］测定[①]、直接或间接测定、放射免疫学测定或生物测定），过程却很统一（Rodgers，1974）：首先，将一

① *in vitro*，拉丁文之意为“在活体内”，指在完整且存活的个体的组织内进行的实验。*in vivo* 是拉丁语中“在玻璃里”的意思，指进行或发生于试管内的实验与实验技术。更广义指活体之外的环境中的操作。

种记录机器（例如，肌动图仪、伽马计数器，或一个简单的评级表）与一个有机体（细胞、肌肉组织或整个动物）相连，制造出一个易读痕迹。然后，将对有机体具有已知作用的某物质注入体内，形成对照组。接着得到有机体反应铭文，将其视作基线。这时，注入一种未知物质并记录有机体反应痕迹。最终得到两条痕迹，对比它们之间的差异后，研究者可作简单直观的判断："没有区别"，"它上升了"，"这里出现了一个峰"。若两痕迹有区别，研究者便会将这一差异视作未知物质"活性"信号。由于神经内分泌学文化的核心要旨是"使用个别化学实体界定任意活动"，因此未知物质将被研究者带至化学区进一步测试，这时会用到第二种主要铭文装置：纯化循环。

研究者认为存在某一实体导致痕迹记录出现差别，纯化循环就是为了分离出这个实体。例如，脑萃取物样品需经过重重区分（discrimination）（Anonymous，1974）：研究者使用一些固定用物质（比如凝胶或一张吸墨纸）充当过滤器，延缓脑提取物的慢速移动（这种移动由多种原因引起，如重力、电子作用或细胞结合等——Heftmann，1967），据此得到大量脑萃取物样品的馏分物，现在可就感兴趣的生理属性仔细研究各馏分物。各个结果将以峰的形式被记录在图纸上，一峰对应一馏分物，其中之一可能就是引起测定活性的个别化学实体。为了弄清楚这些馏分物中是否果真有实体存在，它们又被带回生理区再次测定。研究者将最终测定所得结果与此前纯化结果叠加，可能发现有两峰重叠。如果这一重叠可重复，该化学馏分物则构成一种"物质"，它将被命名。

理想情况下，研究者在测定（照片 4）与纯化循环（照片 7）之间交替操作，最后能得到一种“被分离的”物质。然而这种情况几乎从未出现，因为测定显示的大部分差异会在重复测定中消失。例如，研究者推测存在一种物质——促皮质激素释放因子（CRF），从 1954 年开始，它就在六个实验室间来回穿梭（参见图 2.2）。即使差异没有消失，几步纯化后往往也再找不见实体。稍后我们会看到，实验室部落民的心头大敌就是这些变幻莫测且不能久存的物质（被称为“假象”[artefact]），需将它们消除掉。消除过程的细节虽然极端复杂，总体原则却很简单。

大多数竞争者声称得到了一种“已分离的”实体，成员们都会将其打上引号，可见这种断言主要依据地方性操作规范。当实验室内部有人提出这一论断，化学物就停止测定与纯化间的往来穿梭，进入新的操作循环。被称为氨基酸分析仪（AAA）的铭文装置登场了，它可以自动记录已分离样品与一系列其他化学“试剂”（reagents）的反应，并使用特定氨基酸词汇记录反应供人直接读取。于是，研究者在峰、点、斜率之外，又得到可辨认的字母铭文，比如，Glu（谷氨酸）、Pyro（焦谷氨酸）、His（组氨酸）。不过一切尚未结束，经过氨基酸分析仪，研究者知道了各氨基酸成分，但不知晓特定排列顺序。为了确定顺序，研究者把样品拿到了另一房间，那儿有全职“博士”负责的昂贵铭文装置。主要的两个是“质谱仪”（mass spectrometer）与“埃德曼降解序列”（Edmann degradation sequence），它们提供的光谱图与图表能明确表示物质的氨基酸构型。至此，研究者将见证项目一罕见的伟大时刻——结构确定，这是最激动人心也最耗费精力的阶段，参与者若干年后仍会记忆犹新。下一章将选择一种物质，详细展开它的历史，届时我们将更周密地解释此处略提的活动。

实验室第二个主要项目是利用化学工业提供的氨基酸重构物质（其结构已经确定），再评估其活性。项目二主要为了制造人工重构物，也就是所谓的类似物，它的属性与原始物质不完全相同，因此能在医学与生理学方面发挥作用。项目二可细分为四项任务。[10] 第一项，类似物的化学制造。实验室可在内部化学区更便宜地制备类似物，无需购买或请求实验室外研究者赠予。类似物制备高度机械化，会用到肽自动合成仪等仪器。很多用于物质初始纯化的分析性铭文装置（例如，质谱仪、氨基酸分析仪、核磁共振谱仪）同样可用于制造人工重构物。不过它们这时不再产出新信息，而仅监控重构过程。第二项，研究所谓的“结构功能关系”（structure function relationships）。生理学家使用若干略有差异的类似物，以便确定生物测定反应与其诱因——类似物组合——之间的关联。例如，一个 14 种氨基酸结构的天然物质，能抑制被称为生长激素的物质的释放。如果将第 8 个氨基酸从左旋形态替换为右旋形态，就得到一个更强效的物质，对治疗糖尿病大有作用。就这样，这些微试错操作的成果对资助机构与化学工业极有吸引力，它们同时也贡献了 24% 的论文发表（Latour and Rivier，1977）。任务三发表的论文占总体 9%，它研究物质对人的作用，以便确定物质的结构功能关系。大多数论文由实验室成员与临床医生合作撰写，以便设计出与临床所需天然物质最相似的类似物。例如，设计一种 LRF 类似物用以抑制而非激发促黄体生成激素（LH）释放便值得研究，因为它或许能制造出优于当前的避孕药，这也意味着研究将有很高的经济价值（它能得到很多资金支持）。最后一项任务是与基础化学家合作研究物质的分子构型，只发表了 3% 的文章。实验室主要负责提供物质，但任务四的结果对“结构功能关系”研究十分重要。[11] 任务三、四论文的第一作者都不是实验室成员。

走笔至此，我们已经介绍了两个主要项目：一、分离新天然物质；二、通过合成重构新天然物质。实验室成员告诉我们，项目三是为了理解不同物质相互作用的机制，在生理区使用生物测定展开。从天然行为反应痕迹到激素接触后 DNA 合成率痕迹，人们利用众多痕迹探索、评估物质相互作用的机制。

1970 到 1976 年间，就已发表论文计算，上述三个项目分别贡献了实验室总成果的 15%、37%、22%。然而，成员很少用项目名称指代手头工作，仪器的具体要求与特殊配置没有直接引起成员的操作自觉，他们没有意识到自己在做哪个项目的工作。例如，他们不说“我正进行纯化工作”，而更可能说“我在纯化物质 X”。一般而言，他们不关心纯化工作，只关心“CRF 的分离”；不在意类似物合成，只在意“D TRP 8 SS”研究。除此以外，数月间各项目目标也会变动。因此，我们的项目概念不够全面，仅可作为中介工具供观察者熟悉实验室。不过现在，观察者总算明白了这间实验室与其他实验室的区别，了解了人员与铭文装置特定结合下制造的文章类型。至于从个别成员、职业、历史阶段、仪器角度评估实验室活动，则留待后文细述。

"现象技术"

观察者已经从无处不在的书面文件与铭文装置中窥见了实验室的大体情况。多亏了文献（literature）概念，观察者就此掌握了一条组织原则，不必再听信实验室成员一家之言，而可以独立解释观察结果。"文献"不仅指各类不可或缺的文件，也指操作仪器得到的某物质相关铭文，二者都被用来写作新的文章与论文。为了阐释与仪器有关的文学铭文概念，我们打算提供一份实验室物质布局的编目。

在实验室使用铭文装置有一个重要特点，即：一旦得到铭文（最终产物），制造铭文的中间环节便一概被忽略。图表或数据表将成为成员的焦点话题，至于它们诞生的物质过程，要么惨遭遗忘，要么理所当然被归为纯技术问题[12]。将物质过程降格为纯技术问题，一方面导致铭文被视为研究物质的直接标志。特别是氨基酸分析仪（照片9）一类仪器的输出结果，仿佛是物质亲手铭刻下署名（Spackmann et al.，1958）。但另一方面它又引人思考铭文如何确认、支持、反对了特定想法、概念、理论。[13]铭文原本只是最终产品，现在却摇身一变，成为神话并赋予实验室成员活动以意义。例如，特定曲线可能就是一项突破，一张数据表便算是对此前假设的有力支持。

不过前文说过，我们不可能在成员信奉的神话里找到本实验室的文化特性，毕竟其他实验室也有类似的神话。本实验室真正独特的是被我们称为铭文装置的特殊仪器配置。这种物质布局至关重要，因为成员们讨论的任何“某物相关”现象都不能脱离它而存在。没有生物测定，便不能说某物质存在。生物测定不仅是得到个别先验实体的手段，它本身即建构了物质。同样，物质离开分馏柱（照片 7）也不会存在，馏分只有历经区分过程才存在。再如，没有核磁共振（NMR）光谱仪（照片 8）便不会有光谱图片。不能简单总结说现象取决于特定物质仪器，相反，现象完全由实验室物质布局构成。被成员描述为客观实体的人工实在，实际上由他们使用铭文装置建构而成。巴什拉[①]（Gaston Bachelard）称这种实在为“现象技术”（phenomeno-technique）——它由物质技术建构，只是表现为一种现象。

因此我们可以试想，如果从实验室移走特定设备，那么至少有一种实在的客体也将被移出讨论范围，设备失灵或新设备引入时尤为明显。不过当然，并非所有设备都对现象存在与论文制造具有相同的制约作用。[14] 例如，拿走一个垃圾桶不大可能妨碍主要研究进程，撤掉一个自动移液器也不会影响手动移液，只是耗时更久罢了。但如果伽马计数器失灵，仅凭视觉就算不出放射性数量！放射性观察完全靠计数器（Yalow and Berson, 1971）。显而易见，如果少了管道在实验室与工厂间来回输送氧气与水（照片 1），实验室便会停止运转，但是管道无法解释实

① 法国哲学家、科学家、诗人，在诗学与科学哲学方面颇有见地，著有《梦想的诗学》《空间的诗学》等作品。

验室为何要制造论文。管道类似于亚里士多德的植物生命[①]，它构成高级生命——“制造论文”——的一般存在条件，但无法解释它。照片 1 在任何工厂里都能见到，但是照片 3 仅此一处，因为除了吹风机、电动机与两个氢气瓶之外，所有仪器都专被发明来协助建构实验室的客体。例如，照片 3 左边的离心机（centrifuge）在 1924 年由斯韦德贝里[②]（Theodor Svedberg）设计，它借助旋转力量区分未分化的物质，进而创造了蛋白质的概念（Pedersen，1974）。除非有超速离心机（ultracentrifuge），否则很难说蛋白质的分子量存在。1950 年克雷格[③]（Lyman Craig）在洛克菲勒研究所发明了照片 3 右侧的旋转蒸发仪（Moore，1975），它可在实验室大多数纯化过程中去除溶剂，取代了之前的克莱森烧瓶（Claisen flask）。

由此可见，对研究过程而言，某些设备显然比其他设备更为关键。实际上，我们想判断这间实验室的优势，不能看它拥有多少设备，而要看那些专为特定任务量身打造的机器配置。照片 3 没有明确告诉我们本实验室的专攻领域，因为其他生物学方向的研究机构很多也都设有离心机与旋转蒸发仪。但生物

---

① 亚里士多德认为有三种生命：植物、动物和人类，分别对应三种灵魂：植物灵魂、动物灵魂和人类灵魂。其中植物灵魂负责生存与生长，动物灵魂负责感知与运动，人类灵魂负责理性思考。植物体内只有植物灵魂，动物体内有植物灵魂与动物灵魂，人类体内有全部三种灵魂。作者在这里想表达的是，论文生产相对于管道更加复杂，是“更高级的生命”。

② 瑞典物理化学家，1926 年获诺贝尔化学奖。

③ 美国化学家，1933 年起在洛克菲勒研究所工作。

与放射免疫测定、葡聚糖凝胶柱、全套光谱仪则指明这里的成员专攻神经内分泌学。这样一整套铭文装置，曾在不同子领域广泛应用，如今汇集于此。成员们用质谱仪撰写某物质结构的主题论文，用细胞培养皿提出同一物质生物合成的 DNA 合成观点。

本实验室的文化特殊性还表现为某些铭文装置仅此一处。大多数物质都依赖生物测定与放射免疫测定存在。每次测定都涉及几百个序列，有时需要两到三个人一连全职工作几天或几周。一种测定方法（TRF 免疫检测）的说明就有足足六页，读起来像是一张复杂菜谱。由于只有较小的步骤可以自动化（比如移液），所以测定主要依靠技术员的常规技能。整体看来，测定是一个特异过程，它依赖个别技术员的技能，需要使用特定抗血清，这些抗血清本身需在一年中的特定时间从特定山羊身上获得。这也解释了为什么很多物质只是地方性（locally）存在（见第四章）。只在这里，科学家口中的“生长激素的精细生物测定”或“CRF 的高敏感测定”才会被成员高度重视，这是他们自豪感的来源，帮助他们在文献中提出观点。

不能认为实验室活动的物质成分与理念成分截然不同。时下通用的铭文装置、技能、机器常见于另一领域的历史文献。每一串操作，每一次常规测定都曾在其他领域引发过争议，也都被一些已发表的论文重点讨论。可见，其他领域论争、争议的最终结果会注入仪器、工艺技能之中，并在实验室得以再现。巴什拉（Bachelard，1953）据此将仪器称为“物化的理论”（reified theory）。就这样，既定论点成了仪器，成员们可以利用这些铭文装置的铭文写作论文，并在文献中提出新观点。于是，前一种转化反过来制造了新铭文、新论点、新潜在仪器（参见第六章）。例如，实验室成员使用计算机控制台（照片 11）时，调用了电子学与统计学。另一成员使用核磁共振光谱仪（照片 8）检查化合物纯度时，利用了涡旋理论与基础物理学大约 20 年的研究成果。尽管阿尔伯特只懂涡旋理论的基本原理，但他足以利用这些知识轻松处理核磁共振的配电盘。另一些人讨论一个释放因子的空间结构时，其实用上了基础化学几十年来的研究成果。同理，只要稍懂免疫学原理，掌握放射性的基本知识，就可以使用放射免疫测定法寻找新物质（Yalow and Berson，1971）。因此，实验室的一切行动都或多或少依赖其他科学领域。表 2.2 列出了实验室使用的八台大型设备，介绍了它们的初始领域，记录了它们被引入新领域的日期——为什么它们大多来自被认为“硬”于内分泌学的领域呢？下一章会解释原因。

一领域的既定知识将物化为另一领域的物质布局，所以 A 领域的理论探讨与 B 领域相应技术的出现必然存在时间差，只消看看各铭文装置的首次构思日期便可知晓。铭文装置一般都来自成熟的知识体系。例如在化学中，色谱法目前仍是一个活跃的研究领域，但被实验室仪器物化（embodied）[①] 的色谱法可

① “embodied”更多译作“具身化”，但在本文中，其含义等同于物化，后文若无具体说明则一律译作物化。

表 2.2

设备名称	首次构思日期	首次引入日期	初始领域	项目用途	备注
质谱仪	1910—1924	1959 年为研究肽；1969 年为研究释放因子	物理学（同位素）	项目一	需要一位博士操作，占用一个房间
核磁共振（高解析度）	1937—1954	1957 年为研究肽；1964 年为研究释放因子	物理学（自旋）	项目二任务一	用于检查纯度
氨基酸分析仪	1950—1954	肽化学内部	蛋白质化学；分析化学	项目一、二	常规化；机械化；自动化
肽自动合成仪	1966	1975 年为研究释放因子被引入肽化学内部	生物化学；合成化学	项目二任务一	常规化；机械化；自动化，新式仪器
葡聚糖凝胶柱	1956—1959	1960—1962 年为研究释放因子		项目一、二、三	纯化与测定的基本部分

续表

设备名称	首次构思日期	首次引入日期	初始领域	项目用途	备注
放射免疫测定	1956—1960	1959 年为研究肽	核物理学；免疫学；内分泌学	全部项目	用途最广，人力最集中的设备
高压液体色谱仪	1958—1967	1973 年为研究肽；1975 年为研究释放因子	分析化学	项目一，项目二任务一	新式设备，转入常规工作
逆流分配色谱仪	1943—1947	1958 年为研究释放因子			机器的冷却部分

上溯至20世纪50年代波拉特[①]（Jerker Porath）的研究（Porath，1967）。质谱仪这个关键分析工具基于物理学约50年前的成果（Beynon，1960）。实验室还如此使用统计与编程技术。借用成熟的知识，把它们纳入仪器或常规操作序列，实验室便可动用其他几十个领域的巨大力量开展研究。

不过，积累其他领域的物质理论与物质实践本身有赖于特定制造技艺。例如，核物理等单个学科无法确保实验室有一个β计数器，使用这类设备显然需要把它们制造出来。例如，没有梅里菲尔德[②]（Robert Merrifield）的发明就不会有固相接肽，也不会有自动化肽合成（Merrifield，1965；1968）。不过即便没有贝克曼这样的公司，洛克菲勒研究所（梅里菲尔德发明所在地）也有个原型供其他科学家使用。除了自动移液器这个单纯用来节约时间的装置，本实验室其他仪器的原理、基础原型都来自其他实验室。但工业在设计、开发、推广这些科学原型上发挥了重要作用，只需设想每件新设备仅有一两件原型会有什么后果，便可理解工业的重要性。若果真如是，科学家将被迫长途跋涉，论文产出速度必会急剧下降。梅里菲尔德的初始原型被转换为自我支持的、可靠的小型市场化设备，并以自动肽合成器的名义出售，可谓技术技艺施予实验室的恩惠（Anonymous，1976a）。如果说铭文装置是理论和实践的物化，实际设备就是这些物化的市场化形式。

---

① 瑞典生物化学家，发明了集中生物分子的分离方法。

② 美国生物化学家，最大贡献是发明了固相接肽技术。

实验室物质布局由各种仪器构成，它们大多有一段漫长甚至备受争议的历史。每件仪器都与特定技能组合而成专门装置，触针与针头得以划过图册表面。每条曲线赖以存在的一连串事件太过冗长，无论观察者、技术员或科学家，谁都无法记住。然而每个步骤都至关重要，一旦遗漏任意一个抑或处理不当，整个科学进程就会失效。比起一条“完美的曲线”，太容易得到一个无法重复的、由混乱分散的随机点组成的曲线。为了防止出现这类灾难性曲线，实验室选择将行动常规化，要么花功夫培训技术人员，要么使用自动化手段。一旦一连串操作常规化，人们看着它们产生的数字，便会悄然忘记是免疫学、原子物理学、统计学和电子学让这个数字成为可能。数据表只要被拿进办公室讨论，人们便忘却技术员几周以来的工作，也忽略花在这些数据上的上千美金。包含数据的论文一经写就，论文主要成果一物化为新铭文装置，人们便轻易忘却建构论文的物质要素。实验台被抛诸脑后，实验室也淡出思索，“想法”“理论”“理由”取而代之。因此，铭文装置的价值似乎体现在它多大程度上加速工艺作业过渡到思想观念。物质布局既孕育现象，又必须被轻易遗忘。尽管人们很少提到实验室物质环境，但没有它便不会有客体。现在我们需要详细考察这种矛盾，它构成科学一大基本特征。

文档与事实

目前为止，观察者将实验室看作读者与作者组成的部落，部落民三分之二的时间用在大型铭文装置上。他们似乎已经发展出诸多技能：例如在工艺活动中设定装置，捕捉变幻莫测的数字、痕迹或铭文；再如说服术，说服他人相信其工作重要，其所言为真，其提议值得资助。他们的说服技巧臻至被说服者对此毫无察觉，以为自己不过一路跟随对现有证据的解释自然得出结论。换言之，他们说服人们相信自己未被说服，相信他们的话与事实间不存在任何中介。实际上他们如此雄辩，甚至实验室内部都可能忘记物质要素、实验台工作与历史影响，只关注被提出的“事实”。自然而然，人类学观察者与该部落打交道时历经了些许波折。其他部落信仰神明或复杂神话，相反，这个部落的居民坚持认为他们的活动与信仰、文化、神话毫无关联，他们只关心“硬事实”（hard facts）。成员们坚称部落里的一切都简单明了，这反让观察者大为不解。他们还表示，观察者如果是一名科学家就会明白他们的言下之意。我们的人类学家被这种说法深深吸引。于是，他着手学习实验室知识，阅读大量论文，现在他已经能识别不同物质，而且逐渐理解成员的对话片段了。他动摇了，开始承认这里没什么奇怪，只需相信成员们的说法便好，无需再作额外解释。但尚有一个问题盘踞在观察者心间，他为此纠结不已：无论哪一年，都有大约 150

万美金被 25 个人用来制造 40 篇论文，这是怎么一回事？怎么解释这个事实？

当然，除了 40 篇论文，实验室还有一个产品也在协助其他实验室生成文件。前文提到，本实验室有两个主要目标：提纯天然物质以及制造已知物质的类似物。经常有纯化馏分与合成物质样本被送到其他实验室研究者手中。生产一个类似物大约耗资 1500 美金，每毫克 10 美金，远低于市场价。实际上，本实验室出品的肽市场总值达到 150 万美金，与总预算相同。换言之，实验室可通过出售类似物来支付研究费用。然而实际产出的肽量、肽数、肽性决定了实验室 99% 的产品没有市场。而且几乎所有肽（90%）都是为供实验室内部使用而生产的，不能算作实验室产出。真实产出（例如，1976 年的 3.2 克）按市场价换算可能有 13 万美金，虽然成本只有 3 万美金，但如果外部研究者成功激起实验室某成员的兴趣，样品还是会免费寄送过去。虽然成员们不会要求在使用了这些样品的论文上署名，但有能力提供稀有昂贵的类似物仍堪称一种强大资源。例如，如果成员只愿意提供几微克，就会有效阻碍接受者进行充分研究，他便不会有什么发现（见第四章节）。[15] 纯化物质与稀有抗血清也是宝贵资产。例如，一位成员谈到即将离开实验室时，常常担忧他负责的抗血清、馏分与样品的下落——它们与论文共同构成成员积累的财富，成员靠它们迁居别处，撰写新论文，在那儿他或可找到类似的铭文装置，但找不到可进行特定放射免疫分析的特异性抗血清。除了样品，成员们还能在实验室精进技能，不时跳至别处继续研究，技能也仅是实现最终目标——

发表论文——的手段之一。

成员们承认他们的活动主要就是为了发表论文，因此需要进行一连串写作操作：最开始在一张纸上潦草地写下结果，热情地拿去跟同事交流，最后将已发表的文献登记进实验室档案。许多中间阶段（比如使用幻灯片的会谈、预印本的流通等）都涉及特定类型的书面制造，因此有必要细考产出论文的多种书面制造过程，我们将从两方面展开：第一，我们会将论文看作类似于制成品的物件（object）。第二，我们试图理解论文内容。从这两方面分析书面制造是为回答观察者提出的中心问题：为什么一篇论文的成本与价值都如此高昂？成员们究竟为什么如此看重论文的内容？

出版物清单

实验室内保存并更新着一份清单，它显示了论文的种类与范围，我们选取其中 1970 年到 1976 年的内容进行研究。尽管成员称之为“出版物清单”，但一些尚未出版的文章也收录其中。[16]

可以根据成员选择的发表渠道分类论文：其中半数是“常规”论文，一共只有几页纸，发表在专业期刊上；五分之一是专业会议摘要；16% 是会议征稿，当中仅有一半将收入会议论文集出版；剩下 14% 是成员为论文集汇编撰写的部分章节。

也可以根据文章的文学“体裁”进行分类：体裁既随形式特征（如篇幅长短、风格与格式）而变，也因读者类型而有所区别。例如，5% 的论文面向非科学从业者（如《科学美国人》《三角》和《科学年》上的文章），也面向医生，他们需要从中简单了解生物学的最新进展（如《临床医学》《避孕》或《医学实践》上的文章）。虽然这类文章数量相对较少，但是它们发挥了建立、维护公共关系的作用，有助于获取公共资金的长期支持。第二类论文面向释放因子专业外的科学家，占总论文的27%。标题如：《下丘脑释放激素》《下丘脑的生理与化学》《下丘脑激素：分离、表征与结构功能》。这类文章很少讨论具体物质与测定的细节，以及二者的关系，最常见于高级教科书、参考书、非专业期刊、书评与受邀讲座。文章信息经常被学生或其他领域的同行使用。这类文章不被非科学人士理解，释放因子专家们又会觉得当中内容太过普通，它们仅为领域外科学家总结释放因子技术的现状。第三类论文占比 13%，使用《促黄体释放因子与生长抑素类似物：结构功能关系》《生长抑素的生物活性》《牛与合成 TRF、LRF 的化学、生理学》一类标题。这类文章专业性很强，非释放因子专家基本看不懂。文章的共同作者异常多（平均有 5.7 人，所有论文的均值为 3.8 人），一般在释放因子专业会议上宣读，比如内分泌学会议、肽化学研讨会。这类文章帮助领域内部同行知悉最新信息。最后一类论文占比 55%，包括高度专业化的文章，比如《(Gly)2LRF 与 Des His LRF：两种拮抗 LRF 的 LRF 类似物之合成纯化与表征》，以及《生长抑素抑制肠肌神经丛中电诱导的乙酰胆碱的释放》。这类文章主要发表在《内分泌学》(18%)、《BBRC》(10%) 和《医学化学杂志》(10%) 等期刊上，旨在给特定业内人士提供细微信息。前两类论文对教学很重要，但只有后两类论文（内部评议与专业文章）中含有实验室成员眼中的新信息。

观察者用实验室的年度预算除以已发表的文章数量（扣除那些被归到前两类的外行读物），计算得知 1975 年单篇论文发表成本达 6 万美金，1976 年为 3 万。显然，论文是一种昂贵的商品！如果它毫无影响，这笔巨大开支就是徒劳的奢侈，但若是它对基础研究或应用研究产生了根本性影响，这项支出就极为廉价。因此，或许应该根据论文接受情况解读开销。

根据论文接受度价值理解制造成本，基本方法是考察论文的引用历史。针对成员 1970 到 1976 年间 213 篇出版论文（item）[17]，观察者使用科学引文索引（SCI）跟踪它们的引用情况，剔除没有引用记录的文章（包括非专业人士的文章、未发表的讲稿、难以获得的摘要），将剩余论文分为“很有可能被引用类”与“不太可能被引用类”（通常是著作章节或摘要文章）。由于文章发表四年后很少再出现引用高峰，观察者遂根据发表当年与发表后两年的引用情况，计算得到单篇文章的影响指数。

可被计算的五年（1970—1974）中，总体影响率（单篇论文引用量）为 12.4 次 / 篇。然而，这个数字掩盖了三个变量：首先，影响率因体裁而异。比如，如果只计算“常规”论文，影响率会上升至 20 次 / 篇。此外，成员心中“优秀”期刊上发表的“常规”论文，只有 17 篇在 1976 年底前没被引用过。第二，影响率随时间而变。1970 年发表的 10 篇论文，影响率为 23.2 次 / 篇，但 1974 年发表的 39 篇论文，影响率仅为 8 次 / 篇。这一特殊变动源于 1970 年属重大发现年（参见第三章）。第三，从

表 2.1 的右栏可知，影响率被项目左右。前文描述过的三个项目中，与物质分离、表征有关的项目影响率最高（24 次 / 篇）。其他活动中只有一种影响率与之相当，即与临床医生合作进行的类似物生产（项目二的任务三），其余活动的影响要小很多。例如，项目三的论文产出占总体 22%，但影响率只有 10.6 次 / 篇。

如果使用影响率作为粗略指标，估算文献初始生产成本的回报情况，那么显而易见，增加产出未必保证较高的回报水平。一大影响因素似乎是论文被归为“常规”类的概率，但这一变量与时间变量，以及单篇文章涉及的特定活动变量混在一起。因此，我们只能作一个稍显同义反复的推测：高回报论文是大有可能解决实验室外关心问题的论文。

陈述（statement）类型

虽然论文引用情况显示影响率存在差异，但观察者还不知道是什么因素导致了这些差异。这时，有人会选择对论文引用史作更复杂的数学分析，希望可清晰识别的引用模式就此浮现。[18] 但我们的观察者不相信这一方法足以解决他的基本问题：为什么有些论文会被优先引用？他推断一定能从论文内容中找到评价机制。于是他开始仔细阅读部分论文，以便找出论文相对价值的可能影响因素。唉，读这些论文简直就是在读中文！他认出其中不少术语是已经打过照面的物质、仪器、化学品的名称。他还感觉文中的语法与句子基本结构自己也会用到。但他完全无法理解论文的“意义”，更不消说这些意义如何维系整个文化。他顿时想起早前研究宗教仪式时，他已经深入仪式行为的核心，却只看到了摇头晃脑与胡言乱语，现又惨遭滑铁卢，一系列复杂操作的最终产物里写满奇谈怪论。无奈之下，他只好求助于成员。当他要求他们澄清论文的意义时，却遭到了反驳。成员们说论文本身没有任何趣味与意义可言：它们不过是传达“重大发现”的手段罢了。当观察者就这些发现的本质进一步发问时，成员们却是将论文内容稍加修改地重述一遍。他们认为，观察者的困惑源于他过度痴迷文献，乃至看不清论文的真正要义，因此，观察者只有抛弃对论文本身的兴趣，才能掌握论文所含“事实”的“真正意义”。

如果不是成员立即又投入工作，继续讨论草稿，修订与再修订校样，阐释铭文设备刚刚产出的各种痕迹与数字，观察者可能会因遭遇轻视而深深受挫。但现在他坚信，至少文学铭文过程一定与论文的“真正意义”密切相关。

上文中观察者与成员的分歧源于一则悖论，本章已多有暗示。制造一篇论文关键依赖各种写作与阅读过程，其均可归为文学铭文。文学铭文的功能在于成功说服读者，但只有说服手段看似消失殆尽，读者才会完全信服。换言之，支持观点的各种写作、阅读操作在成员看来基本与“事实”无关，但“事实”完全因相同的写作、阅读操作而出现。因此，“事实”与各种文学铭文过程的成功运作在本质上是同一种东西。当读者完全相信文本、陈述“包含”（contain）了一个事实，或“与一个事实有关”（being about a fact），并就此忘却文学铭文过程，他便当真会从这个角度解读文本与陈述。反过来，要想削弱陈述“事实性”（facticity），提请读者注意文学铭文的（细微）过程就好，它们让事实成为可能。本着这一想法，观察者决意细考论文中不同类型的陈述，尤其想要阐明其中一些为何比另一些更像事实。

最像事实的一种陈述会让读者深信不疑，认为当中所述尽为事实，乃至不会刻意提起。换言之，读者想当然地简单接受了各种知识，并在论证中用它们明确证明其他事实。因此，阅读文章时，很难自主意识到那些被视作理所当然的事实。相反，它们不知不觉便隐入背景——常规研究、常规技能、默会知识——当中。但观察者看到，实验室里似乎不言自明的一切，在早期论文中显然都可能是争议性话题。可见存在一种渐进式转变：某一论点从引发激烈争议的问题逐渐转变为众所周知、毫不起眼、无可争辩的事实。由此，观察者根据陈述的不同类型，相应提出了一个五重分类方案。与公认事实对应的是**第五类**陈述。观察者发现正因它们被视为理所当然，所以很少被成员重点讨论，除非是要向初来乍到者介绍实验室。新人越无知，成员就需越彻底地挖掘默会知识，越深入地走进过去。如果新人不停地问“大家都知道的事情”，超出一定限度后就会被认为不善社交。例如某次讨论中，X 反复说道：“网格测试中，大鼠的反应不像是服用了神经安定剂。”对他来说，这一论据显然足够有力。但 Y 是其他领域的科学家，所以问了一个浅显的问题：“你为什么提到网格测试？”X 有些惊讶，他停下来看着 Y，然后用老师念教科书的语气说：“经典的强直性昏厥试验（catalepsy test）是一个垂屏测试（vertical screen test）。你有一张金属网。你把动物放在金属网上。然后注射了神经安定剂的动物就会保持那个姿势，没有注射的动物就会爬下来”（Ⅸ，83）。对X而言，他先前提到的测试就是第五类陈述，无需进一步解释。打岔过后，X又恢复之前兴奋的语气，回到原先的论据。

除此之外，科学教科书中还有大量特定文体形式的句子：“A与B有某种关系。”例如，“核糖体蛋白进入转录过程后立刻与前RNA结合”（Watson，1976：200）。这是第四类陈述。虽然当中提到的关联似乎没有争议，但与第五类陈述不同，这一关系是被明确指出的。这类陈述通常被视作科学论断的原型。然而，观察者发现它也较少出现在实验室科学家的工作中，更常见于教科书，作为公认知识的一部分被传播。

还有一类陈述将“A与B有某种关系”形式嵌入其他表达，例如，“基本还不知道下丘脑抑制对生殖腺的刺激的原因”（E. Scharrer and B. Scharrer，1963），“一般认为催产素是由室旁核的神经分泌细胞产生的”（Olivecrona，1957；Nibbelink，1961）。这是第三类陈述，即关于其他陈述（被观察者称为模态［motality］[19]）的陈述。将模态从第三类陈述中删除或可得到第四类陈述。第三类陈述经常出现在综述文章中（Greimas，1976），它有模态，因此与教科书陈述不同。一旦去除模态，陈述类型自然就会发生改变。例如，“据报告，GH. RH的结构是X”，不同于“GH. RH的结构是X”。观察者发现了诸多不同类型的模态。例如，一类模态陈述在基础陈述外另含一个参考文献与日期。还有的模态包含了特定表述，比如致敬最早提出文中假设关系的作者，或谈到与之相关的权威研究，如："皮埃塔与马歇尔最早描述了这一方法。很多研究者清楚地确定了（参考文献）……"，"更具说服力的证据是（参考文献）……"，"首次提供明确证明的是（参考文献）……"（以上均引自E. Scharrer and B. Scharrer，1963）

上文提到，第三类陈述常出现在综述文章中，但它更常见于实验室流传的论文与草稿，且比文献综述里的更具争议性。

> 最近，奥德尔（参考文献）报告称，下丘脑组织发育成熟时……会增加TSH的量。这很难确定是不是……
>
> 目前我们不知道这些化合物的长期作用反应是否为其潜在活性抑制作用。（E. Scharrer and B. Scharrer，1963）

观察者认为这种类型的陈述更像主张而非既定事实。因为包含基本关系表述的模态表述似乎会让人们注意关系的成立条件。含有这类模态的陈述是第二类陈述。例如：

> 有大量证据支持大脑控制垂体的假设。
>
> 组氨酸咪唑环的氮1和氮3，对TRF和LRF起不同作用。
>
> 用上述任何程序进行酯化不太可能发生消旋反应，但几乎没有实验证据支持这一观点。（E. Scharrer and B. Scharrer，1963）

更确切地说，第二类陈述内含的模态提请人们留心现有证据（或缺乏现有证据）的普适性问题。在这类陈述中，基本关系被嵌入“一般认为”或“被视为合理的情况是”一类表述中。第二类陈述的模态偶尔会采用临时建议的形式，这通常导向进一步研究，其或许可以更深入阐明文中关系的价值：

> 应牢记，下丘脑组织中 TSH 含量不可忽视……这可能使数据的解释更加复杂……需要确定其物质是否相似……稍稍令人费解的是……（E. Scharrer and B. Scharrer，1963）

第一类陈述包含（对某一关系的）推测或论断，最常见于论文结尾或私下讨论：

> 彼得（参考文献）提议，金鱼下丘脑对 TSH 分泌有抑制作用。
>
> 科罗拉多州也有研究者声称其得到了 H 的前身……我刚刚拿到他们论文的预印件。（Ⅲ，70）
>
> 这可能标志着并非所有涉及阿片剂的观察、观点与推理都适用于内啡肽。

于是观察者界定出了五类陈述。乍看之下它们似乎可按一定顺序排列：陈述 5 代表最接近事实的实体，陈述 1 则是最具推测性的论断。于是，陈述类型的转换对应类事实（fact-like）地位的变更。例如，从陈述 3 中删去模态可得到陈述 4，其事实性也相应增强。一般来说，似乎完全可以认为陈述类型与事实性两相对应，但在实证检验中，这条一般准则有时却行不通。

任何特定情况中，陈述形式都不简单对应事实性。我们可用一则陈述证明这一点，它包含两变量关系论断与参考文献。因为它包含参考文献形式的模态，当前观察者会将它归为陈述3。毫无疑问，删除模态可得陈述4，然而难以确定陈述的事实性究竟是会增强还是减弱。一方面我们可以说，陈述包含参考文献可以使读者留意关系的成立条件，自然会激起争议，关系便不再容易被理所当然地接受。参考文献指明人类行动者参与了陈述制造，因此降低了陈述被视为“有关自然的客观事实”的可能性。另一方面我们也可以说，陈述包含参考文献将更有说服力，否则似乎只是缺乏支持的断言，因此只有参考文献能给予陈述事实性。

要想正确或更恰当地解释模态功能，关键需要了解每一特定案例的语境。例如，如果我们有充分理由认为，在一篇论文中加入一个模态可以提升一则陈述的可信性，那么就必须提供增加模态的语境细节。当然有人会说，语境与陈述的特定解释之间根本不存在确定性关系。但是对我们来说，只需注意到陈述类型变化有可能导致陈述“类事实”地位变动即可。即使在个别案例中无法指明事实性变化的方向，也仍可认为这一变化或许对应着陈述类型的变动。

观察者发现，分析任一特定陈述时，既难以明确它的“类事实”地位，又不清楚它事实性变化的方向，所以他感觉不能在陈述类型与事实性对应关系的确定性问题上大做文章。不过他意识到文学铭文的概念是一个好用的工具。尽管他不太理解所读论文的内容，但却开发出了一种简单的语法技术区分陈述类型。他认为由此便能理解科学家陈述的实质内容，不必完全靠成员帮忙解释。除此以外，科学家陈述中语法形式的变化可能会引起内容变化（或“类事实”地位变化），因此观察者可以将实验室活动描绘为一场持续的斗争，成员们奋力生成特定类型的陈述，争夺陈述的接受度。

陈述类型转变

上述分类方案尽管粗糙（图 2.3 有总结），但至少为我们的人类学家提供了一种初步手段，帮助他组织实验室观察，同时与文学铭文概念保持了一致逻辑。实验室活动可以转变陈述类型，在这里，玩家们的目标是：对抗重重压力尽可能创造陈述 4，因为论断可能被淹没在模态中成为假象。简言之即说服同行承认，他们理应抛弃特定论断的所有模态，将它视为既定事实接受并借用，最好能引用包含它的论文。但如何实现这一目标？究竟是什么操作成功转变了陈述类型？

请看下面的例子，K 正描述一次测定，测定中 LH 的作用似乎被抑制了，约翰打断了他：

约翰：既然褪黑素会抑制 LH，我们无法确定你测到的不是单纯的褪黑素。

K：我不相信这些褪黑素影响 LH 释放的数据……它们不在我的体系里。（Ⅵ，18）

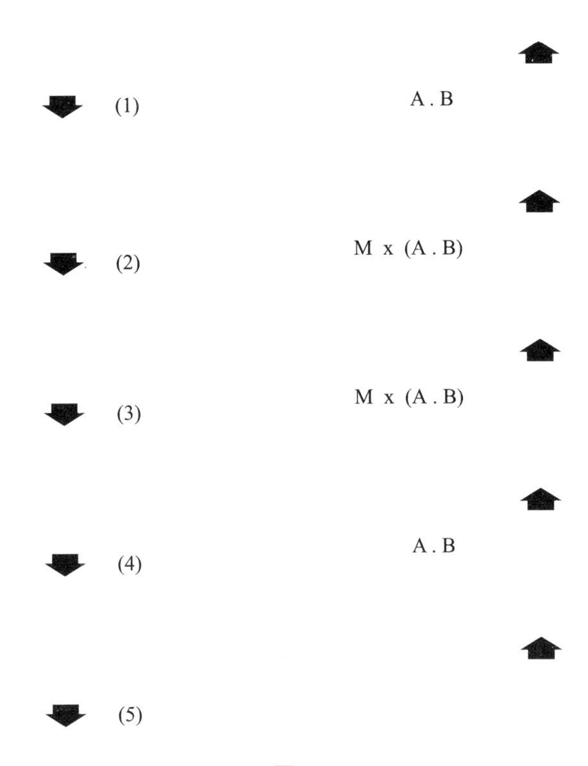

图 2.3

该图表示了陈述（A.B）在成为事实前经历的五个阶段。所谓的事实就是没有模态（M），也没有作者个人痕迹的陈述。最后一阶段（第五阶段）表示一件事情显而易见乃至不必再加说明。要想让一个陈述从一个阶段进入另一个阶段，需要对它进行操作。如箭头所示，从第一阶段到第五阶段意味着一则陈述逐渐走向事实，从第五阶段到第一阶段意味着一则陈述逐渐走向假象（参见第四章）。

约翰没有简单接受 K 的陈述，而是给未言明的假设——研究者“测到的不是单纯的褪黑素”——增添了一个模态（“我们无法确定”）。因此，尽管研究者（“我们”）可以假定结论会得到一致认可，约翰还是给它增加了限定条件，质疑了最初未言明的陈述 5。结果，原始的陈述 5 就转变为更具推测性的陈述 2。在这个例子中，转变尤其有效，因为理由非常充分——研究者无法确定陈述为真。陈述 4“既然褪黑素会抑制 LH”构成为原始陈述 5 增添模态的正当理由。K 又加一个模态回应约翰，想否认约翰陈述 4 的正当性。他表示“不相信”“褪黑素会抑制 LH”的成立条件，试图以此再度削弱约翰对其原始假设的异议——“你测到的不是单纯的褪黑素”。

例二是约翰一篇论文的摘录：“我们最初观察到生长抑素对 TSH 分泌的作用（参考文献），现已在其他实验室得到证实（参考文献）。”约翰首先提到自己早前写过的一篇论文，当中的陈述后来得以证实。“生长抑素对 TSH 分泌的作用”这一陈述最初是陈述 2，现在则嵌入了参考文献变成论断形式，并借助“现已得到证实”使这一模态更为可信。通过这种方式，约翰借用他人的陈述将自己最初的陈述 2 转变为陈述 3。

上述两例说明了两种转变陈述的操作：其一是改变现有模态，可以增强或减弱一则特定陈述的事实性。其二是以特定方式借用现有陈述类型，增强或减弱其事实性（Latour，1976）。

现在，观察者可以将此前看似杂乱的论文混合看成众多陈述构成的文本网络。这一网络本身包含大量陈述操作与陈述间关系操作。如此一来，就有可能追溯一则断言的历史，描述它如何从一种陈述类型转变为另一种陈述类型，其“类事实”地位如何因各种操作而增强或削弱。我们已初步说明了转换陈述类型的操作的本质。现在，让我们细考衡量操作成功与否的标准。

观察者回忆起，如果人们发现特定配置的仪器制造的铭文，与同一条件下制造出来的其他铭文相同，那么就会对它“认真以待”。简单来说，如果成员们能找到一则铭文的类似铭文，便会更相信该铭文的确与“外在”（out there）实体有关。同理，一则陈述能否被接受，关键要看他人是否认可另一则类似陈述。两个以上明显相似的陈述相互结合，便足以具体指明某些外在物或客观条件的存在，这些陈述将被视为其存在标志。因此，出现一个以上陈述时，陈述的“主观性”来源便消失了，便可以从表面解读初始陈述，无需再增加任何限定条件（参见 Silverman，1975）。正因如此，科学家注意到色谱仪光谱出现一个峰时，有时会把它当作噪声拒绝掉。但是，如果同一个峰（在被视作独立的情况下）多次出现，人们通常会说存在一个实体，这些峰便是它存在的痕迹。几则陈述或文件像这样叠加之后，所有陈述都会被认为不受读者、作者主观性所影响，或超越了主观性，科学家从此找到了一个“客体”[20]。反之，引入（或重新引入）作者主观性，指明它与陈述制造本质关联，便可削弱陈述的事实地位。在实验室里，“客体”通过叠加若干文件——或产自实验室铭文设备，或源自实验室外研究论文——得到（参见第四章）。陈述离不开现有文件，因此必然包含文件与模态，它们构成陈述的评价机制。故语法模态（“也许”“肯定成立”“不太可能”“未证实”）往往等于陈述的标价，我们也可以使用机器的比喻，说模态如同陈述的重量（weight）。科学家可以增加或撤销层层文件，以便增加或减少限制条件，相应调整陈述的重量。例如，一位评议者报告：“……在活体内释放 PRL 现象的作用由下丘脑所中介，该结论尚不成熟。”他随后列出三份参考文献，进一步打开原作者结论的黑箱。因此，尽管原作者视其陈述为陈述 2 或陈述 3，但评议者将它改为陈述 1。再如：“作者使用了匀浆器，这是一种更有力的组织破坏手段。据我所知，没有任何文献资料报告过，从破坏后的脑组织中成功分馏出了亚细胞组分。”这里，评议者怀疑原作者使用一台机器制造的文件不足以构成论据，他提到明显缺乏任何陈述可证明、加强原作者的初始主张。因此，原作者（无根据的）的主张必须与“没有任何支持”一类削弱性模态连在一起解读，所以被视为毫无价值。

掌握了文献中陈述之间（和陈述上）的操作概念，观察者理解个别论文的组织时更加自信。接下来将详细解读实验室出品的一篇论文，简要说明如何应用操作概念分析论文（Latour，1976；Latour and Fabri，1977）。

文章在导引段落中，提到实验室成员以前发表的四篇文章，当中提出了物质 B 的结构。这里的引用是在回溯当前问题的相关文献。具体来说，往期论文为当前工作提供了支持（作此解读单纯是因为四篇论文共收到 400 次引用，而且似乎都是确认性引用）。但是与此同时，四篇论文本身属于陈述 3，当前论证是为了给它们提供进一步支持。“这一简要说明报告了从大鼠身上获得的数据，证实并扩展了我们的早期结果。”接下来三段内容总结了设定铭文装置获得数据的方式。这部分信息以陈述5的形式出现。换言之，此处涉及的知识对潜在读者来说无需解释，因此无需引证其他文献：“所有物质B的合成制剂都具有充分的生物活性，活体外4点或6点试验的因子分析予以证明。”

论文“结果”部分的所有陈述均参考一张图表。

“如图2所示结果表明，在20—40分钟内，物质B会显著降低血液中的GH水平，但在40—50分钟内则不会。”因此，每一个数字都是对（从放射免疫分析中获得）资料的条理表述，用以支持文中特定观点。这不是简单的“结果表明……”，相反，所有结果都既有外部参考，又有被“图2”证明的独立存在与之对应。因此，“如图2所示”增强了陈述解读结果的能力，否则它只是没有依据的主张。随后的讨论包含三段落内容，其中又提及“结果”部分的内容（“这些实验表明……”）。“结果”部分本身参考的图表，反过来产自前文所描述的铭文装置。这样不断向前引证背景知识，读者便逐渐对结果产生了客观性印象：他们会认为“合成物质B抑制大鼠体内的GH水平”这一“事实”独立于作者的主观判断，因此值得信赖。

这则陈述建立之后还开启了其他讨论：“巴比妥酸盐的作用机制……未得到充分解释。”“未得到充分解释”这一模态无意贬低前文主张——“巴比妥酸盐的作用机制”——的可信性。相反，联系上下文可知，此处使用这一模态相当于一则临时建议，暗示未来的研究工作。因此，该陈述属于陈述1或陈述2。

结果，后续讨论会将该陈述视为新命题加以关注：“我们不如设想它们（机制）参与内生性物质 B 的分泌抑制过程，这一假设不与数据冲突。”最终，新陈述与义务性（deontic）[21] 操作关联起来：“研究该假设的最佳手段是进行一类放射免疫测定，其尚待开发。”

但是我们不能忘记这篇论文本身就是领域内一长串操作的一部分。科学引文索引显示出，在 1974 年到 1977 年间，该论文被 53 篇论文直接引用了 62 次。其中：31 篇简单将结论（合成物质 B 与天然物质 B 一样，抑制大鼠体内 GH 水平）当作事实借用，并将它写进引言里；8 篇致力于该论文建议的未来研究工作，因此仅关注论文最后提到的义务性操作；一位作者所写的 2 篇中，引用该文作为对自己工作的确认性证据；4 篇使用新数据进一步确证原始陈述。只有 1 篇论文提出质疑，认为在该论文“结果”部分，第五句陈述提及的图表之一所用测定或有误（“我们的结果与他们的结果存在差异”）。可见，上文考察的这篇特定论文为后续文章的一系列陈述操作提供了对象。该文的地位既取决于对早年论文、铭文装置、文档资料、陈述的使用，也受后续研究反馈所影响。

结 论

实验室不断进行陈述操作：添加模态、引用、加强、贬低、借用、提出新联系。每一种操作都会产生一则不同的陈述，或是仅仅给原始陈述添加限制。反过来，每一则陈述也是其他实验室的类似操作的对象。于是，我们实验室的成员时常关注其论断的后续进展，看他人如何驳斥之、借用之、引述之、忽视之、确认之、推翻之。可以看到，某些实验室小组频频参与陈述操作，而另一些则不甚活跃。某些小组几乎在做亏本买卖：他们发言、出版，却无人理会。在这种情况下，一则陈述便会保持**陈述 1** 的状态，作为主张逗留在各操作的弃置之地。相反，其他论断则迅速地改变状态，像是交替变换舞伴，被证明，被证伪，又再次被证明。尽管有大量操作涌来，它的形式却几乎不会发生剧变。众多如大片挥散不去的烟雾般的假象与蹩脚陈述，上述论断仅代表了其极少一部分。一般而言，人们的注意力会从这些陈述上转开，关注其他陈述。有时，我们会看到一幅相对清晰的图景。其中，一项操作彻底消灭了一则陈述，它再也不会被人提起。或者相反，一则陈述被迅速借用、使用、重复使用，然后很快就进入一个不再受到争议的阶段。在陈述的布朗运动中，事实被建构起来。这种情况极少发生，但一旦发生，一则陈述就会被收入沉寂的事实库存，不再被日常科学活动特意关注。它被写进研究生教科书，或融入一件设备的物质基础当中，它常常是“优秀”科学家的条件反射，构成了推理的“逻辑”。

循着文学铭文的概念，观察者找到了迷宫的出口。现在，他可以用自己的语言描述实验室的目标与产品，了解实验室工作的组织，理解成员们如此看重文学产品的理由。他看到，实验室两个主要区域组成了同一个文学铭文过程。实验室所谓的物质元素都是历史争议的物化结果，他能从已经发表的文献中找到它们的来源，同一种物质元素帮助撰写新论文，提出新观点。除此以外，人类学家抵制住了实验室部落民的诱惑，坚持了人类学观点，他为此深感欣慰：他们自称是发现事实的科学家，而他固执地认为他们是作家与读者，从事说服他人的工作，也一直被他人说服。起初，这似乎是一个毫无意义甚至荒谬不经的观点，但目前看来它愈发合理。成员们面临的难题是如何说服论文（及其构成图表、数据）的读者，让他们把文中陈述当作事实接受下来。为此，大鼠被切去脑袋并放血，青蛙被剥皮，化学品用掉了，时间花去了，人们进入科学行业又黯然离开，铭文装置被打造出来积聚在实验室里。这些都是实验室赖以存在的条件。我们的人类学观察者固守己见，抗拒事实的说服力量。相反，他将实验室活动描述为使用文学铭文的说服术。人类学家自己的说服力又如何呢？他是否使用了足量的照片、图表、数据，说服读者不要再往他的论断里添加模态，说服他们相信实验室果真是一个文学铭文系统？不幸的是，答案必须是否定的，个中原因会在后文中逐渐清晰（见第六章）。他不能声称自己已经给出了一个无可动摇的陈述，往后所有可能的限制都不复存在。相反，我们的观察者做的最好的一件事，是留出一个小小的喘息空间。未来，重新评价他的陈述的各种可能性仍然存在。例如，我们在下一章便将看到，一旦有人对任何一则具体事实的历史演变提出疑问，观察者就会被迫再入迷宫。

照片 1　实验室屋顶视角

照片 2　装满了样品的冰箱

照片 3　化学区

照片 4　一次生物测定：准备阶段

照片 5　一次生物测定：
实验台上

照片 6　一次生物测定：
伽马计数器报单

照片 7　分馏柱

照片 8　核磁共振光谱仪

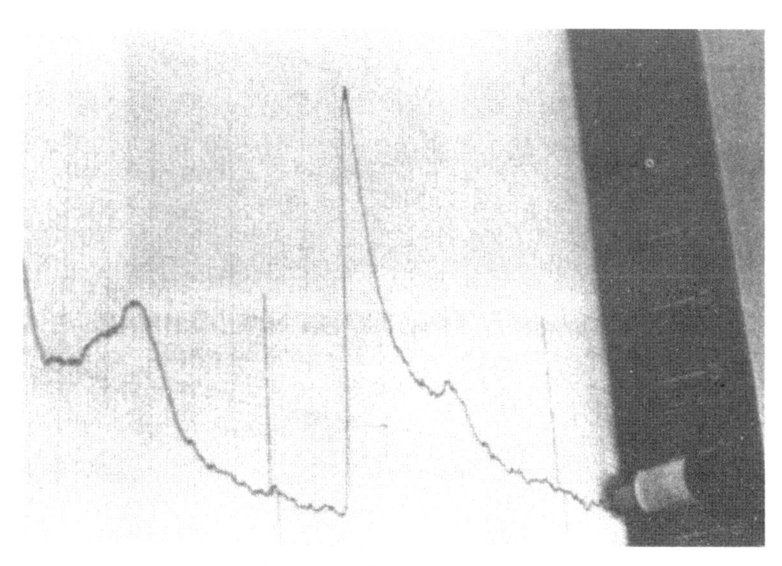

照片 9　自动氨基酸分析仪痕迹

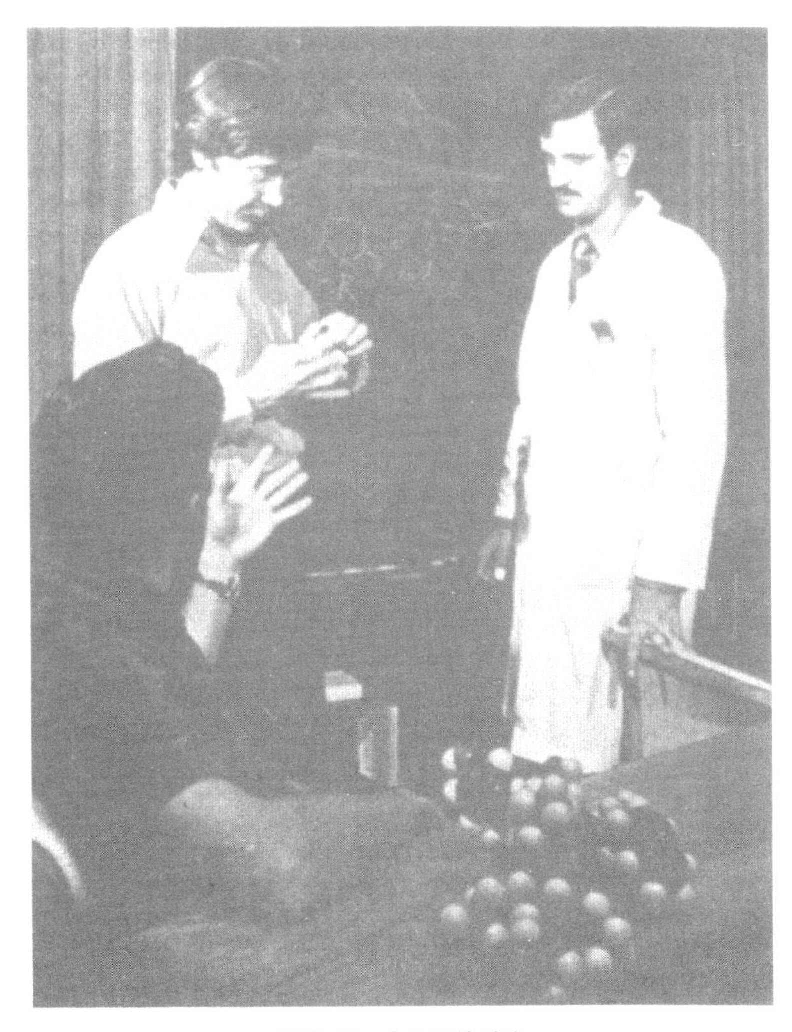

照片 10　办公区的讨论

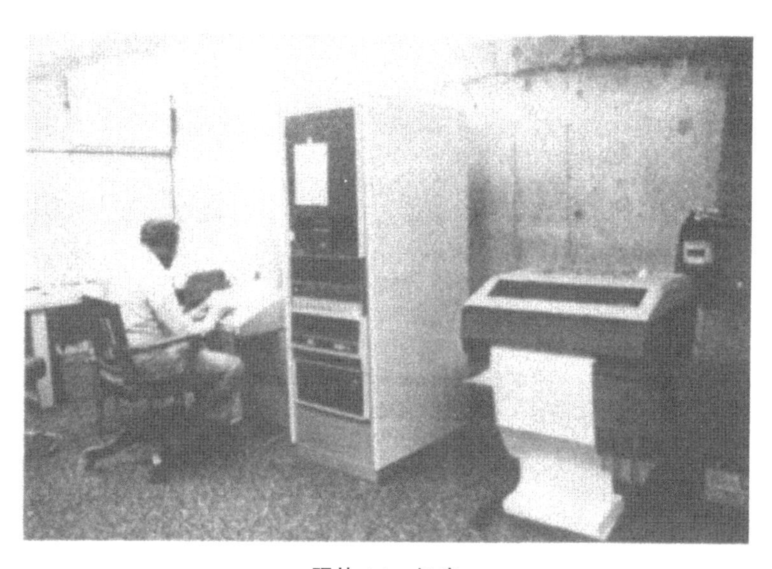

照片 11　机房

照片 12　清理数据

照片 13　办公桌：文献放置

照片 14　秘书位：打印终稿

第三章

如何建构一则事实：促甲状腺激素释放因子（TRF/H）一例

上一章中，我们目睹一位人类学家在实验室艰难跋涉，用独创的概念描绘所见所闻。在他眼里，实验室成了一个文学铭文系统，出品信念，偶尔成功说服人们坚信某物是事实。人一旦有了这种信念，便会认为事实就是写在科学文章里的东西，它生来如此，既没有历经社会建构，自身建构史也无从谈起。如果人们对事实的理解仅限于此，推行科学社会学所说的“强纲领”[①][1]（strong programme）无异于天方夜谭。这一章中，我们试图细考一则事实如何获得事实性，乃至似乎超出社会学、历史学的解释范围。简言之，我们试图探究在事实建构过程中，哪些环节成功地排除了其依赖的社会、历史环境？为了回答这个问题，我们仅聚焦于一个特殊的具体案例，仅分析单一事实的社会建构，将特别指明在事实建构中哪一环节、哪一时刻，陈述转变为事实并就此摆脱诞生环境的约束。

---

①“强纲领”是布鲁尔提出的研究自然科学知识的社会学立场，是为强调在科学知识的形成过程中，各种社会因素不仅存在，且发挥了决定性作用。强纲领的基本内容是所有人类知识，包括自然科学知识与社会科学知识，都是得到集体认可的信念，这些信念是相对的，是一定社会情境中的各方协商的结果。

强纲领对科学知识（信念）的社会学解释有四则要求：因果性（需要说明导致信念的原因）、无偏见性（需要保持对真理与谬误同等公正的态度）、对称性（既能说明真实的信念，也能说明虚假的信念）、反身性（各种说明模式必须能够运用于社会学本身）。

一则事实要想被人认可，必须完全脱离时间限制条件，融入他人提出的宏大知识体系。因此书写一则事实的历史必然遭遇基本困难：既然事实已经确定，必定抹除了所有历史性参考。一则事实引发争议时与随后（或此前）被当作既定事实接受时，可谓性质悬殊（参见第二章）。科学史学家努力揭示陈述蜕变为事实的中间过程，常常从既定事实出发往前倒推（例如，Olby，1974）。但是，历史的痕迹已然消失，用这种方法理解陈述转变想必举步维艰。大多数时候，历史性重建难免漏掉陈述转变为事实时的固化、倒置过程。因此，一些科学社会学家（Collins，1975）才表示，与其依靠历史解释，调查当代科学争论更有望解决问题。即便会面临基本方法论难题（科学史工作者们想必都知道），我们仍试图重建这间实验室里的特定历史事件——TRF 的建构，主要原因有三：第一，上一章提到，本实验室表征了三种物质（TRF、LRF 和生长抑素），这是它的主要成就与成员的荣誉之源。1969 年 TRF 研究有了重大突破，第二年研究所便新建了一个实验室，想在先前研究的基础上更进一步。因此，这儿几乎找不出任何设备、资助申请、行为，甚或空间安排全无早期 TRF 发现的痕迹。第二，TRF 建构是一个规模适当的分析项目。我们搜集了所有 TRF 相关文章（语料库的定义参见下文），还对主要研究者进行了 15 次访谈，并获得两个 TRF（H）研究小组的档案材料。[2] 整体事件相对较小，材料收集相对齐全，足可据此详析一则事实的社会建构。第三，我们选择去追溯一则当下难以动摇的事实的历史起源。TRF（H）当前是一个分子结构确定的物质，乍看之下不太适用于社会学分析。

然而一旦我们发现，就连这样一则看上去坚不可摧的硬事实都是社会建构物，便能有力地证明在科学知识研究中推行强纲领可行。

简单来说，研究 TRF 起源是为了给后续章节提供必要的背景说明，阐释本实验室的影响与主要荣誉，证明硬事实同样可从社会建构的角度理解。

历史学叙述一定程度上必然是文学虚构（De Certeau，1973；Greimas，1976；Foucault，1966）。历史文本里，史学家自由地穿行过去，掌握未来的知识，调查自己从未（也永远不会）生活其中的社会，他们进入行动者的内心，探查动机，判断善恶，简直像上帝一样全知全能。他们说，一件事情是另一件事情的“征兆”，学科、观念先是“萌发”，再是“成熟”，也可能“销声匿迹”。但是本章中，我们的历史兴趣跟这些专业史学家不太一样。不会想着列一张 TRF（H）领域的精确编年表，细究历史上“真正发生了”什么，也不会对“释放因子”专业的发展作历史学说明。我们的目标是从社会学角度解构硬事实。这种研究兴趣在历史学上似乎有些站不住脚，但我们希望拓展历史研究的版图，避开多数科学史研究的问题，如一些基本矛盾，以及解释性说明欠缺对称性（Bloor，1976）。

不同语境中的 TRF（H）

追求社会学目标时，不能从任何表述 TRF（H）“真正是什么”的知识出发开展研究，以免落入上述的历史学分析陷阱，因此我们选择从使用 TRF（H）的特定语境入手，考察它的含义与意义如何在具体语境中发生变化。

如果将网络定义为一系列位置组成的构型，形同 TRF 的物的意义产生于其中，那么显然，物仅在其所处的一个、多个特定网络内才具有事实性。询问一个网络中有多少人知道 TRF（或 TRH），即可简单判断它在多大程度上是 TRF 网络。相信大部分读者基本不知道这两个词是什么意思。TRF 的全称是促甲状腺素释放因子，很多人一看到全称就会认为这是一个科学术语。更少一部分人则会把它定位在内分泌学。例如，几千名医生会说 TRF 是一种测试，可以识别脑垂体的潜在功能失调，但它本身与其他医药物质没有区别。几千名内分泌学家会说 TRH 是内分泌学方兴未艾的分支领域，是最新发现的释放因子家族的一员。这些内分泌学者如果是积极活跃的研究人员，少说可能已经读过 698 篇（截至 1975 年）标题中含有 TRH 的文章（参见图 2.2）；如果是医生，大概至少读过一篇谈到 TRH 的文献综述与教科书；如果是学生，就会在教科书中读到如下的 TRH 表述：

> 本版相较于之前版本新增了 TRH 结构，这是近期最令人瞩目的神经内分泌学发现，罗歇·吉耶曼（Roger Guillemin）和安德鲁·沙利（Andrew Schall）的实验室小组几乎同时取得这一成就。（Williams，1974：784）
>
> 某些下丘脑释放因子与抑制因子是短肽，已经被分离出来

并得到鉴定……它们的产量很少，例如屠宰场的几吨下丘脑组织只能提取出 1 毫克促甲状腺素释放因子（TRF）。罗歇·吉耶曼与安德鲁·沙利等人的实验室成功鉴定、合成部分释放因子与抑制因子，堪称生化内分泌学的重大突破。（Lehninger，1975：810）

尽管 TRF 结构发现是“杰出成就”，“令人瞩目”，它在教科书千余页的科学发现中也仅占几行内容。大多数读者读了教科书，对 TRH 的了解不会超出这几行文字。但是对很多研究者和研究生而言，TRH 可不仅仅是一个最新发现的结构。它是一种可以建立新生物测定的物质。从外表上看，TRH 是一种不起眼的白色粉末，购自大型化学公司或由同行赠予，具体来源会在论文“致谢”部分（“感谢 X 博士为我们提供了 TRF”）、“材料与方法”部分（“TRH 购自……”）说明。不过，TRH 在论文中还会以公认事实的面目出现。有的论文会在例行的引文附录中，引用八篇固定论文的一两篇说明 TRH 概念来源，但这类文章已经越来越少（参见图 3.1）。可以说在这个网络中，TRH 被当作既定事实接受，只要知道——“TRH 调节垂体分泌 TSH”，“它的化学式是 Pyro-Glu-His-Pro-NH_2”，可以从这家或那家化学公司购买——就可以了，足以写出标题为“对 TRF 诱发大鼠体温降低的研究”“合成 TRH 对腺体细胞跨膜电位和膜电阻的影响”的文章。这些文章主要讨论 TRF 性质以外的问题，TRF 只是研究工具。使用像这样已被表征的物质，不用不纯的馏分，研究者便能在测定中消除众多未知参数中的一个。所以在这类论文

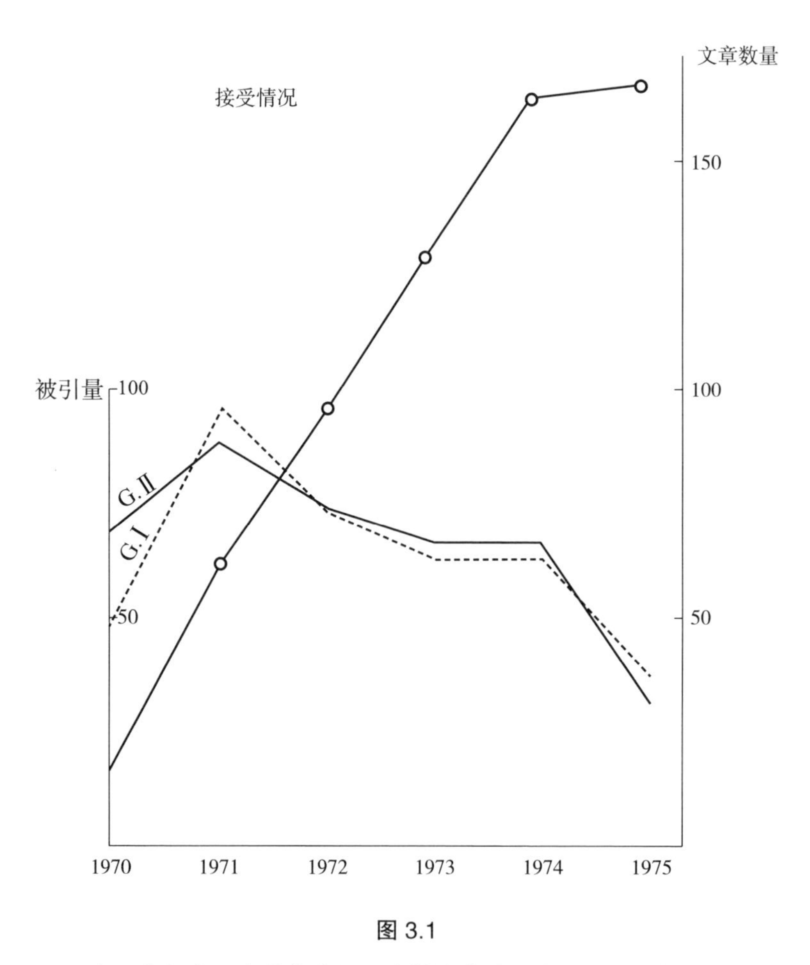

图 3.1

该图表包含两个信息来源。左轴代表沙利（G. Ⅰ）与吉耶曼（G. Ⅱ）关于 TRF 最终发表论文的被引量。根据被引量可知，两篇文章的可信性基本一致。除此以外，两位作者的被引量都在下降，因为 TRF（H）已成不争事实。右轴为标题含 TRF（H）的文章数量（参见图 2.2）。左轴曲线与右轴曲线的斜率完全相反，可见事实转换已经完成。

里，TRF 就是一个工具，它能去除一个干扰源，减少研究者一层担忧。

但对一个更小的群体（只有二十几个人和六间实验室）来说，TRH 就不仅仅是工具了，它是一整个子领域。事实上，个别实验室成员会将 TRH 视作人生成就，它是他们的职业生活、荣誉来源、地位象征。

综上所述，TRF 可以有很多不同含义与意义，取决于使用者组成的特定网络。因此，如果聚焦于我们所在实验室的成员，就相当于将 TRF 作为他们的职业进行研究；如果聚焦于一个更大的群体网络——在那儿 TRF 是一种分析工具，研究 TRF 时可能便会强调它是一种供人使用的技术。科学普遍主义的主张不应无视这一事实：TRH 是内分泌学家网络里“最近发现的新物质”。只有几百名新子领域的研究者才认为它毋庸置疑是一个实体。在这些网络之外，TRH 根本不存在（参见第四章）。把撕掉标签的 TRH 递给一个外人，它只会被当成“某种白色粉末”，只有回到最初诞生地，肽化学网络，它才又变回 TRH。可见哪怕是公认事实，脱离语境后也会丧失意义。

另一个复杂问题是 TRH 论文引用情况证实，不同时空的 TRH 网络各不相同。[3] 我们发现 1970 年出现了一个新 TRH 网络。从 1962 年到 1970 年，一个不足 25 人的小组发表了 64 篇论文，只讨论 TRH 分离，不涉及作用方式。然而，1970 年以后，一个人数更多的研究小组开始发表 TRH 论文。网络转变后，1970 年前特定几篇论文被持续引用，成为前后两个网络的接口。1962—1970 年，TRH 分离论文被引用了 533 次，1970—

1975 年被引用 870 次，但是几乎 80% 引的都是 1969 年 1 月至 1970 年 2 月期间的八篇论文。除此之外，标题含 TRH 的论文的作者也出现变化，更证明网络已经转变。1969 年 1 月之前，几乎所有 TRH 论文都由神经内分泌学家撰写，要么出自 TRH 分离项目，要么源于作用方式项目（参见第二章）。那之后论文作者则来自各种邻近学科，而且外部作者的论文比神经内分泌学家的还多。发表论文数量、引用模式、作者所属学科，这三个因素表明存在两个不同的研究者群体：TRH 内部人士与 TRH 外部人士。另外可以认为，八篇引用率颇高的论文表明，两个群体眼中的 TRH 意义也已经不同：内部人视 TRH 为毕生事业，外部人只将它当作一种技术。这种网络转变如何以及为何发生是本章核心议题。

即使在把 TRF 当作终身工作的网络中，它的确切含义也不唯一。上文引用的两段教科书摘录中，第一段说，“罗歇·吉耶曼和安德鲁·沙利的实验室小组几乎同时”发现了 TRH 结构。用语上的变化更明显，第二段提到了 TRF，第一段则使用 TRH。我们在前文中已经交替使用过两种称谓，它们其实分别对应吉耶曼小组与沙利小组的研究用语。我们从本实验室成员的评论中得知，TRF 与 TRH 是同一物质的不同说法。他们称，在别处被错唤作 TRH 的东西“实际上是 TRF”。还有人抱怨，别的小组抢去了发现 TRF 结构的功劳，那些人认定的激素（hormone，H）实际上是因子（factor，F）。[4] 两组人都不同意 TRH 结构被同时发现。相反，他们都称对方晚于自己，指责对手为了获得荣誉，故意在研究报告中含糊其辞。[5]

虽然存在 TRF、TRH 称谓争议，但更大网络里的成员并不明显偏好二者之一。两个发现小组的被引量很平均，一是因为外人不愿卷入争端，二是因为他们并不清楚两者存在差别（参见图 3.1），他们无论做什么研究都更把 TRF（H）当工具，而不是当一项有争议的科研成就。但如果建议两小组平分殊荣就是火上浇油。比如沙利小组一位成员埋怨吉耶曼“明明迟来一步却抢去一半功劳。”吉耶曼小组也同样不满，说对手什么都没做就坐享一半荣耀。两小组论文的引用率逐渐减少，说明对整个社会而言，谁真正发现了 TRF（H），谁更值得被引用已经不甚重要。但在内部人士那儿，即使过去七年，火药味还是一样浓烈。为回应我们的社会学研究（毫无疑问会让已渐平息的纷争卷土重来），两小组的成员都一丝不苟地比较起论文发表与提交日期，以便确定“最终”“正确”的发现优先权。

子专业：TRF（H）的分离与表征

目前为止，我们以 1969 年末为界，区分了内部网络与更大的外部网络，过渡点就是 1969 年发表的八篇论文，它们被认为解决了核心研究问题。我们还发现 1969 年底前内部文章中也出现了类似情况：几乎所有论文都引用了 1962 年前后的几篇文章。引用时常常出现“第一”“最近发现”“累积成果”等字眼。可见，如 1969 年那般，1962 年也为后续研究提供了一个聚焦点。两个时期都有特定论文群作为新网络的起点。1962 年以后，大量证明存在TSH分泌调节原则的论文不再被引用，人们开始引用更少一组讨论新问题的综述文章。引用1962年前确定的原则，并开启后续研究问题的典型陈述如下：

> 尽管迄今为止的研究（9条引用），都肯定大脑具有调节促甲状腺素（TSH）分泌的重要作用，人们也几乎普遍认可，但该作用的性质与程度尚未确定。（Bogdanove, 1962：622）。

后来，上段引用的九位作者没有一人进入新兴子专业。第一个过渡点出现以前，TRF（H）研究涉及一种人人推测其存在，但具体结构未知的实体。第二个过渡点出现以后，人们普遍接受了该实体的本质，它的作用、生理相关性成了新问题。1962年前研究的成果可概括为："大脑控制TSH分泌"。1969年底前研究的成果可概括为："TRF（H）的结构式为Pyro-Glu-His-Pro-NH_2"。

我们当然可以更深入历史之中，确定研究者最早何时因为什么提出大脑控制TSH分泌。但这样做意义不大，原因有二：首先，1962年后，TSH陈述已是一则不争的事实，后续研究必须包含事实制造——承认早前陈述为无误事实——才能开展。1962年后进入该领域的研究者可从波格丹诺夫（E. M. Bogdanove，1962）的综述文章里获知充足入门信息。其次，理解事实建构有必要将重心放在具体事件上，不能流连于更长的时期，否则将不得不接受更多事实，无法考证其建构过程。

我们建立起一个已发表文章的文档，收录1962年到1969

年间所有专门研究 TRF（H）分离的文章：自两个从事 TRF（H）研究的实验室开始，纳入其论文清单及论文引文得到文档雏形。接着利用《医学索引》核对已录入的文章，再用《科学引文索引》与《轮排索引》进行双重核对，据此增加部分综述文章得到最终文档。总计有四个小组从事 TRF 分离工作：其中两个（日本的涩泽和匈牙利的施赖伯）一段时间后退出，原因会在后文提及；沙利的小组从 1963 年开始研究 TRF（H）；只有吉耶曼小组从 1962 年到 1969 年一直在该领域活动。还有一些作者写了综述文章，但并不包含在引文网络里（虽然他们引用了其他论文，自己的论文却未被引用）。涉及 TRF（H）作用方式（而非分离）的文章被排除在外。

图 3.2 是 1962 年到 1969 年（包含 1969 年）期间 TRF（H）子专业规模增长示意图。纵轴代表时间，横轴代表 TRF（H）论文引证论文的累积数量。每篇已发表论文依据（a）发表时间与（b）最新引用论文（超出之前论文引证材料的部分）数量被标注在图中。由于这是一个不断引用同一批材料的专业，我们将看到一个更加垂直的增长曲线。如图所示，TRF（H）专业两个显著的增长特点：第一，1965 年与 1969 年是两个发展阶段，论文出版率有所上升。第二，在某些时间点上——1962 年、1965 年、1966 年和 1968 年，曲线“踢”向左侧（图中用箭头标出）——发表论文大量引用了新资料。稍后可知，这条曲线的形状与访谈受访者的回忆一致。例如，1966 年突然出现大量新引用资料，沙利小组恰在此时进入 TRF（H）领域。相反，曲线中几乎垂直的部分对应受访者口中的低迷期或无产出期。

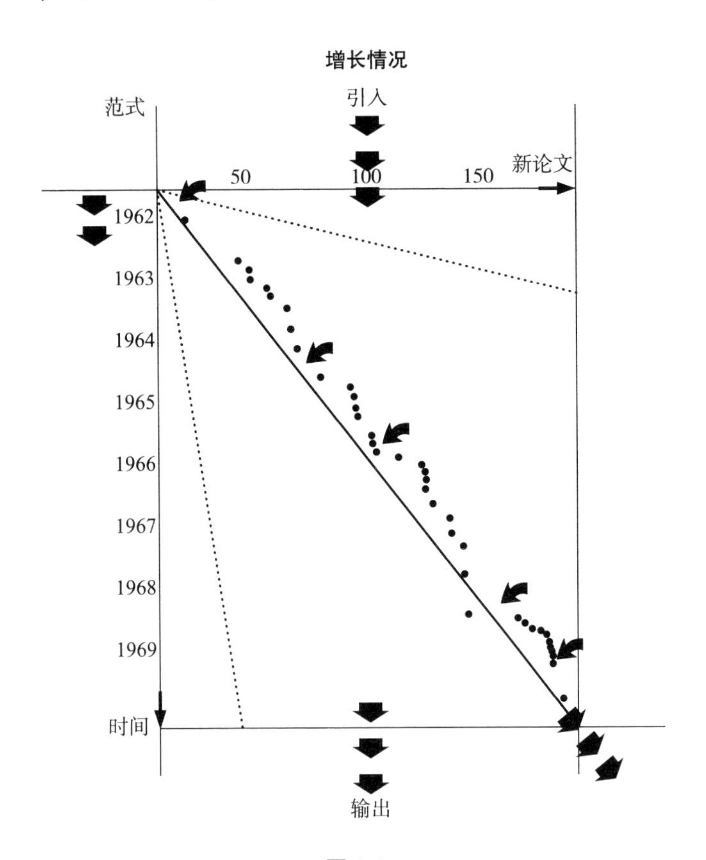

图 3.2

该图表示 TRF 专业规模增长情况。每一点都代表一篇论文，横轴表示这些论文所引论文的累积数目，纵轴代表时间。上界（左上角）对应“TRF 存在”被确定，下界（右下角）对应“TRF 结构”被确定。论文数量，单篇论文与前一篇论文的距离（既是时间意义上的距离，也是新增引用材料意义上的距离）表明了专业之间显著差异的一般模式。图示的大致形状说明了从其他专业引入（参见图 3.4）、引用论文的重要性。因此，每篇论文都与其引用、被引用的所有论文关联起来。专业总体示意图——在此无法复述——给出了专业及其内部所有操作的近似示意。

战略的选择

显然，仅凭出版物和引文划定 TRF（H）的专业界限还不够，特别是很容易因此以为边界是一种客观存在，不以参与者的意志为转移。为避免这一不良影响，下文将补充额外材料说明边界很可能向不同方向延伸。

截至 1962 年，除 TRF（H）外还有别的一些激素被发现（Meites et al.，1975；Donovan et al.，即将出版）。二战后内分泌学可谓焕然一新，好几种激素（如胰岛素、催产素和血管升压素）的氨基酸成分、序列得以确定。因此，TRF（H）序列终将确定不是什么新奇预期，但探索序列却需作出一系列困难且有风险的决定。要知道，研究者不是以历史事件为参照，经过逻辑推演制定出 TRF（H）序列探索计划，而是面朝一个不确定的未来下此决心，为说明这一点，我们将考察当时的备选行动方案。首先，1962 年还没有其他下丘脑因子被成功表征。固然可用已发现的其他激素类比 TRF（H），但正如其名称——因子——所暗示的，类比终究不是等同（Harris，1972）。尽管下丘脑因子的生理学研究已有可靠进展，化学研究却几乎毫无推进。大多数参与者表示，这一阶段大量未经证实的主张盛行一时，叫人苦不堪言。该时期的很多论文都明显流露出沮丧失望的情绪：

> 下丘脑垂体生理学这个年轻领域，已满是僵死与垂危的假说。我提出的这个不成熟的建议，或许会在伤亡名单上再添一笔。（Bogdanove，1962：626）
>
> 下丘脑物质怪象堪比尼斯湖水怪与喜马拉雅的可憎雪人，据我所知，没有别的假想物能像这三个一样，有这么多煞有介事的间接证据显示其存在。（Greep，1963：511）

一位声名显赫的药理学家也说过类似的话："这个领域里，我唯一相信的就是撤回假设。"（Guillemin，1975）1962 年，首个被假设存在的因子（CRF，参见第二章），它的研究工作还处在十年前的阶段，并在接下来的十五年里一直原地踏步。研究者推测一系列因子存在，截至 1976 年却无一被证实，假象无处不在（参见第四章）。几乎任何具备一致性的作用都会被承认，完成脑浆萃取物提纯的几个初步步骤就值得写出一篇论文。通常，作用都被认为具备足够一致性，值得写一篇关于大鼠行为、钙水平或体温调节的文章。

其次，决定研究 TRF（H）需要假定存在**新的**个别因子，而且它们是肽。尽管在当时，成为一名神经内分泌学家的前提条件是信仰大脑调节垂体，但也可以主张催产素和抗利尿激素等**已知**因子负责调节。例如，即便到了 1969 年，吉耶曼的一篇论文被《科学》杂志拒绝，也只是因为"众所周知，体内体外实验都表明，抗利尿激素释放 TSH。"另一研究者麦卡恩（S. M. McCann）对 TRF 不感兴趣，觉得它是个伪命题，他说 TRF 引起的作用可由一种已知物质解释（Donovan et al.，出版中）。

如果研究者坚持认为存在一种新因子，就需进一步假设该因子是肽，因为只有这样才能利用当前的化学手段进行释放因子研究。可见这是一个双重假设：物质是新物质，但新物质的化学研究必须是经典的，而且研究手段从外部领域经过适当修改后引进。我们稍后会再对此进行说明。

第三，尽管在抗利尿激素和催产素的成功研究中，迪维尼奥（Vincent du Vigneaud）很好地确立了分离、表征物质的策略（strategy）[①]，但那与神经内分泌学家的生理学训练稍有冲突。例如，尽管哈里斯（G. W. Harris）、沙勒（Berta Scharrer）、麦卡恩与吉耶曼都是设计复杂生物测定、细胞培养、准备解剖切片方面的专家，但对化学基本一无所知。在他们眼里，化学是"辅助性生理学"（ancilla physiologicae）。哪怕哈里斯和麦卡恩愿意从事部分分离工作，他们也从未同意将生理学降格至化学之下，让生理学服从于化学家的目标与实践（Harris，1972）。他们曾表示厌恶化学教学任务，认为常规化学工作极其枯燥无味：

> 你带学生时，不能要求他们一直切割大脑，你得给他们安排有意思的事，不能把他们困在日复一日的常规工作里，熬个五年六载才有回报。如果他们因为想读研究生而来了你的实

① "strategy" 既可译作战略，也可译作策略。后文（第五章）作者会类比战场详细讨论，故当 strategy 在上下文中具有全局谋略含义时，译作战略，一般情况下译作策略。

验室，肯定希望能写几篇论文，做研究应该是一件有趣的事情才对。（McCann，1976）

除此以外，下决心探究 TRF（H）结构必须考虑高昂的开支，因为如果最后真能得到这些肽，数量也极少（比迪维尼奥定性的激素少几千倍），耗材却是巨大的，收集处理数以百万计的下丘脑是一项艰巨任务。正如沙利所言：

人们开始怀疑……他们已经像对其他高产肽（催产素）一样习以为常……不明白我们为什么找不出结构……这种怀疑不够公平，因为我们必须创造一整套技术……以前从没有人需要处理数以百万计的下丘脑……关键因素不是钱，而是意志……每周花 60 个小时，坚持整整一年，历经千辛万苦才得到这一百万个碎片。（Schally，1976）

比较吉耶曼与哈里斯（这一领域的创始人之一）的不同战略（strategy），我们便可了解 TRF（H）结构探索方案的实施阻力。虽然雇用了一名化学家专职 LRF 分离，哈里斯还是继续进行着烦琐、缓慢的活兔测定，于是化学家每月只筛查不超过 5 或 8 个馏分。如果化学家能以正常速度工作，就会制造出更多馏分，生理学家将应接不暇。然而通常情况下，化学家不得不让步，好让哈里斯这位生理学家继续那些他自认为更有趣的测定。当然，正如哈里斯的一位前同事所言：

他想完成分离工作……但并没有投入太多精力去帮助分离这些因子……因为他根本就是一名神经解剖学家……我说服他让人从美国运来下丘脑……已经到了这一步……他不可能想到我们需要 100 倍于此的数量。（Anonymous，1976a）

沙利的战略则截然不同：

我对生理学不感兴趣……我想帮助医生和临床医生……唯一办法是萃取这些化合物，将它们分离出来，然后把它们大量提供给临床医生……就像维生素 C 一样，必须有人大胆迈出这一步……现在我们有了十足的勇气……

这就是为什么我选择萃取……因为根本没得选。这就像与希特勒作战。你必须把他砍倒。没有选择。这个战略很好，而且是唯一战略。（Schally，1976）

吉耶曼决定把 TRF 子专业重新限定在确定物质结构方面，如此一来整个专业实践将改头换面，不过还是契合整个内分泌学的核心理念。恰恰因为吉耶曼的战略与内分泌学目标保持了一致，所以他的决定并不构成一场知识革命。

因为这一战略最终获得成功，人们便倾向于认为吉耶曼的决定是唯一正确的选择。但从逻辑上看，不是非得重塑领域不可。即使没有探究 TRF（H）结构的决定，释放因子领域也会存在。当然若果真如此，人们就只会使用粗糙或部分纯化的萃取物，数量也不多，但所有生理学问题，即使不能解决也仍可研究。我们还应认识到，直到1969年都没有迹象表明，吉耶曼和沙利的战略是上策。事实上，1969年之前发生的一切都在说，1962年重塑专业的决定是愚蠢的。同样，有人认为吉耶曼最好等待肽分析技术大幅改善，那时就可以只使用皮克[①]数量的TRF，成本要低得多，问题可能就解决了（Anonymous，1976b）。

通过新投资排除竞争对手

有勇气重塑专业的两位研究者（吉耶曼和沙利）都是移民，这可能不是巧合。沙利的证词尤其暗示，最开始的边缘地位有力地推动他们下定决心。例如，他评论一个第三方道：

> 他是建制派……从来不需要做任何事情……一切都递到手边……当然，他没赶上这艘船，因为他从来不敢投入那个必需品：蛮力。吉耶曼和我是移民，我们是默默无闻的小医生，通过奋斗登上峰顶；这就是我喜欢吉耶曼的地方；至少我们战斗过，（用手比画着墙上的奖状框架）现在我们的奖状比他们所有人都要多。（Schally，1976）

TRF（H）专业边界的重塑，与人们印象中专业初成的情

① 极小的质量单位，1毫克=10^9皮克。

形似乎十分吻合：研究任务过于艰巨，因此只能吸引在生理学里不满当前地位的人，但他们同时又尚未准备好迎接概念革命。他们占据了一个利基（niche）[①]，一个人们通常会避而远之的利基：需要突破现有方法，同时还需大量艰苦、枯燥、代价高昂的重复性工作。

研究任务艰巨，决定也很冒险，因此没有更多人愿意从事。同理，还有一些研究者在作出初步贡献后退出。例如，一位评议者提请人们注意涩泽和施赖伯的"误导性工作"，内容如下：

> 涩泽及其同事一直在研究一种多肽，可从下丘脑和垂体后叶中萃取得到……他们称其为 TRF（促甲状腺素释放因子），并认为它是神经瘤……这些发现至今未被证实。（Bogdanove，1962：623）

涩泽看似作出了与吉耶曼相同的选择。他称已经分离出 TRF，甚至为他的多肽提出了氨基酸成分。但没有人赞许他在两年内解决了 TRF 的问题，相反，质疑声包围了他。人们逐字逐句批评他的论文，说其馏分在他的实验室外显示不出任何活性。有人说，涩泽曾被邀请去某一实验室重复实验，但他没有现身。如果使用第二章中的概念，可以说对涩泽论文的评价采取了怀疑与贬低的形式。1962 年后涩泽没有再写新论文，人们否认他

---

① "niche"出自生物学用语，第六章会再次出现。当其侧重经济学含义时，译作"利基"，侧重生物学内涵时译作"生态位"。

解决了 TRF 问题，他得到的物质被视为假象。随后，他彻底离开了 TRF 领域。值得注意的是，尽管涩泽当时没能证明他的主张，十年后它们却被证实为真（除了氨基酸组成之外）。与其说这是涩泽本人的失败，不如说是因为十年里证据的定义发生了巨变。

人们不接受涩泽的主张，是因为有其他人进入了 TRF（H）领域——已被一套新规则重新定义——并决定不惜一切代价，花“蒸汽压路机”一般的大力气找出 TRF（H）的结构。涩泽一直认为，所谓的 TRF（H）研究就是沿着现有知识积累前进，会触及分离问题，但基本保持在经典生理学框架内。

> 你可以说这是“常规科学”……每个了解该领域的人都可以推断 TRF 是什么……他们的结论是正确的，但要花上十年时间予以证明……时至今日，我不相信他们曾亲眼见过自己口中的东西。涩泽和施赖伯都写了太多论文来说明氨基酸的组成。现在，单纯逻辑假设行不通了。你不可能推出一个未知物质的氨基酸组成。（Guillemin，1975）

换言之，哪怕已知 TRF（H）的一些情况，也对找出其序列帮助不大，序列问题没有捷径可走。吉耶曼想确定 TRF 的**序列**，而且准备围绕这个关键目标重塑领域，于是重新设定了可靠性标准，这意味着追求其他目标时可能被接受的数据、测定、方法、观点都不再被认可。以前人们可能认为涩泽的论文有效，但此后却认为他错了。可见，认识论的有效性或谬误性，不能离开决策这一社会学概念。

一篇以法语发表的长篇文献综述明确了骤变的可接受性标准（Guillemin，1963）。该文规定了14个标准，释放因子存在的新主张要被接受，必须满足这些标准。它们非常严格，只有少数信号能满足要求，从背景噪声中被区分出来。反过来，新标准驳回了以前大多数释放因子文献（Latour and Fabbri，1977）。

> 这些严格的标准有助于从大量的出版物中筛掉无意义信息：它们匆忙地得出结论称，这个或那个物质只通过刺激垂体激素分泌显示活性，甚至表示这种或那种方案只契合该解释。（Guillemin，1963：14）

这些新标准有更重要的意义：没有它们的限制，TRF便无法存在，因为这些限制已经事先界定好什么结果可被接受，所以它们永远早于第一场TRF实验。吉耶曼在论文中提到，新的可靠性标准订立以前，这个领域充斥着假象，满眼尽是毫无根据的主张与简明假说，缺乏事实。吉耶曼用假象的概念重构了历史，在此基础上提出新标准，先验地排除了未来继续出现假象的可能（或至少是新背景中出现任何假象的可能）。

接受这些标准需要投入大量资金，用以获取可满足严格要求的设备。因此，综述文章中规定的每项标准都在把建构TRF所需的设备项目引进实验室。

> 因此，把下丘脑来源物作为下丘脑介质进行生理验证，是

一项非常重要的工作；它需要多种，有时堪称复杂的神经生理学技术……生物化学技术，来进行满足上述所有条件的测定，然后才能断言这种下丘脑物质或馏分是下丘脑介质。（Guillemin，1963：14）

这篇文章还指明了达标的困难性与相应的投资成本：

这样的项目只能由一个小组来负责，这个小组的成员具有不同但互补的技能，能服务于构想和设立这个团队所围绕的核心理念。这必定是生理学新方向——神经内分泌学——的必要特征。（Guillemin，1963：11）

这项新投资立即影响了哈里斯的战略。吉耶曼新定的游戏规则太过严苛，哈里斯的一位化学家不得不放弃这个研究方向：

……因为我知道我们正和这个国家（美国）里的什么人竞争金钱、工作范围等等……在此时此刻的英国，我们没有同等条件参与这场竞争。（Anonymous，1976a）

后来评估了涩泽或施赖伯研究的文章中，人们已经注意到新战略的要求。这些评估主要包含限定条件，贬低了早期研究的贡献。文章中常见“无端的肯定”“测定已经不够具体”“没有真正证明”“不可靠”等说法。相比之下，吉耶曼小组的首篇（Guillemin et al.，1962）论文广受赞誉（例如，它被说成是

“首个无可争议的证据”），随后几年里也一直得到类似好评。这篇论文的 90 次引用（在 1963 年和 1969 年之间被 SCI 收录）中没有一次包含负面评价（Latour，1976）。

新的限制条件日益增加，于是施赖伯也退出竞争。随着物质与智力方面的要求不断提升，竞争者越来越少。据施赖伯一位同事称，施赖伯是出于各种物质与战略上的原因退出的。

> 他的酸性磷酸酶试验结果不是很好，被群起而攻之……他的氨基酸构成是错误的……虽然他对这个问题一直有些想法，也在进行适当的实验，但在那个时候，想获得下丘脑非常困难……于是他不得不自己去做；没有人能想到你要的不是 200 个，而是 20000 个……后来他意识到自己根本无力竞争……而且也得不到高特异性的放射性碘，必须等上半年才能从英国获得，所以无法进行测定……当你无法竞争时，在一个领域费时间没有意义。（Anonymous，1976b）

其人还从更加意识形态化的角度解释了施赖伯的退出：

> 共产党接管布拉格后，没有很好地支持内分泌学发展……当时，神经系统和内分泌系统之间的联系不是很清楚——这一时期，反馈理论占了上风，他们不能接受，因为那是一个自我包含的系统……这就是我没进入内分泌学的原因……它的研究和整个社会环境是对立的……大约过了五到七年的时间，我们才能重新工作，而且不仅是研究条件反射。（Anonymous，1976b）

这段话提供了一个案例，说明了宏观社会学因素对该领域的影响，本文目前主要关注多种更精细的社会决定因素。不过需要注意，其他参与者对这种说法不屑一顾。例如，吉耶曼认为，用意识形态影响力解释中途退出，只是把施赖伯"没赶上船"这一真实事件合理化。

子专业规则大刀阔斧的改革似乎也伴随禁欲主义行事风格，比如"不攒到一百万不花一分钱"的战略，再比如拒绝简化研究问题，发展新技术，从头开始组织生物测定，坚决不承认任何历史观点。总而言之，强力的研究目标——不惜一切代价获知 TRF（H）结构——促使对可接受的东西施加重重限制。在此之前，由于研究目标是获得生理学结果，所以可用半纯化的馏分进行研究。但当目标变成确定结构时，研究者彻底需要依靠生物测定的准确性。

因此，新的研究目标，加上确定结构的可能手段，两者共同界定了研究的新限制。我们已经看到，像涩泽、施赖伯和哈里斯一类的研究者，都受新限制影响退出了子专业。如果吉耶曼没有得到资助机构的支持，他可能也只是不断批评别人的工作。但吉耶曼在过去已经取得一些成就，这些为他在新限制基础上开展研究提供了保障。[6] 即便如此，在 1962 年，也没有人能料到结构确定要花八年时间，用掉数百万下丘脑，发展出更夸张的禁欲主义。

新客体（object）[①] 的建构

本章开头确定了让 TRF 具有意义的不同网络，继而调查了 TRF 开创的领域。随后我们讨论了一个过渡点如何打开这个领域，看到一个新研究目标（“不惜一切代价获知结构”）使生理学附属于化学。新战略不仅提升了研究标准，还增加了研究成本。但它得到认可，神经内分泌学家交口称赞，美国机构提供资助，还有效地将来自日本、捷克斯洛伐克与英国的竞争对手淘汰出局。现在，我们可以将注意力转向 TRF 领域本身。

最开始，吉耶曼决定确定任一释放因子的结构即可，后来出于各种实际原因具体选择了 TRF。小组长期研究 CRF 无果，在麦卡恩新测定法的影响下开始对 LRF 感兴趣。这时，一个此前从事 TSH 研究的新技术员加入了实验室，吉耶曼也决定根据麦肯锡测定（一个对 TSH 的经典检测法）原理新建一个测定。

> 我不确定涩泽和施赖伯的论文内容有多少是可信的，所以不想把太多时间花在 TRF 上……6 个月过去，TSH 测定法比较有效。（Guillemin，1976）

---

① 文章多次出现“object”，基本会翻译成“客体”或“物”，前者强调“object”作为科学家的研究对象，后者强调不以科学家意志为转移的客观存在物，近似于“实体”。

起初，这些研究工作构成一个备选方案。“然后，我发现我们可以研究 TRF”（Guillemin，1976），不过这并不是为了核验施赖伯的主张。

> 不，我直接忽略了那些，不去检查它们，如果开始检查那种东西就会一事无成。我想重新开始，建立一个全新的 TRF 生物测定。（Guillemin，1976）

但这种测定方法在当时相当普遍：

> 时至今日，我也想不通涩泽为什么要用这么可笑的测定法，因为谁都能做到我们 1961 年所做的事情，然后去建立一个真正的 TRF 测定……这很简单，一切都能得到……而且都在经典内分泌学框架内。（Guillemin，1976）

得益于经典内分泌学的积淀与一位技术员的专长，再加上吉耶曼战略决定提升的标准，常规科学时期的研究就这样有了一个新客体。它最初仅限于本实验室，不过很快就吸引了外界广泛关注。但关键在于不能用事后诸葛亮的方式定义新客体，**不能**将它当成是 1963 年、1966 年、1969 年或 1975 年的 TRF。从严格的民族志角度看，新客体最早是几次试验后由两峰**叠加**形成的。换言之，客体由两条曲线的峰的**差异**建构而成。接下来，我们将试着从它建构之初说起，概述其诞生过程，以此说明上述观点。

最初，生物测定产生的一条曲线被当作基线，以便与实验组进行对比。随后，研究员对纯化的馏分进行生物测定并得到一条“洗脱曲线”（elution curve）（见第二章）。他逐个测定纯化馏分物的生物活性，并将每条洗脱曲线与基线叠加，如果发现曲线之间有明显差异，那么其对应的馏分便是“具有类TRF活性的馏分”。如前文所说，这种说法经常出现，人们不断声称物质与活性存在。但一般情况下，曲线之间的差异随后会被证明是生物测定的背景噪声所致，这时，人们会说生物测定不够稳定，“已经发现具有TRF活性的馏分”的说法也相应无效。但若同一馏分一再展现同一活性时，研究者便会更严肃地考虑初始主张。换言之，重复性与相似性标准**证实**初始主张并非空穴来风，人们遂将该馏分视为具有一致性的实体，给它贴上最初的标签（TRF）。即便如此，实践者还是保持谨慎，不作该物质实际上就是TRF的绝对断言。

即便重复的生物测定发现了稳定活性，它也可能由一种众所周知的物质——比如催产素——引起。这时便可应用前文所述的限制条件，以便区别新物质与任何其他已知物质的活性。简单来说，这些限制条件要求存在一个独异信号，其同时区别于背景噪声与其他预期信号。如果人们成功识别出独异信号，就会得到一种新的、稳定的、特异的实体。

尽管这个过程本身并不新奇，但吉耶曼的实验室从中得到一个新客体（具有TRF样活性的馏分），它既没有在一次又一次试验后溶解，也没有在接连不断的纯化步骤中消失。此外，它（与涩泽和施赖伯的馏分物不同）也没有招致大量争议。统计分析已经采取了多种预防措施，实验室声誉也可为它提供担保，还应用了广泛的测定方法（可针对 MSH、催产素、抗利尿激素、LRF、CRF 和 ACTH），这些都反驳了同行们任何可能的异议。

尽管早在 1962 年，研究者就已经发现了反复出现的两峰重叠，并据此认为存在一个新的独立实体，但他们没有宣称已经发现这个实体，因为当时尚未获知该实体的氨基酸组成与序列。也有可能重蹈 CRF 覆辙，永远找不到相应实体。即便后来找到了序列，实体仍有可能是个假象，就像 TRF 本身依然可能是假象一样（见第四章）。因此，我们强调必须拒绝“物化”物质建构过程。可以说，客体仅仅意味着两则铭文具有差异。换句话说，新客体只是有别于该领域已知信号、仪器噪声的新信号。最重要的是，提取信号、识别独异信号需要稳定的基线，进而需要一系列代价高昂的烦琐程序，它一方面依靠实验室常规工作，另一方面仰赖科学家的铁腕——他强有力地组织起实验室工作，并采取一切措施防止假象出现。再说一遍，我们指出 TRF 是建构之物无意否认其作为事实的稳固性，而只是想强调创造 TRF 的程序、场所与动机。

1962 年至 1966 年期间，从吉耶曼小组发表的技术论文清单中，我们看到 TRF 被建构为稳定物的语境。[7] 首先，绝大多数技术性引用是 TRF 文章互引。这是吉耶曼战略一系列新限制引发的专业内部反应。其次，主要被引的是子专业成型最初几年里发表的文章，可见这些早期论文似乎已经构成未来操作的技术基础。第三，几项技术是从该小组当前的其他项目中借用而来的（例如，LRF 和 CRF 的测定）。第四，几项技术是从邻近领域引进得到的。引进发生在 TRF 领域发展的关键期：1962 年主引技术、统计学与酶学文章；1966 年与 1968 年主引生物化学的文章。由此可见，一方面，作者从实验室内积累的仪器上收集铭文，利用它们建构 TRF。另一方面，技术也在稳定积累，因此确保了客体的稳固性，防止它成为主观产物或假象。

1966 年以前，TRF 文章主要涉及仪器配置与纯化过程改进。这些技术方面的考虑首先以 TRF 存在为前提，继而思考如何进一步提纯馏分。到 1966 年，人们已经获得几乎纯的材料，并可用化学分析工具加以分析。（尽管 1965 年就已经得知材料的氨基酸组成，但当时未被普遍采纳。）然而，就在计划快速开展之时，一个意想不到的实际问题出现了，拖慢了计划推进的脚步：

> 我们能从这些成果中得到的最直接建议或许是：提纯少量下丘脑神经激素需要大量大脑碎片（下丘脑）。要想有足量多肽探索氨基酸序列，显然需要更多大脑……因此在适当条件下收集大量可用的下丘脑碎片……仍然是有效分离方案的绝对前提。（Guillemin et al.，1965：1136）

这可谓是释放因子领域独有难题，因为整体内分泌学中激素一直够用。但因为难以获得足量的下丘脑，释放因子结构的探索极其受限。

回到 1966 年，这一计划完全可能在不久后就被放弃。因为在当时，可以接着用部分纯化的馏分研究作用方式，子专业与经典生理学也可以继续存在，如果就此放弃，损失不过是吉耶曼在死胡同里耗费的几年时光（匿名，1976b）。TRF将和GRF、CRF一样，用以指代生物测定中的特殊活性，只是尚不知晓它精确的化学结构。

读者需要注意，我们当前的行文有一个重要特点，即：试图避免使用可能改变讨论议题性质的术语。也就是说，为了强调物质被建构的过程，我们会尽量避开生物测定式的描述，它不加怀疑地将符号等同于指涉物（things signified）。科学家坚信，铭文是“外在”独立实体的表征与标志，但我们认为，实体完全由铭文建构。不能简单认为曲线之间的差异宣告一个实体存在，正确的说法应该是：实体与可见的曲线差异同一。为了强调这一点，我们避免使用诸如“利用生物测定法发现了一种物质”，“识别到两峰差异，就此发现了一个客体”一类表述。它们误导人们以为客体是先验存在的物，只等科学家适时揭示。我们认为科学家采取各种手段，不是为了拉开本就存在的真相之幕。相反，客体（在这里是指实体）由科学家发挥艺术创造力所形构。需要注意，我们规避特定术语以免暗示客体先验存在，并随后被科学家揭示，导致遣词造句时遇到了一些困难。我们认为，这恰恰说明描述科学过程时，特定话语太过盛行。因此，构筑替代性科学描述难如登天，极容易重蹈覆辙，误导读者以为科学有关发现，无关创造与建构。可见当前研究不仅需要改换重点，还要在最恰当地理解科学实践的本质之前，摒弃科学实践的历史学表达。[8]

TRF 的肽性

1966 年，前一阶段艰辛但成功的工作画上句点，三年的挫败期拉开帷幕。截至 1966 年，研究在选择程序与使用分析工具之前，都首先假设 TRF 是一种肽。专业形成初期，这一假设被视为理所当然。然而，物质具有肽性是一个语境定义。特别是这个定义可以在长期系列试验中被反复确认，这种试验使用若干种酶，目的在于检测馏分的抗性——如果活性在试验过程中被破坏，该物质就被视为一种肽。例如，写于 1963 年的一篇论文首次实施了此类试验，确定了材料的肽性：

> 本文中，我们会展示支持这些物质具有肽性的证据：在胃蛋白酶或胰蛋白酶消化作用下，或盐酸参与的加热过程中，它们的生物活性被部分或完全破坏。（Jutisz et al.，1966：235）

除此之外，过往经验告诉我们，肽馏分纯度提升，氨基酸的比例也会随之增加。但在 1964 年，这种增加没能出现。此外，一套新的酶试验也没能成功摧毁馏分的活性。试验结论准确与否既取决于所用酶的数量，也取决于酶作用是否得到充分鉴定。到 1966 年，试验所用酶的清单越来越长，但没有一种能以必需的方式破坏馏分的活性。于是，符合逻辑的结论是该物质不是肽。事实上，几年后添进清单的一种酶确实成功地破坏了馏分的活性。但此时，该物质已经被“证明”是一种肽。可见，证据也好，得到合乎逻辑的结论也罢，其实完全取决于语境，在这里即取决于特定酶的可用性。

1966 年 5 月发表的论文中，吉耶曼小组根据阴性结果得出了合理结论：

这些结果与 TRF 可能不是至今公认的简单多肽的假设相符。（Burgus et al.，1966：2645）

我们对长期以来 TRF 和 LRF 具肽性的假设存疑。（Guillemin et al，1966：2279）

成员在其最纯样本中只发现了极小比例的氨基酸。因此出现了一种可能：TRF 大部分成分具有完全不同于肽的化学性质。如此一来，研究 TRF 的适配设备与程序可能不同以往。接着，TRF 的意义将会改变。进一步，被借用来研究 TRF 的化学方法可能也要修改，新假设还可能严重影响 TRF 专业的组织。

新假设——TRF 由一个小的肽类成分和一个大的非肽类成分组成——在沙利的研究中得以证实。沙利是这个领域的新成员，他曾是吉耶曼实验室的一名博士后研究员，但在行事风格上完全不同于吉耶曼，后者走谨慎的实证主义路线，总在谈论方法，而沙利讲求战略。他说自己努力收集大量下丘脑靠的是“胆量与蛮力”，表示拿破仑的战役为他提供了科学方法上的灵感。他说 TRF 专业是一个“战场”，散落着竞争对手的尸体。另一位研究者点评沙利：“他是一个发电机。”沙利接受过化学方面的培训，所以能够直接监测 TRF 项目的纯化部分，但需靠一名生理学家进行生物测定。相比之下，吉耶曼是一名受过训练的生理学家，但必须仰赖别人完成精确的化学工作。两人都不喜欢完全依仗他人的专业知识——但考虑到两人对 TRF 问题的认知，这是必要的。

沙利在 1966 年发表 TRF 相关文章时，施赖伯已经退出，吉耶曼小组正独当一面。沙利采用的方法与吉耶曼基本相同，只是他们分别使用猪和羊的大脑萃取物进行研究。不过，虽然吉耶曼与沙利领导的两个小组都在同一领域工作，使用类似方法，他们的信心却有本质区别。[9] 特别是，吉耶曼小组不太相信沙利小组的结论，但是沙利小组比较相信吉耶曼小组的结论。这种不对称性也能解释沙利选择继续证明 TRF 的非肽类性质的原因。

从 1962 年到 1969 年（包含 1969 年），两小组共发表了 41 篇 TRF 分离与表征的专论。其中，24 篇属于吉耶曼小组，17 篇属于沙利小组。两组的产出差异反映出实际上，TRF 是吉耶曼小组八年来的主要项目，而只是沙利小组四年来的次要项目。即便到 1969 年，沙利仍自称对 TRH 不感兴趣。

引用模式也揭示了两组间明显的不对称。吉耶曼小组在 TRF 领域引用了自己 103 次，但在同一问题上只引用了沙利小组 25 次。与之相对，沙利小组引用自己（47 次）与引用吉耶曼小组的频率（39 次）大致相同。至于组内的非 TRF 论文，吉耶曼小组只引用了 28 次，沙利小组则引用了 57 次。这似乎表明，吉耶曼小组已经自成一个全新方法论，并在很大程度上依赖于此，但沙利小组更加依赖吉耶曼与其他外部来源。

如果不只看两组互引的数量，还考虑互引性质的话，这种不对称性就更加显著。[10] 我们分析了沙利组对吉耶曼组的所有引用（反之亦然），确定引用的性质可分为借用与转化。图 3.3a 代表吉耶曼对沙利的引用，图 3.3b 代表了沙利对吉耶曼的引用。两图中，借用操作由从被引文到引用文的箭头表示；转化操作由相反箭头表示，加减号表示转化操作是确认还是反驳。如图所示，沙利的全部引用都针对吉耶曼的初始研究，并基本是借用或确认性转化操作（除对一篇论文的两次负面引用）。这反映出沙利认为没有必要修改吉耶曼的发现。相比之下，吉耶曼对沙利的引用操作几乎都是负面转换。仔细观察就会发现，吉耶曼实施借用操作的引文，都是沙利此前证实吉耶曼成果的论文。例如，吉耶曼在一篇论文中评论道："这篇论文（指沙利小组的一篇论文）证实了我们先前的假设。"这种差异太过明显，所以不能将其简单解释为引用实践上的差别。我们认为它们实际反映出两组人在信念方面本质上的不对称。

前文说过，TRF（H）的含义形成于特定语境中的协商过程，语境既指实验室的物质布局，也指两竞争小组各自的特定战略。下面的例子将充分说明这一点。

1966 年，吉耶曼提出 TRF 可能不是一个多肽后，沙利发表了一篇论文。吉耶曼小组较早提出临时建议——"这些结果与 TRF 可能不是简单多肽的假设相符"（Burgus et al.，1966），而沙利 1966 年的论文将它当作准事实（quasi-fact）借用："纯化材料似乎不是一个简单多肽，因为氨基酸只占其成分的 30%。"

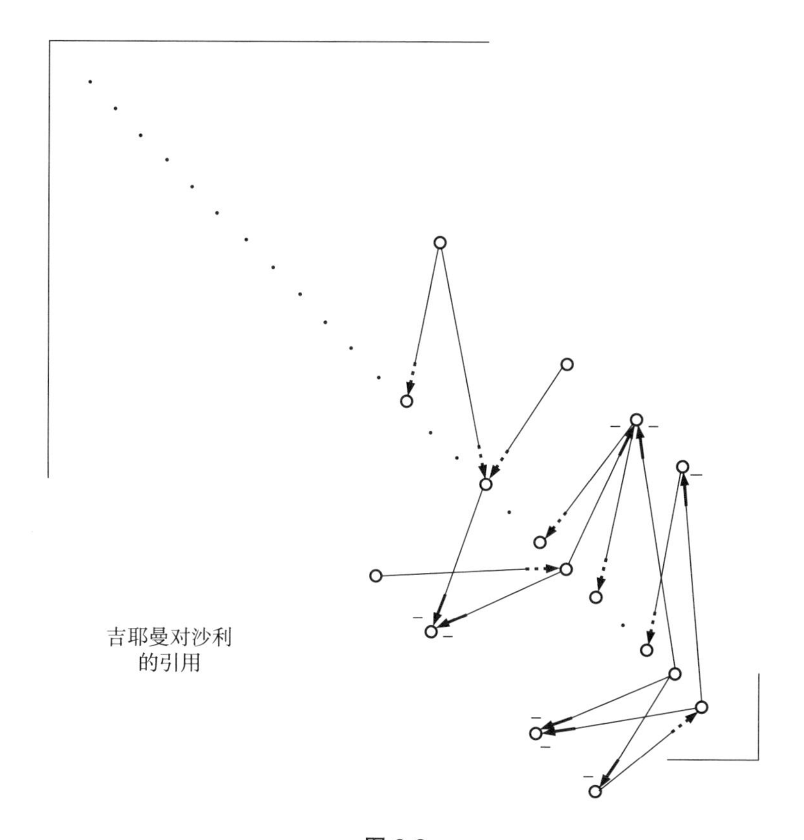

图 3.3a

图 3.3a 与图 3.3b 源于图 3.2。图中只显示主要的出版物，为阐明论点，我们将吉耶曼（G）和沙利（S）小组的出版物分开。在图 3.3a 和 3.3b 中，吉耶曼小组的论文位于对角线上，而沙利小组的论文位于对角线的两侧。两组间的主要引用操作以论文之间的箭头简要表示。“借用”操作以从被引文到引用文的箭头表示，“转换”操作以从引用文到被引文的箭头表示。加号和减号表示转换的性质。

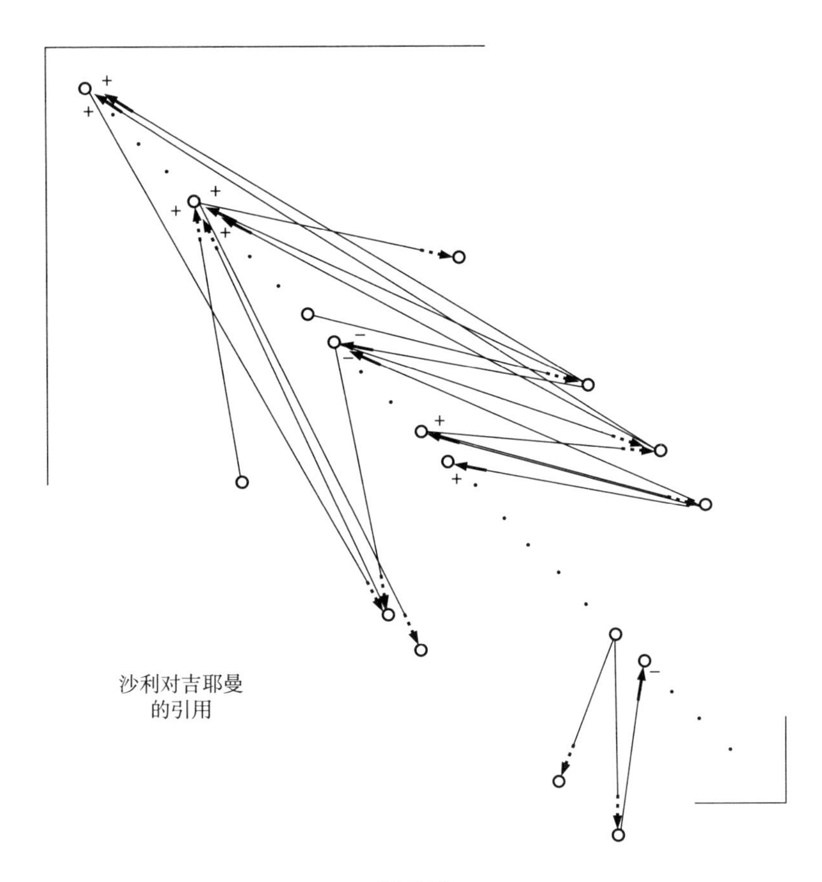

图 3.3b

（Schally et al.，1968）前文曾指出在具体语境内，低浓度的氨基酸既可被解释为证明物质不纯，也可被解释为证明该物质不是肽。沙利相信吉耶曼的新假说，于是接受了后一种解释——TRF（H）不是肽类物质。这实属难得，因为沙利需要撤销他已经发现的 TRF（H）氨基酸构成："水解后，TRF 被证明含有 3 种氨基酸：组氨酸、谷氨酸和脯氨酸，它们以等摩尔比存在，占 TRF 干重的 30%。"（Schally et al.，1966）鉴于之后发生的语境变化，这句话显得非比寻常（见下文）。1966 年，吉耶曼不相信沙利的结果，然而沙利明显也不自信，于是在 1966 年论文的末尾写道：

> 这些结果与假设——TRF 不是以前所认为的简单多肽——相符，尽管如此，我们的证据仍表明该分子中存在三种氨基酸。（Schally et al.，1966）

为检验 TRF 不是肽的假设，沙利从一家化学公司订购了八种合成化合物，每种都含有三个氨基酸（His、Pro 和 Glu）所有可能的排列组合。沙利一一测试，几月之后没有发现任何活性，得出结论："这表明，至少构成 70%TRH 分子的成分是显示生物活性的必需成分。"（Schally et al.，1968）

很明显，如果沙利不相信吉耶曼的假说，他就会在 1966 年发现 TRF（H）的结构。若是那样，他大概会得出结论：三个氨基酸的特定排列方式可解释活性缺失。同理，如果吉耶曼相信沙利，他也可以在 1966 年找到结构。但吉耶曼提到沙利的

“分离”时，总会使用引号。就这样，两人的研究路径走出了一个奇怪的交叉。因为吉耶曼表示 TRF 可能不是简单多肽，沙利放弃了自己的假说。后来他对此表示懊悔：“当你……提出一个奇怪的理论，说释放激素和 TRH 不是多肽时，所有人都大感困惑。”（Schally to Guillemin，1968）

1968 年，吉耶曼“独立”发现了 TRH 中存在三种等摩尔比的氨基酸（His、Pro 和 Glu），其 80% 的重量为氨基酸。此后，沙利重拾他几近停止的前期计划，并将 1966 年的论文重新纳入专业年表，用以证明他一开始就是正确的。沙利解释他没有立即跟进 1966 年的发现时，清楚地表达出对这篇论文回顾性重估的模棱两可之态：

沙利：我不明白为什么要讨论这个问题……1966 年，我就找到了结构……每个人都同意……这都写在论文里了……

问：可您为什么怀疑自己的结论呢？

沙利：我放弃了。我对它不感兴趣。我的兴趣在生殖和生长激素控制方面…… 没有一个优秀化学家帮我忙，我把它交给……他太忙了；有 5000 件事情要做……他什么都没得出，两三年白费了。

问：但您为什么得出 TRH 不是肽？

沙利：因为没有任何活性。我们相信吉耶曼。（沙利站起来，拿起吉耶曼的一篇论文，开始引用文中片段……）

问：您为什么相信吉耶曼的错误呢？

沙利：我们没相信过……这是件非常困难的事……我们发

现了不纯的馏分……没有活性……当吉耶曼提出非肽类的想法时，我们就跟着他走了。这是常有的事。（Schally, int.，1976）

这个例子表明，逻辑推理不能脱离其社会学基础。例如，只有当我们理解，比起沙利的证据，时人更重视吉耶曼的理论，才能说沙利“富有逻辑地”推导出TRF不是多肽。比起所有释放因子是肽，吉耶曼更相信酶试验，因此他才推出“合乎逻辑的”结论：酶试验显示TRF不是肽。借用布鲁尔的说法可认为：受流行信念所影响，“逻辑上”可能成立的选择会被放弃。例如，吉耶曼排除了酶试验不完整的可能性。沙利测试合成氨基酸不同排列组合的活性时，排除了改变氨基酸化学结构即可导致活性的可能。语境的每一次修改都对应不同的推论，而每一则推论都将同样“符合逻辑”（见下文）。因此重要的是要意识到，当我们说推论不合逻辑时，或说符合逻辑的可能性因信念而被放弃时，或说其他推论后来成为可能时，都是事后诸葛亮——正因为我们处于事后另一语境之中，才能判断推论合乎逻辑与否。所有能拿来评价推论逻辑性的可能选择被社会学（而不是逻辑学）式地决定了。

从TRF论文引用新材料的程度（见图3.2）可知，截至1968年该领域已经引进大量其他学科的技术。“不惜一切代价追求结构”，既需要使用其他学科的技术，也需要根据技术相应修改原来的研究任务。首先，为了组织可靠的生物测定，成员们借鉴了经典内分泌学更成熟领域的技术。其次，他们借用了肽化学的纯化技术，这相对容易，因为吉耶曼早在1966年就已经实现了 100 万倍的纯化。再次，成员们已经积攒下了大量大脑萃取物（图 3.4）。虽然这项任务异常艰巨，但只需要良好管理，投入耐心即可。TRF 领域这三重转变大大提升了研究标准。实际上，由于研究需要如此专业的化学知识，几个竞争小组（用沙利的话说是“缺乏胆量”的小组）都发现自己无路可走。

同时，实施这样一个要么应有尽有要么一无所得的战略意味着巨大风险。研究人员即使获得了高度纯化的材料，如果不能确定结构也将前功尽弃。借用分析化学的技术需要专业知识与设备，比借用纯化化学的技术代价更大。原因之一是分析化学的仪器本身包含物理学许多前沿成果，特别是肽化学，它已开发出确定生物物质结构的强大工具。但是，研究人员在邻近领域重新定位自身时却遇上了一些困难。在生理学内，他们还可以把 TRF 当作一种有趣的物质，尽管不能清楚确定结构，也可以研究作用方式。但为了确定结构，就必须在分析性肽化学的新语境中重新定位 TRF。1968 年的一篇文章记录了研究者试图实现该目标所遭遇的挫折：

> 努力表征 TRF 化学结构时，我们发现这是一个非常棘手的问题，经典的方法论没有太大助益。我们制备一直以来用于研究的高纯化 TRF 时，发现该材料在大气压力下似乎不可挥发，因此不可用气相色谱法进行研究。其在 10^{-7} 托的高真空，甚或 130℃的环境中也不可挥发，因此也不适用于质谱法。尚不知晓通常在上述环境里制造的经典制剂（甲基、三甲基辛酰、戊酰）对研究本问题会否有帮助。高纯化 TRF 在 60、100 或 220

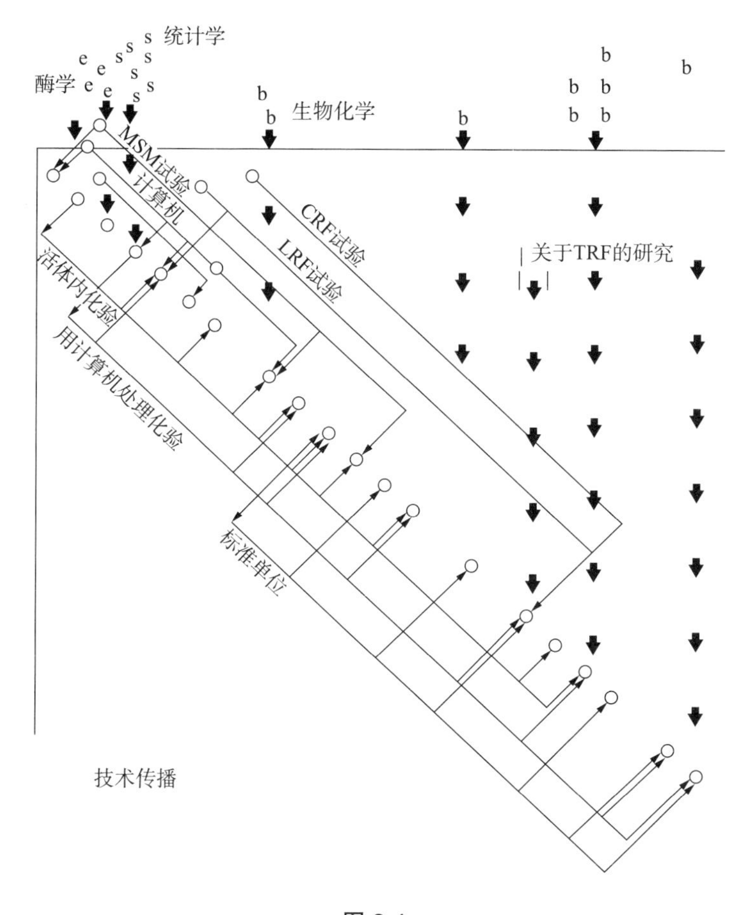

图 3.4

与图 3.3 相同，图 3.4 是 TRF 领域的简化表示。图中只显示吉耶曼的论文，只标明技术性借用所对应的操作。连续箭头表示小组自引，非连续箭头表示他引，显示了 TRF 领域发展期间主要（以及何时）引进了哪些领域的技术。与之前图示类似，就论文而言，全部操作的完整网状结构是对 TRF 领域的近似表示，该图指明了可以建构 TRF 存在信号的材料布局。

> 兆赫的均时核磁共振谱下，没有产生任何有意义的信息，除了显示我们可能在处理一个外围有 CH_3 基团的高饱和脂环或杂环结构的物质，但不完全排除聚酰胺结构的可能。红外线和紫外线光谱也未提供多少信息。最主要的一个问题是，一般只有极少量的材料可供使用，因此仪器的灵敏度水平被拉到最高，结果是失去所得信息的特异性。鉴于起始材料成本极高，从中可得的纯 TRF 极少，想解决 TRF 分子化学表征问题，需要物理或有机化学目前可用的，或仍在开发当中的最先进方法……针对 TRF 生理学研究的实验，回报会更高。（Guillemin et al., 1968：579）

换言之，人们此时认为，最初的战略——探究 TRF（H）序列而非作用方式——可能是个错误。大多数 TRF 领域的研究者都参加了东京 TRF（H）研讨会。会议期间，信赖化学方法价值的研究者与哈里斯等生理学家（他们认为将整个领域投入结构任务没有什么好处）交流了几番。1966 年麦卡恩获内分泌协会奖，这是对经典生理学方法的认可，与此同时，沙利与吉耶曼都挣扎在化学萃取工作的最难环节。

现在，许多研究者都注意到新旧方法的根本差异，目睹了沙利与吉耶曼日益激烈的竞争，意识到从分离过渡到分析化学极度困难。然而当属资助机构最感困惑。八年来，越来越多的资金被投入 TRF，但产出的结果却日渐稀少。1968 年底，危机发展到紧要关头，美国国立卫生院成立了一个审查委员会，负责评估 TRF（H）领域出了什么问题，特别是评估研究人员的化学专业知识，审查其获知结构的可能性（Burgus，1976；McCann，1976；Guillemin，1975；Wade，1978）。显然，自由放任的原则此刻没能发挥作用。1969年1月，该领域的研究人员被召集到图森市，向委员会说明当前情况，被明确威胁资金可能会撤回，接下来可能就是回到更便宜但回报更多的经典生理学领域。

刚刚获得新成果的吉耶曼想方设法将会议推迟了几个月（Guillemin，1976），他和实验室其他成员看法一致：公开初步结果弊大于利。不过到了这个阶段，他开始与化学家布尔吉什（Burgus）合作，TRF测定的稳定性使布尔吉什相信，运用分析化学研究TRF可行，不是把时间浪费在如CRF那样难以捉摸的物质上，于是他被吸引到TRF领域（Burgus，1976）。事实上，目前一切都要靠布尔吉什的化学，因为吉耶曼不是一个化学家，沙利也已经停止研究，只剩布尔吉什只身深入更艰难的领域。很难判断如果布尔吉什没得到令人信服的结果，计划是否会中止于此。在1968年的某一时刻，材料与大脑萃取物的积累进程可能已行至无路可退之境，然而，资金缺乏可能妨碍化学方法的运用，如果资助机构决定撤资，该计划可能会出现长时间的停滞。

1969年1月举行的图森研讨会上，许多参与者在开幕式后大失所望——研究没有任何进展，正在使用的化学方法稍显可疑，化学家与内分泌学家发生了公开争执。但当布尔吉什开始发言时，事情出现了转机：

过去几周内我们刚刚获得了1毫克可用材料，终于能够进行氨基酸分析，得到结果如下：

His：28.5 Glu：28.1 Pro：29.2

……这些氨基酸共占该制剂总重的80%。（Burgus and Guillemin，1970a；233）

这表明TRF由三个等摩尔比的氨基酸组成。换言之，认为TRF不是肽的观点可能有误。于是乎，TRF不被酶灭活因此不是肽的论点被推翻了。布尔吉什随后解释了酶灭活失败的原因，提出先前研究有误：

由于存在三种氨基酸，蛋白酶不作用于该分子并不奇怪。我们还考虑了出现环肽或保护肽的可能，同样可以解释材料对蛋白酶的抗性。（Burgus and Guillemin，1970a：236）

然而，布尔吉什并没有简单声称TRF是一种肽，而不是其他什么东西。接下来的讨论中，有人问及此事，布尔吉什解释其尚未进行后续实验时，强调出现了一个戏剧性转变："过去两三周内，我们对该材料多肽性质的理解发生了根本变化。"（Burgus and Guillemin，1970b：239）变更后研究路径的确切细节在当时尚不明显，但对研讨会发起人而言，布尔吉什的结果带来了安慰。人人表示祝贺，一位特别受邀来此监督化学工作质量的化学家评论道：

我要祝贺布尔吉什和吉耶曼博士，还有沙利博士，这是两篇非常简明且激动人心的化学论文；相信我们当中多数人都觉得现在距离目标已相当接近，同时两篇论文中的纯度标准也令人印象极为深刻。（Meites，1970：238）

他所说的“接近”，指吉耶曼与沙利追求的单一目标：运用肽化学获知 TRF 结构。发言者提到令人印象深刻的标准，清楚反映出两个不同专业领域之间标准的提升。一些受访者还能回忆起他们当时的乐观心情：资金不会中断，TRF 得救了。

然而沙利的反应与众不同，不过回想前文讨论，这并不奇怪。沙利小组没太参与公开热议，只是指出：“顺便一提，我们首次报告了（1966 年）这三个氨基酸是 TRF 分子中的三个氨基酸。”（Meites，1970：238）但沙利在访谈中的回忆却更加生动：

但在图森会议上，我听到吉耶曼的报告，天呐，我觉得我们从 1966 年就一直在正确的轨道上。这完全是个惊喜……我们拼命工作……然后立即与 F 签订了协议。（Schally，int.，1976）

在布尔吉什结果所建立的语境中，沙利 1966 年的论文不仅被认为可信，而且被视为图森会议论文的回顾性先驱，这是其享有荣誉的主要原因。

缩小可能范围

可以说，对部分纯化的馏分进行生物测定是“软”技术，因为每个铭文结果都能有几十种不同的解释。相比之下，氨基酸分析（AAA）是“硬”的，因为每个铭文的适用解读少之又少（Moore et al.，1958）。软硬技术并不基于任何技术质量方面的绝对评价。硬度仅指这样一则事实：特定的物质布局可预先排除诸多备选解释。（见第六章）

1962 年，吉耶曼决意探索 TRF 结构。然而到 1968 年，他还没有单一假设，所以尚未实现该目标。目前，TRF 既是生物测定中一个活性馏分，又是氨基酸分析仪中一个相当可观（1 毫克）的样品。分析化学或许可以说服人们相信，从 1962 年到 1968 年，TRF 一直存在，且分子中存在三种氨基酸。但 TRF 仍可能是很多其他的东西：可能是组氨酸、谷氨酸与脯氨酸六种排列组合的任何一种；也可能是由三、六、九个氨基酸序列（同一序列重复多次）；还可能只是一个更大活性分子的某个组成部分，因为依然有 20% 的重量未被计算在内。换言之，尽管 1966 年到 1969 年期间，布尔吉什引进越来越多的分析化学技术，大大缩小了备选解释的范围，但可能性还是太多了。除此以外，因为仪器的灵敏度已经快到极限，消除最后几种可能难上加难。

每一次新实验都会重新划定备选解释范围。[11] 例如，已知的

TRF 重量与三肽、六肽或九肽相一致。一旦人们认为重量可靠，那么 TRF 是九肽以上多肽的备选解释，就因重量不符事实而被排除。然而备选解释的范围也可能扩大。例如，布尔吉什不相信 TRF 只是一种肽，更不相信它只是一种简单三肽。因此，他延后了最终选择，考虑了大量可能性——回过头来看其实无须如此。同样，任意一种新方法，每一次与同行的新交流，以及对同行信念评估的任何改变，都会扩大或缩小可能的选择范围。图森会议上，人们猛然间发现，虽然七年研究无甚回报，但如今 TRF 的可能表征急剧减少，这实在令人激动。1962 年，TRF 结构可能是当时已知 20 种氨基酸的任一排列组合；到 1966 年，备选解释的范围扩大了，TRF 也许是其他一些非肽性物质的可能排列。到了 1969 年，它突然只会是 20 或 30 种可能性之一。纵观分析化学七十年发展历程，为获得这样一种可能性，采取了以主要结构定义物质的策略（Lehninger，1975）。

研究的最终目标是获知 TRF 特定结构。之所以说这是最终目标，一方面是因为它一旦达成，便可制造一个合成的复制品与原始物质进行比较。另一方面，既然已经采用吉耶曼的战略，除结构之外便无需再了解其他。亚里士多德将物质定义为超越自身属性的东西。然而在化学中，一种物质可被彻底还原至其属性，因此可重新（*de novo*）[1] 得到一种与之极为相似的物质（Bachelard，1934）。这一定程度上可解释为何研究者执迷于结

[1] “*de novo*”的拉丁语意义为“重新”，也可以表示一种设计蛋白质方法，即创造一个与现有自然序列不同的蛋白质序列。

构目标。如果能得到确切结构，化学与分子生物学的一些稳固性就能注入内分泌学。或者，至少一个未知参数（“我们注射的到底是什么？”）可被去除，所有后续生物测定的复杂设计都能得到加固。

获得稳定TRF结构的要求很简单：必须将铭文装置得到的痕迹转成化学语言。目前已知该物质中只含三个氨基酸，且仅有一种排列方式可触发活性。如表3.1所显示，探索氨基酸特定排列历经波折，直到1969年才最终确定。期间所有结构主张都通过新方法得到，又都在几个月后就被否定。显然有必要确切说明不断变动的结构流如何稳定成了唯一序列。

确定序列的一种间接方法是依次合成三种氨基酸（已知在TRF中以等摩尔比存在）的六种可能组合。正如前文所述，沙利在1968年便已尝试此计，却未发现任何活性。1969年，布尔吉什采用了同一方法，同样没发现任一合成肽具有活性。然而，1969年的语境已然改变。布尔吉什没有像沙利两年前那样，认为阴性结果证明TRF不是多肽，相反，他认为这表示“应对N端做一些处理”。于是需要对六种肽作进一步化学处理，方式之一就是所谓的“乙酰化”（acetylation），结果发现有且仅有一种肽显示出活性：“R-Glu-His-Pro序列——而不是三种氨基酸的其他任何排列——似乎是构成生物活性的必要条件。”（Burgus et al.，1969：2116）

因此，在天然TRF相关知识被建构出来以前，TRF的合成复制品就已为人所知。换言之，无需使用珍贵的几微克天然提取物，只需运用合成化学，便足以将TRF的可能序列从六个缩

表 3.1

1962 年以前	TRF 存在吗？		
1962 年以后	TRF 存在。 它是什么？	 一种肽。	
1966 年前后		可能不是一种肽。 不是肽。	
1969 年 1 月		是肽。	包含 His、Pro 与 Glu 三种氨基酸。
1969 年 4 月			结构是 R-Glu-His-Pro 或 R-Glu-His-Pro-R。 结构不是 Pyro-Glu-His-Pro-OH，Pyro-Glu-His-Pro-OMe 与 Pyro-Glu-His-Pro-NH_2。
1969 年 11 月			TRF 是 Pyro-Glu-His-Pro-NH_2。

减到一个。

然而，这一操作仅证明合成材料 R-Glu-His-Pro 具有生物活性，尚未证明天然 TRF 的结构为 R-Glu-His-Pro。为进一步证之，必须比较天然材料铭文与合成材料铭文。沙利小组选择在 20 个不同色谱系统中比较两物质的薄层色谱（TLC），但吉耶曼实验室不承认这个证明方式。铭文的数量与质量是否构成证明需要经过成员协商得出。作出两个色谱（一个属于合成样品，一个属于天然样品）是否相似这个决定极其困难。布尔吉什在评估两者间微小差异有意义后，写道："鉴于几个色谱系统所显示的结果，特定活性与行为存在**差异**，**显然** Pyro-Glu-His-Pro-OH 合成物与实验室 TRF 不属于**同一**物质。"（Burgus et al.，1969b：226）他继而提出进一步的修饰方案，以便消减剩余的微小差异，继而确定 TRF 特定序列："最值得注意的结构之一是 Pyro-Glu-His-Pro-amide，因为有大量既具有生物活性，又有一个 C 端酰胺化的多肽。"（Burgus et al.，1969b：227）

布尔吉什认为肽亦可酰胺化，所以可以制造一种化合物来减少两组色谱仪观察结果的差异。实际上，新化合物一经合成就被发现在生物测定及其他铭文装置中均与天然 TRF 相似："TRF 特性与酰胺特性最为**接近**，以至于两者混合物在四个不同的 TLC 系统中接受测定时，研究人员**未能成功区分** TRF 与合成化合物。"（Burgus et al.，1970）

我们不能简单地得出结论，TRF 是或不是 Pyro-Glu-His-Pro-NH_2。差异或特性本身并不存在，它们既取决于使用语境，也取决于研究者之间的协商。因此，某一差异既可被视为微小噪声，也可被看作重大差别。吉耶曼小组从各种铭文结果中观察到天然物质与合成化合物间存在“细微差异”。但是他们极为严肃地对待这些细微差异，因此在7月发表的论文中写道：“由此可见，TRF结构不是Pyro-Glu-His-Pro-OH、Pyro-Glu-His-Pro-OMe，也不是Pyro-Glu-His-Pro-NH_2。”（Burgus et al.，1969b：228）如果没有这句陈述，后来就不会出现有关功劳归属的争议，故事在1969年7月就会完结。[12]

当吉耶曼小组还在考虑更多可能性时（事后看来已经超出必要程度），沙利小组发表了两篇论文（由福克斯撰写，于1969年8月8日和9月22日提交）。两篇论文既没有提到图森会议上的新发现，也没有谈及1966年至1969年期间的故事。相反，1966年的论文被说成首次给出了正确的氨基酸分析。1969年的第一篇论文《发现：TRH活性合成三肽序列之修饰》，提到Pyro-Glu-His-Pro-NH_2是几种活性肽之一。然而，吉耶曼声称，内分泌协会6月（1969年）一次非正式讨论中，该想法就已经在小组间流传。很难确定吉耶曼的说法是否真实，同样也难以确定沙利的回应（私人交流，1976年）属实与否——沙利称，他已经知道这个修饰方案，但“被指示不要告诉别人”。第二篇论文，题为《TRH和Pyro-Glu-His-Pro-NH_2的同一性》（Boler et al.，1969），记录下福克斯决意认定天然物质与合成物质相同。为强调其优先权，福克斯引用了布尔吉什的论文：“布尔吉什等人（Burgus et al.，1969b）指出，羊脑TRH结构不是Pyro-Glu-His-Pro-NR结构，不排除此结构经过二级或三级酰胺修饰后可得到TRH结构的可能。”（Boler et al.，1969：707）然而奇怪的是，博勒等人在同篇论文的下一段似乎反驳了该说法："如果 TRH 结构不是 Pyro-Glu-His-Pro（NH_2）结构，那么特定可能性就显而易见。"（Boler etal.，1969：707）换言之，尽管论文标题表明福克斯已定下结构，但他还是玩弄了一番备选结构。这个例子很好地说明了一篇论文可达成什么风格。沙利小组的陈述让吉耶曼小组得以指责前者的双重言论。在吉耶曼小组看来，沙利并不比他们更有力地证明 Pyro-Glu-His-Pro-NH_2 是 TRF（H）的结构。相反，他们认为沙利的陈述，一方面显示他相信布尔吉什的观点，一方面也是他超前"过于谨慎的"布尔吉什两个月的手段。正如前文所述，布尔吉什不能依赖沙利的结果，他必须建立新的信息来源。

鉴于此时肽化学的组织结构，布尔吉什认为要评估天然 TRF 与合成 TRF 的差异，只有运用质谱法才能令人心服口服。一旦用上了质谱仪，就不会再有异议。[13] 质谱仪的效力由物化其中的物理学原理赋予。我们不是要研究质谱的社会历史，因此只需知道对于一个多肽化学家而言，使用质谱便构成最终论据。正如布尔吉什（Burgus，1976）所言："它排除了所有其他可能，只留下极少数可能性。"如果仅使用色谱仪，化学家就会论证 TRF 的结构可能不同并提出其他解释。因此布尔吉什（Burgus，1976）对沙利使用薄层色谱法（TLC）评论如下："任何一名优秀的化学家都会告诉你，TLC 不能证明什么。"要想避免进一步争论，彻底解决这个问题，唯一方法就是质谱法。在其他系统中，合成材料与天然材料痕迹的相似性可被认为是巧合所致，但质谱仪提供原子结构层面的信息。测定法与色谱仪显示的相似性，可以有成千上万种解释，但只有极少解释可以回答质谱仪显示的相似性。因此，布尔吉什预测，无论是谁，只要获得天然 TRF 与合成 TRF 的光谱，便能永久性解决结构问题（见表 3.1）。

不幸的是，目前为止，由于 TRF 样品不具有挥发性，质谱法的使用一直受限。换言之，如果没有办法让样品具有挥发性，就无法获知完全确定的结构。因此，之后几个月的时间里，吉耶曼小组的研究人员尝试了几种让样品在质谱仪内具有挥发性的方法。“这不是一个重大的技术进步，但它是为这个特定项目量身打造的……我们不得不停下脚步开发这种技术，所以才花了这么长时间”。（Burgus，1976）

最后，布尔吉什成功（在 1969 年 9 月的某个时候）将天然样品引入质谱仪，并获得两种材料的光谱，领域内再无人可提出两者具有显著差异。“此乃通过天然产物与合成产物之间的相似性确定前者结构的首例。”（Burgus and Guillemin，1970）

到这儿，我们就走到了 TRF 故事的转折点。TRF 领域的研究人员不再说天然 TRF 光谱与 Pyro-Glu-His-Pro-NH_2“相似”，也不再说 TRF“像”合成化合物 Pyro-Glu-His-Pro-NH_2。一个重大的本体论转变发生了（见第四章）。他们现在会说，TRF“是”Pyro-Glu-His-Pro-NH_2。谓词变成绝对性的，所有模态都被弃之不用，化学表达开始成为一个真实存在的结构的名称。随即，TRF 上升为一个事实，诸如“吉耶曼与沙利已经确定 TRF 是 Pyro-Glu-His-Pro-NH_2”的说法变得稀松平常。

TRF 进入其他网络

使用分析化学内部高度复杂工具得到的 TRF 纯净馏分，可简单表达为一串八音节组成的结构式。只要分析化学与质谱物理学不被撼动，该八音节式的含义便不会模糊不清。早在 1969 年 11 月，将 TRF 引入更严格的分析化学语境，个中好处便显而易见：在此之前，如果想找出 TRF 是什么，就需要在 41 篇论文组成的复杂网络中苦苦搜寻，当中满是相互矛盾的陈述、不完美的解释，以及不完善的化学。但是 1969 年 11 月以后，这个八音节式通过电话与口口相传迅速散播开，网络结构似乎即将发生剧变。多年以来，一小群专家可能都在关注同一个问题，只需要引用较少的论文。但是现在，大量外人可将该八音节式作为研究的新起点。三个氨基酸组成的公式还有一个实际优势：只要经费足够，便可向任一家化学公司订购大量物质。

本章中我们反复强调的核心要点是：一旦从所有可能性相同的结构中选定了唯一一个纯化结构，被建构物的本质就会发生决定性蜕变。在 TRF 结构稳定下来几周后，纯化材料的合格样品开始在其他研究者的圈子流通，这些圈子远离吉耶曼与沙利的原始小组，其中包括永远不会使用不纯、不合格馏分（只在烦琐与不可靠的试验中被测出有活性）的团体与实验室。在这些新团体眼中，TRF 很快就成了理所当然的东西。它的历史逐渐消失，生产 TRF 残留下的痕迹与伤疤也渐渐淡化，越来越不被实践中的科学家放在眼里。现在，TRF 只是长期研究计划的一部分，只是众多工具之一。

历经八年艰苦探索，最后得到了一个简单的三氨基酸结构；处理了数吨下丘脑，最终提纯出仅以微克计的物质；两个小组激烈竞争；图森会议戏剧性发展——所有这些都使 TRF 在一个新网络——新闻网络——中具有全新的意义。TRF 成了一个故事，一个消耗了成吨羊脑的神话。现在，十多年来对 41 篇论文毫无兴致的人都被这个最终事件吸引，并在口口相传中渲染、夸大了这个故事。[14]

第四章

事实建构的微观过程

初访实验室后，我们将文学铭文确定为实验室活动的核心，在这里，成员们不停地制造各种文件，用它们转变陈述类型使其更接近（或远离）事实。上一章中，我们对单一事实的发生（genesis）作了历史学追溯，证明实验室语境会限定备选陈述数量。只有网络间的关键转变发生后，特定陈述才能作为事实流通其间。不过目前而言，我们的论证尚未洞察科学活动之根本，描述事实建构时也未及科学活动“逻辑”“推理”一面。因此，本章会回过头来细考实验室的日常活动，深入事实建构的最隐秘处，关心科学家的平素交流与一举一动，分析细枝末节如何产生“富有逻辑的”论点，使“证明”生效，实践所谓的“思维过程”。

考察实验室日常活动时，我们谨记：即便是再微不足道的举动也构成事实的社会建构。换言之，本章关注事实社会建构的微观过程。诚如开篇所言，我们在特定意义上使用“社会”一词，即：除意识形态（Forman，1971）、丑闻（Lecourt，1976）、宏观制度因素（RoseandRose，1976）明显影响以外的其他现象。上述因素丝毫未能穷尽科学的社会性，使用起来还有风险。某些科学社会学家观察科学活动时，只要没见这些因素就会匆匆下结论，称眼下的活动**超出**了社会学解释范围。照这个思路回顾上一章的 TRF 小史会看到，意识形态只发挥了一次作用，现有证据只能佐证职业抉择的间接影响，至于制度因素则只登场三次。可见意识形态的显在影响也好，露骨的欺骗与偏见也罢，这类现象不过是少数，因此套用某些社会学家的“社会”概念只会得出结论：TRF 故事证明社会学特征对科学影响有限。我们当然无法认同。相反，我们认为，TRF 是一个彻底的社会建构。因此，我们愿保留“社会”的特定意义，并追求显然超出传统社会学分析的强纲领目标。借用克诺尔[①]的话，我们想证明科学实践之特异性、地方性、异质性、语境性与多面性（Knorr，正在出版）。推理表面上的逻辑特征从属于更复杂的现象，欧杰[②]（MarcAugé，1975）称之为“解释的实践”（practices of interpretation），包括在地默会的协商，不断变动的评估，以及无意识或制度化的姿态（gestures）。本章意在表明情况的确如是。我们主张科学本身的逻辑性、简明性信念，正产生于这类解释的实践。简言之，我们想观察科学的解释实践与非科学的解释实践，分析两者逻辑上的差异如何从实验室内产生，并在实验室内得以维持。

科学活动的本质完全不同于非科学活动的解释实践，这一观点极具诱惑，很容易就此展开研究。但后文将指明，这一观

① 奥地利社会学家，在认识论与社会建构主义方面作出贡献，著有《制造知识：科学与认知文化的建构主义与语境本质》（*The Manufacture of Knowledge: An Essay on the Constructivist and Contextual Nature of Science*）。

② 法国人类学家，提出“非地方”（non-place）概念，指代无历史痕迹与社会关系的空间，比如地铁、旅店等等。著有《非地方：超现代人类学简介》（*Non-Place: Introduction to an Anthropology of Supermodernity*）。

点的吸引力部分源于科学实践总围绕假设、证明、推论一类词汇。这些术语让科学实践与众不同，但它们也可能只是同义反复。例如，加芬克尔（Harold Garfinkel，1967，第八章）联系舒茨（Alfred Schutz，1953）对科学活动的描述，列出了常识性理性的十项标准，并另增四项科学专属标准。其中之一是：科学家要寻找"目的–手段关系与形式逻辑原则的一致性。"（Garfinkel，1967：267）然而，与常识性实践的对应标准相比，科学标准只是加上了"形式逻辑"一词。形式逻辑作为科学的定义性特征，在此显然是被同义反复地使用了。科学的另一标准："情境定义与科学知识的一致性"（Garfinkel，1967：268），与日常生活的对应标准相同，只多了"科学"一词。"独特性"作为标准的特征再一次被同义反复地使用。虽然这种手段比较常见（Althusser，1974），但居然被舒茨这样的作者采用，着实令人倍感意外，毕竟他声称要从现象学上描述科学家工作的真实实践。观察者非常熟悉认识论者的那套概念，于是很容易在实践中发现科学家受制于敬畏科学的话语。科学家的操作为什么看起来很科学？因为他们是科学家。在我们看来，科学与常识间的主要差异乃源于这些差异同义反复的定义。因此，要想证明差异必须使用经验手段，所以我们在描述科学活动时会尽量回避认识论概念。

我们选择观察实验室实践，据此考究实验室工作的微观过程。我们与科学家朝夕相处了两年，有机会观察他们的日常交流、工作讨论、姿态及各种不设防的行为，[1] 因此得到了远超出访谈、档案研究、文献搜索所能及的资料，以便展开研究。像这样使用准人类学方法得到的观察材料，特别适用于分析科学活动的隐秘细节。

本章第一节探讨了所有互动中，实验室成员们感兴趣与关注的问题，尤其关注他们如何在较短的对话交流中创造、否定事实。其次，我们探究了日常交流如何被说成是“有了一个想法”或“思维过程”发生（genesis）了。最后，我们讨论了阻碍实现“事实经由社会建构”这一理解的力量。我们既需要社会学地解释不存在非索引性①（nonindexical）陈述，又需要社会学地解释“认为世上存在非索引性陈述”这样一种特定信念[2]。

对话中的事实建构与拆解

我们可以通过观察实验室成员之间的对话与讨论，研究科学事实建构微观过程的方法之一。出于各种原因，不可能对实验室的讨论录音。不过总计 25 次讨论我们都编制有笔记，记录了包括时间、姿态、语调在内的细节。此外还记录了一些非正式讨论，包括长椅上、大厅里和午餐间的谈话片段。由于无法使用录音机，笔记难免缺乏“对话分析”所需的精确性，但即使有些粗糙，或有“整理过”的痕迹，这些讨论记录仍使我们

① “索引性”是加芬克尔的重要概念，他将其视为日常生活实践的特征之一。加芬克尔认为日常生活中的互动包含大量索引，交流各方只有共享未言明（unstated）的假设与知识，结合语境才能理解彼此的演说与行动。

有机会细致分析事实建构。

首先来看三则简短摘录，它们出自某次非正式讨论，从中可见论点在实验室日常互动中被不断修改、加强或否定的方式。这次大厅谈话发生在威尔逊、弗拉沃与史密斯之间。史密斯正要离开时，威尔逊谈起他几天前做的一个实验：

威尔逊（对弗拉沃）：你也知道，样品量较低的话，这种ACTH（促肾上腺皮质素）测定有多难……我在想，啊，十五年来我在它的测定上浪费了多少钱……迪特里希计算出了一条理想曲线。上回他犯了错，因为如果看一下真实数据就能发现，每次ACTH下降内啡肽就会下降，ACTH一上升内啡肽就上升。所以我们想着算一下两条曲线的拟合。史努比算出来了，是0.8。

弗拉沃：哇哦！

威尔逊：我们打算用平均值算，完全合规。我能肯定，拟合会到0.9。（Ⅻ，85）

随后，威尔逊与弗拉沃讨论起两人正为《科学》撰写的论文。史密斯再次起身时，威尔逊又转向了他：

威尔逊（对史密斯）：顺便说一声，我昨天在电脑上看到了血红蛋白（之间）93%的（匹配）……还是酵母？！……

威尔逊（对弗拉沃）：你知道我们在说什么吗？我们的朋友，布鲁尼克，昨天在内分泌协会会议上宣布，他得到了CRF的氨基酸分析结果。你知道他之前的GRF怎么了吗？他有一个计算机程序查看同源性，然后发现 GRF 与血红蛋白有 98% 的同源性，我不知道什么……飘浮在空中的酵母……

弗拉沃：怪难搞的。

威尔逊（大笑）：取决于你是谁……（XIII，85）

摘录一当中，威尔逊预计 ACTH 与内啡肽的曲线拟合度可能进一步提升，强化了 ACTH 与内啡肽相同的观点。结果，史密斯与弗拉沃都被说服了，两人相信该操作符合专业标准要求。然而摘录二中，CRF（一种人们长期寻找的重要释放因子）与血红蛋白（一种相对微不足道的蛋白质）之间几乎完美的契合，却驳斥了一位同行的观点。如果将他的近期主张与他几年前的重大失误联系起来，这一观点的可信度就会进一步下降（参见 Wynne，1976：327）：布鲁尼克曾声称发现了一种非常重要的释放因子，后来发现那是血红蛋白。威尔逊提到这件往事，大大贬低了布鲁尼克新近主张的可信度。可以认为，威尔逊对弗拉沃随后评论（“怪难搞的”）的反应暗示他自认专业水准高于布鲁尼克。

当威尔逊提议继续讨论写给《科学》的论文时，史密斯离开了。威尔逊向弗拉沃展示了一张垂体血管系统的新图谱，那是一位欧洲科学家寄给他的。随后，两人就图谱展开讨论：

威尔逊：总之，我想在这篇文章里说的东西已经在前几版里面说过了，**没有证据**表明这些肽在静脉注射后会产生任何心理行为作用……能这样写吗？

弗拉沃：这是一个实际问题……我们会拿什么意见当反对意见？（弗拉沃提到了一篇论文，其中报告使用了“巨”量的肽后，结果呈阳性。）

威尔逊：那么多？

弗拉沃：是的，所以要看肽……但……也很重要。

威尔逊：我会给你肽，我们必须做这些……但我想看看那篇论文。

弗拉沃：就是在……的那篇。

威尔逊：哦，好的，我手头有。

弗拉沃：至少要 1 微克……如果我们想给 100 只大鼠注射（可能至少需要几毫克）……这是个实际问题。（Ⅻ，85）

与前两则摘录不同，最后这则摘录里，威尔逊提了一系列问题。可以认为，威尔逊与弗拉沃学术地位大致相同，尽管后者要年轻十岁左右，他们都是实验室负责人与国家科学院成员。然而，弗拉沃是神经递质心理行为作用领域的专家，威尔逊是这个领域的新人。因此撰写合作论文（上述谈话发生时，论文草稿已经写好）时，威尔逊需要弗拉沃的专业知识。确切地说，他想知道其主张——肽在静脉注射（I.V.）时失活——的依据，以便回应任何可能的异议。乍一看，一个波普尔主义者[①]可能会因弗拉沃的回答而高兴。然而很明显，这个问题并不只取决于反对证据存在与否。相反，弗拉沃的话表明，问题在于他们选择

① 即证伪主义者，认为科学的本质在于其假设具有可证伪性。

接受什么作为反对证据。对他来说这是个实际问题。弗拉沃与威尔逊接着开始商量，需要多少肽来探究心理行为作用是否存在。威尔逊曾在他的实验室制造过这些稀有且昂贵的肽。所以对弗拉沃来说，这个问题就变成了威尔逊愿意提供多少肽。因此，两人的讨论涉及一个复杂的协商：肽的合理数量应为多少。威尔逊控制物质的可用性，弗拉沃则拥有确定物质数量的必要专业知识。同时，一篇文献提出了一个主张，因此有必要考虑使用“巨”量的肽。该主张贬低了威尔逊论断——否认肽在静脉注射下的行为作用——的可信度。另一方面，威尔逊表示，那篇论文使用的肽量大到荒谬，已经远超出生理学研究的规模。尽管如此，他还是同意将肽交给弗拉沃，并用那位研究员所用的肽量再次调查。他们决断这是支持威尔逊论点的唯一方法。重要的是，这个实验是在威尔逊的论点已经起草后才计划的。[3]

结合讨论的语境显然可以得知，弗拉沃与威尔逊的协商不全看两人对其工作认识论基础的评估。换言之，尽管存在对科学活动理想式的想象，认为科学家会评估研究对知识拓展的重要作用，但上述摘录中，他们考虑的问题截然不同。例如，弗拉沃说“……也很重要”，据此，针对肽的使用的相对重要性，可设想出一系列可能的反应。威尔逊的实际回答（“我会给你肽”）表明，他认为弗拉沃说这句话是要求他提供肽。弗拉沃强调了肽对研究的重要性，借此向威尔逊请求肽，而不是简单地索要。换言之，研究者构造科学活动的认识论式表述、评估性表述，是为了进行社会协商。

由此可见，短于几分钟的讨论可囊括一系列复杂谈判。

ACTH 与内啡肽有共同关系的观点被强化；布鲁尼克的新近主张被贬低；威尔逊提出，某肽缺乏心理行为作用，为了增强该观点抵抗异议的能力，威尔逊决定展开新一轮研究。以上只是几个事实建构微观过程的结果，这类过程在整个实验室持续发生，上述谈话仅为数百次类似交流的典例。交流中，信念改变了，陈述被加强或削弱，研究者之间的声誉与联盟也出现变动。就我们当前的目标而言，这类交流的最重要特点是不存在“客观”陈述，所有陈述都受当事人协商所影响。除此以外，没有任何证据表明这类交流包含特殊的推理过程，与非科学场景中的交流明显不同。实际上在观察者看来，“科学的”交流与“常识的”交流，两者间任何质量上的预设差异很快便会消失无踪。如果实验室内外交流对话果真相似，那么对比科学活动与常识活动时，或许最好抛弃推理过程之别，转用其他特征界定二者的差异（见第六章）。

明显可以看到，实验室里的科学交流也好，非科学情境中的交流也罢，二者都具有异质性。在一次不超过几秒的交流中，会出现几个显然不同的关注点。例如，下列对话发生在两位科学家之间，他们正在讨论一篇论文的草稿：

史密斯：我应该负责整个排序，但是我时间不够。

威尔逊：可这些英国人只是把他们的氨基酸分析结果放在论文里，这么做不太地道啊……

史密斯：还有风险，因为猪和羊的序列确实不同，而且你不可能从氨基酸分析里推出序列。（Ⅳ，37）

这段对话发生时，史密斯与威尔逊正坐在一张桌子前，周围是草稿、协议书与文章复印件。他们已经起草了一半论文，但还没获得数据支持论点。正如史密斯所说，他没时间进行获取数据所需的一系列研究。威尔逊提到了英国研究人员的论文（他们自己的论文必然要引用的对象），其中写到新发现的物质 A 只是已知物质 B 的组成部分。据称，英国研究者发现，物质 A 的氨基酸分析与物质 B 的部分氨基酸分析相同（而且他们有额外理由相信这两种物质有关系），于是得出结论称两种物质结构相同。威尔逊对此评论道，报告氨基酸分析结果而不报告序列"不太地道"。他抱怨英国研究者过早提出物质 A 的定性，而他（威尔逊）还在尝试对物质 A 直接测序来建立相同的定性。但是，史密斯认为这不只是地不地道的问题，他的可信性也受到了威胁。未来有论文可能会提出物质 A 的不同结构，人们可能会批评史密斯及英国研究者，指责他们过早地从氨基酸分析中推出结构。史密斯了解结构研究史，知道很可能出现这种情况。他从办公桌上的戴霍夫多肽词典里看到，当样品取自不同动物时，许多物质的结构都会因物种不同发生变化。即便如此，史密斯反对从氨基酸分析推出结构时并没有援引绝对的程序规则。如果风险较小，小组要求不很严格，字典没有提到结构变动，便可以从氨基酸分析推出结构。英国研究者已经这样做了，威尔逊与史密斯可能蠢蠢欲动，也想飞跃一步。因此，是进行更多实验还是简单地同意物质 A 与物质 B 结构相同，这一抉择取决于两人的各项评估。例如，时间是否充足，这又要视史密斯对其他必要任务相对重要性的判断而定。有无必要独立推导结构取决于史密斯对未来论文中可能异议的预期。[4]

从上述科学对话中我们看到，复杂评估网络各项要素会同时影响任一推论或决定。最后一个例子中，评估维度包括专业实践急迫性、时间限制、未来异议可能性、同期其他研究兴趣紧迫性。评估是如此复杂，无法想象即便脱离对话的实际物质场景，思维过程、推理进程仍然可以独立发生。现在就让我们更仔细看看，各类关注点如何进入科学家的交流之中。

任何言说都可包含一系列关注的一个或多个。因此在任一特定场景中，多种兴趣可同时进入任一言说，言说也能在不同兴趣间快速切换。例如，人们正在讨论关于某物的知识，突然一系列相关言说被打断，当事人开始有了颇为不同的关注点（谁干的？他有多可靠？）。但这个关注点本身也可倏然改变（我应该在哪里发表什么？）。下一句话或又包含一个新的关注点（我们在这篇论文中能说些什么？）。除此之外，讨论总可能被明显不相干的问题打断（迈克，你把架子放在哪里了？）。

当前分析不需建立科学家讨论关注点的全面分类，不过还是可以初步总结四种主要的对话交流，各自对应了一类关注点。

第一类交流会提及“已知事实”。人们很少讨论早就确定的事实，除非认为当代论争涉及这些知识，更常见的是对最近确立事实的讨论，常有对话诸如：“诶，已经有人做过了吗？”“有提到这种方法的论文吗？”“你用这个缓冲溶液时会发生什么？”有时，讨论起先没有谈及往事，但不久之后，交流各方就会开始援引近期发表的某篇论文。以下是一次午餐间讨论的部分内容：

迪特尔：MSH 与 β-LPH 有结构上的关系吗？

罗斯：大家都知道，MSH 与 β-LPH 在……有共同部分……（罗斯继续解释两者有哪些氨基酸相同。突然，他问迪特尔）你会预期在突触体中发现蛋白质分解酶吗？

迪特尔：噢，可以。

罗斯：啊，大家是不是很久以前就知道这个了？

迪特尔：是，嗯，也不是……哈里森有一篇论文说，他们没得到蛋白质分解酶。（Ⅶ，41）

这段对话以教科书中常见的陈述类型开头（见第二章）。但是说话人认为，断言某事众人皆知既不够可信也不够有趣。罗斯想知道某一知识被当成已知事实多久了。迪特尔随后提到一篇包含该问题陈述的论文。于是，注意力很快从知识本身转移，说话人开始评估知识的前沿性，留意发表时间与期刊，由此提出争论的可能（“是与不是”）。显然，这类交流发挥信息传播的作用，小组成员能够不断借鉴对方的知识与专长，提高自身水平。这类交流有助于重新发现过去的操作、论文与想法，它们涉及当前问题。

第二种交流发生在一些实践活动中，例如，进行测定时常常能听到这些话：“我该用多少只大鼠做对照”“你把样品放哪儿了”“把吸管给我”以及“现在距离注射已经过去 10 分钟”。这些言语交流往往伴随大量非言语的肢体交流，以便交代正确的操作方式，它们经常发生在技术员之间，或研究者与技术员之间（或作为技术员的研究者之间）。有时需要评估特定方法的可靠性，这类交流也会更加复杂。例如，希尔斯来到实验室，讨论是否有可能合作分离某争议性物质，他必须说服研究者相信他的生物测定法可靠。希尔斯在一小时内详细介绍了他的方法，期间经常被问题打断：

约翰：你说甲醇……纯甲醇吗？

希尔斯：……我觉得是纯甲醇，我没有费心确认这一点……培养皿用到第七天时，它们看起来像正常细胞。根本没有分化，我们添加了新的培养基，生长降到最低。

约翰：我们也试过，很管用。

希尔斯：有趣。

威尔逊：这是你得到的比率吗，约翰？

希尔斯：然后，当我添上——加上我的物质时，根本没有任何反应。

约翰：在**同一个**培养皿里吗？

希尔斯：我们把它翻了个面，在那之后得到了相同的反应。

约翰：嗯，有趣。（Ⅵ，12）

乍看上去可能以为讨论是纯技术性的。但是我们从前面的案例中已经知道，现实中总有暗流制约着讨论的形式与实质。例如，约翰最后说有趣是为了掩饰他完全不相信希尔斯的论点。约翰后来说，他感觉不能太苛责、深究希尔斯的观点，因为他知道老板威尔逊特别渴望与希尔斯合作。约翰告诉我们，他提那些问题只是为了打消对希尔斯方法的某些相当明显的异议。希尔斯没能得到预期结果可能因为甲醇不纯，或培养基未使生长降到最低，或使用了同一个培养皿。约翰想阻止老板要求实验室化学家与希尔斯合作分离（可能是假象的）物质。除此之外，讨论希尔斯方法时，各方都心照不宣：实验室多年前获得了巨额资助，希尔斯研究的物质正是资助关心的焦点。虽然有几百万美金帮忙，但实验室迄今也没成功分离该物质。实际上据约翰所说，已有十几人发表论文称已分离出该物质，但均被证明有误。因此，这场讨论表面上在谈技术，其实也在谨慎排查希尔斯的方法，例如约翰评估了合作前景和小组目前的投资，他不愿费力研究假象。[5]

偶尔也有第三种交流，似乎主要探讨理论问题，既不会直接提到过去的知识，也不会讨论不同技术的相对效力，此外也不谈具体的科学家与论文。这类交流主要发生在约翰与斯宾塞之间：

约翰：可你说的生理学上有意义的东西要比现在技术上可行的东西大太多了。

斯宾塞：但这是一种正常的态度：这就像定义神经递质的标准，它定义了未来的研究：根据这些标准，没有证据表明TRF的生理作用。

约翰：我们重新说一下这个问题……最开始，我想说在系统发育上，神经递质是第一位的，受体到处增加。肽只是没有那么进化，受体较少，但我认为它与神经递质没有区别。（XIV，10）

两人看似关注纯理论问题，但讨论内容与其他问题密切相关。首先，两人先讨论了一份斯宾塞当天就要寄走的摘要，随后才开启了这次对话。谈话中，斯宾塞似乎表示 TRF 是个伪命题，在生理学上没有意义。其次，讨论暗含了约翰与斯宾塞对学科未来、实验室工作方向的担忧。肽类激素定义的转变对他们而言很重要：如果肽类激素被定义为神经递质而非经典释放因子，则必须使用其他方法，更换合作对象，设计另一研究方案。这次讨论发生时，TRF 已经日益显示出类似神经递质的作用，并有可能突破学科界限。与此同时，约翰与斯宾塞实验室的主任已转向物质心理行为研究。如果有人质疑，称我们解释理论讨论时过度关注社会背景，并强调该背景由人为构建。我们可以回答道，科学家也不断地进行类似解释，并把它们作为评估研究项目的维度。

第四种对话式交流中，当事人会谈到其他研究者。有时人们会回忆谁过去做了什么，通常发生在午餐后，或晚上结束工作心情放松时。[6] 更常见的是评价特定个人，提到某文论点时往往如是：当事人不评估陈述本身，而选择谈论陈述提出者，并根据其社会战略、心理构成解释陈述内容。例如，史密斯与瑞克特正讨论他们的一份摘要。两人面前摆着瑞克特的图表，由瑞克特实验室里一位年轻博士后制作。讨论重点为该研究人员的能力：

史密斯：你相信她有能力做五个（更多动物）试验？

瑞克特：她的诚信有问题吗？

史密斯：不是诚信问题……她做其他事情的时候，你有信心吗……？

瑞克特：哦，不，在这方面，她很可靠。（Ⅳ，12）

史密斯与瑞克特最终决定不发表摘要，因为发表结果若非十足可信就是“得不偿失”。这项决定的影响因素之一是他们对这位年轻研究者人格的评价。但是史密斯说第一句话时，没有清楚表明评估数据可靠性是否应考虑相关人员的个性。瑞克特在回答中表达了自己的困惑。

讨论中经常谈及制造陈述的人类行动者。其实，科学家的讨论表明，谁提出主张与主张本身一样重要（见第五章）。某种意义上，这类讨论构成科学家自身介入其中的复杂科学社会学与心理学。下面一则摘录显示，科学家会将他们的科学社会学用作资源来决策、评估陈述，这更进一步说明了我们的观点：

我不特别急着跟她做一个大研究，因为她……特别抢手。我们会在她的论文中排到最后，好像是15个里的第12个。（笑）（Ⅳ，92）

说这句话时，两位科学家正讨论是否开展某项实验。作研究决定显然要评估合作者可能采取的战略：

他们不了解自己的业务。可能因为他们看到了黄体酮，它常年被认为有镇痛作用……另外，这里面涉及所有权的问题。

英国人发现了它，推销它。这很正常。（Ⅶ，42）

类似地，上述（对几位英国研究者陈述的）批评涉及对研究者处理一则发现的评价。

虽然初步区分了四种对话交流，但许多讨论显然都在不同主题间不停切换。例如，某次讨论中（太长，无法全文转载），一位刚参会归来的科学家点评道，格林“把自己搞得很糟糕”，并立即将这一人身攻击与“格林还在说新的、更有效力的肽”这一不可知论陈述关联起来。然后，他转而讨论技术问题，又谈到了与格林的化学家的会面：

我在实验室待了四小时……没有任何印象深刻的地方……已经发表的内容更尴尬。克斯拉（格林的化学家）真是格林的阿喀琉斯之踵。（Ⅹ，1）

就这样，一次简短讨论提到了论题、人物、某会议上的主张、另一实验室的技术，以及竞争对手的既往主张。稍作停顿后，同一位说话人补充道：

目前变化非常快，只有我们有这种物质的抗体……看起来只剩我们在做有意义的事。（Ⅹ，10）

在这简短的补充里，说话人将实验室的物质元素（抗体）与竞争激烈的领域，以及他自身的工作关联起来。

这则摘录进一步显示，一旦另外两位说话人也开始交谈，就会有众多兴趣话题进入讨论：

A：我们有个有趣的消息要告诉你……我们注射了一剂量的X，然后用微波杀死了动物……当然还有没注射任何制剂的对照组。

B：嗯嗯。

A：然后我们拿它们测了β和α。

B：整个大脑吗？

A：对，两个半小时后我们大吃一惊……

B：（仔细地记下来）两个半小时……

A：还是有40%的β值……你看这个值（指着一张草稿）。

B：太不可思议了！

A：当然，β测定不够完美，但是我们可以相信……

B：我觉得这种情况下，β测定不会发生重大错误……

A：我觉得不会。

B：（看着草稿）这个点是统计上的差别吗？

A：是的，我算了……不管怎么说，这跟对照组不一样……

B：对照组是什么？

A：对照组是同样方法萃取的大脑碎片……但是得说，对照组的β是α的25倍多。

B：这么多的话，事情就变得有意思了。

A：数值是……

B：现在给联合会寄摘要不是已经太迟了吗？！（X，20）

这段对话发生在说话人查看了几张数据表后。出现“不可思议”“大吃一惊”一类表达是因为说话人预期 β- 肽值会迅速降低，但数据却给出了相反指示。联系当时的 β/α 假象之争便能理解 B 为何评论萃取物的测定结果为“有意思”。B 每一次提问，都在预测针对试验结果的基本异议。能够回答或预测异议完全拜实验室环境所赐，换言之，有可能因为测定方法不可靠，也可能是读数应归咎于其他物质。接下来，两人开始操弄数据，考虑可能出现的反对意见，评估己方陈述的解释效力，评价不同主张的可靠性。整个过程中，他们飞快抄起一篇论文，利用当中论据捍卫自己的陈述，使之不被一些基本异议驳倒。他们的逻辑不是智力推理逻辑，而是工艺逻辑：一群讨论者竭尽所能，思索替代方案并淘汰之。由这些微观过程可见，科学家试图将陈述限缩在一个特定方向上。在这个例子中，被认为解释了试验结果的陈述（所谓的吸收理论）只成立了三天，随后，B 所说的试验结果被认为因假象而起。

就当前论证而言，无需全面分析研究期间注意到的所有对话。不过显而易见，科学家实践中的对话是一个丰富数据的潜在来源，但其价值至今仍被科学实践研究所忽视。因此，就让我们总结一下这类材料提供的洞见：首先，对话材料清楚地显示，无数类型的兴趣与关注点交织在科学家的讨论之中（图 4.1）。其次，我们手头的证据表明，极难界定纯粹的描述性、技术性、理论性讨论。科学家在讨论时始终游走于不同兴趣之间。

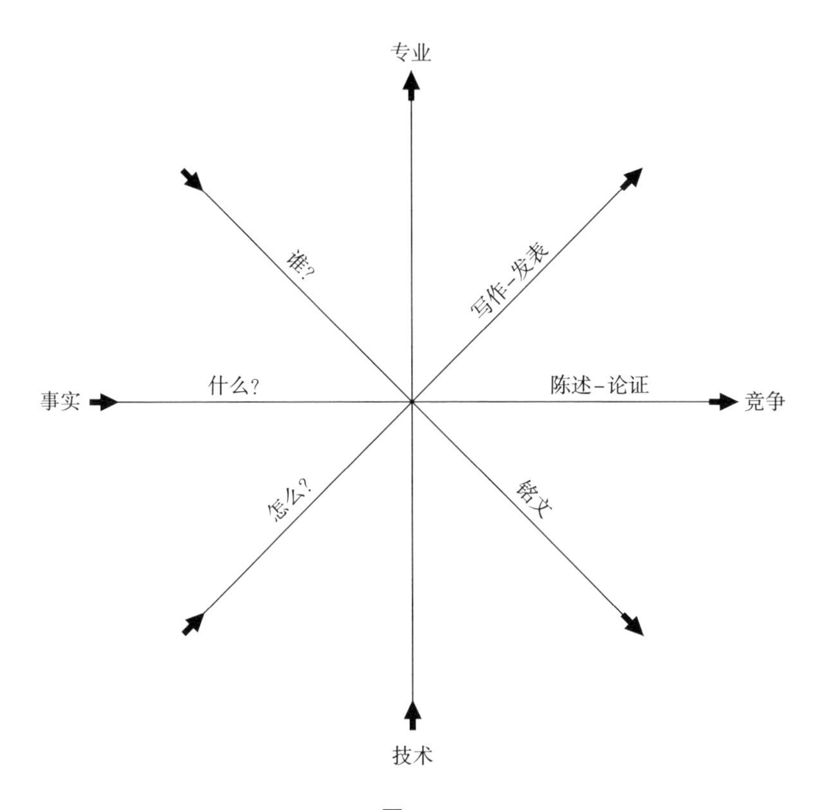

图 4.1

该图表示我们观察到的实验室对话关注点类型。任一言说都位于相交线的中心，并有可能突然切换到图中所示的任何一组关注点。主要的关注点包括：建构成功的事实（第四、第五阶段的陈述）、这些事实的个人制造者、制造事实过程中的断言集合（第一至第三阶段的陈述）、执行操作的实践者与铭文装置。可见所有言说都整合了以上诸种评估，因此，一则科学论断是社会建构物。

除此之外，只有联系激发谈话关注点的语境，才能解释科学家之间的讨论。第三，我们已经提出，科学场景中那神秘的思维过程，与日常交流中含混过关的技巧没有显著差别。当然，为让读者心服口服还需更进一步论证。目前我们只想说明，事实建构足以充分描述上述交流，无需再用特设的认识论观点加以解释。

“思维过程”的社会学分析

非正式讨论不像很多实验室书面记录，前者提供的材料未经修改，也尚未形式化，难怪可以认为，在非正式讨论中能找到大量证据表明社会因素介入科学家日常交流。那么现在是否可以将分析扩展至思想领域本身呢？前文已经尝试说服读者跟随我们从宏观社会学转到实验室研究，再从实验室整体移步至单一事实的微观社会学研究。上一节，我们探讨了对话交流如何影响事实建构。但思想本身肯定超出了社会学分析的范畴吧！例如有反对意见表示，从定义上看，思想指的是科学家个人独自的思考，社会学家无缝插针，不用多说，社会因素肯定不会活跃在思想活动中。此外还有人称社会学观察者无法给出思想过程的任何书面记录，因此无法证明思想具有社会性。[7]

在沉默的个人思想层停住社会学探针，把它留给心理学（Mitroff，1974）、精神分析或科学家的回忆（Lacan，1966）似乎才是明智之选，但这违背了我们至今的论点。如果不能用社会学术语解释科学家思想，那么我们试图清除出去的、专为科学而创的概念就会在“隐秘的思想过程”那儿找到庇护，结果，科学会再度显得非比寻常。我们不是19世纪生物学生机论[①]的反对者。无论纯粹的机械主义与唯物主义有何进展，生物学家总无法解释生命的某些方面。总有一些角落里，“灵魂”或“纯粹生命力量”安然无恙。同理，认为科学中也存在一些特殊、奇妙且神秘的东西，唯物主义与建构主义永远无法解释得通，这一观点也被越推越远。不过只要还有人认为，科学家头脑中存在某种奇特的思维过程，上述观念就永远不会消失。我们恰恰是要破除平添科学异域色彩的观点，故须暂时从微观过程这一新层次着手，展开论证。

前文已经说过，研究思想过程的一个主要障碍是缺乏书面记录。不幸的是情况比那还要复杂，我们可以看一段来自附近另一实验室成员的叙述：

> 斯洛维克提出了一种测定，但不是在所有地方都有效。人们无法复制，有些人可以，有些人不行。然后有一天，斯洛维克想到，这可能与水中硒含量有关。于是他们检查了测定方法在哪些地方有效。事实证明他想对了，只要水中的硒含量够高，测定就有效。（Ⅻ，2）

---

① 19世纪流行机械论与生机论之争。前者认为科学解释自然现象时不能诉诸能动性或意志因素，后者正相反，认为纯粹的机械模型无法解释自然现象。

很明显，这是圣经注释中常见的那类叙述（Bultmann，1921）。科学史学家都知道，科学家经常回忆这类轶事："有一天，某某有了一个想法。"觉察到这是一种轶事表达对我们的研究很重要。与其感叹斯洛维克怎么会有这么天才的想法，怎么会如此正确，不如从访谈材料中找到社会学论据，建立另一种替代说明，其包含如下内容：首先，（加州大学）有一则制度性规定，它要求研究生必须在一个与其专业完全无关的领域获得学分。于是斯洛维克的一个年轻学生（萨拉）选择了硒研究。萨拉作此决定是因为硒研究与其主修专业存在模糊关系。其次，斯洛维克小组有一悠久传统：组织非正式研讨会，会上研究生必须谈论他们获得额外学分的不相关领域。再次，萨拉在某次研讨会上汇报了一篇硒论文，当中既提到她免疫学家同行感兴趣的生物组织，也包含更多无关问题，比如水中硒含量对癌症的影响。斯洛维克也参加了这次研讨会。几年前，他提出一种细胞培养测定，起初无人能复制，但后来发现该测定在某些地方有效，而在其他地方无效。由于科学工作盛行的假设是科学原则应当普遍适用，所以当测定方法的有效性取决于地理位置时，研究者都困惑不已。即使是斯洛维克的技术员，也发现无法在其实验室之外正常测定，直至所有必要材料与设备都运出斯洛维克实验室，测定才生效。但即便在斯洛维克实验室外成功再造了同等条件，也没人发现水是关键因素。人们认为，此前重复斯洛维克测定失败似乎应归因于其他研究者所用细胞的性质。

萨拉在汇报结束时提到：最近学校里有人提示，水中微量的硒会导致某些癌症。该建议指出，全美水域硒含量的地理分布与某些癌症发病存在重合。萨拉说，没有人严肃对待这个说法。但是斯洛维克接受了该观点的暗示：水中硒含量的分布可解释在某些地方出现的某类特定现象。既然他的测定只在“某些地方”有效，高硒含量便有可能对应测定无效地。[8] 斯洛维克急忙打电话给一位没能成功测定的同行：“听着，我想到了。萨拉说，这可能是水中硒含量引起的。你能检查一下吗？”

尽管两版叙述都是建构而成的故事，但也有几处明显差异：前者的主角是斯洛维克；后者的主角是研究生萨拉，以及主张硒含量与癌症间关系的提议者。前者中成功突如其来；后者中偶然关联事件多线展开。前者强调个人想法，后者提到制度性要求、小组传统、研讨会、建议、讨论，等等。更重要的是，前者被包含在后者之中。

斯洛维克告诉同行，他有了一个想法。显然，谁会因为这个想法受到称赞很大程度上要看谁的说法被视为权威。能否说这个想法真是斯洛维克首先想到的，而不是萨拉？下一章我们再来讨论行动者对想法的占有问题。目前而言重要的是知道，产生一个想法（如第一种叙述）意味着总结复杂的物质情境。一旦成功建立了硒含量与测定结果的关联，所有参与建构这种关联的社会环境便都消失不见。讲述者将第二种叙述转化为第一种，抹去了一系列在地的、异质的、物质的环境（其中，社会因素清晰可见），故事变成了个人抽象想法突然涌现，了无社会建构之痕。[9]

该例表明，或不存在任何不应由社会学家、心理学家研究的思维过程，即：个人的想法与思维过程是对一整套环境的特殊呈现与简化，这套环境包含了物质与集体。如果观察者仅从表面出发理解这类轶事，便难以展示事实建构的社会特征。但是，如果他将其看作是遵循了某些“体裁”规律的故事，便既可能拓展事实建构的分析，又可能理解这类思想与思维故事的起因。[10]

斯洛维克的例子激发我们从社会学角度理解特定事件——其总被转化为“有了一个想法”的故事。海德格尔提供了一则有益格言：“Gedanke ist Handwerk”——思维是手工艺。沃森（Watson，1968）描述著名的多诺霍事件时异乎寻常地表达了工艺的重要性：沃森并非身处无形思想领域描绘他的“美妙模型”——碱基同类配对，相反，他在剑桥一间现实的办公室里，摆弄一个物理上实存的碱基纸板模型。他没说自己有了想法，而是强调他与杰里·多诺霍（Jerry Donohue）共用一间办公室。当多霍诺反对沃森选择烯醇形式描绘碱基时，沃森拿出了一本真实的化学教科书。

> 我立即反驳说，其他许多教科书也都是用烯醇式表示鸟嘌呤与胸腺嘧啶的，但杰里完全不为所动。相反，他笑说，多年来化学家一直偏好特定互变异构形式，不考虑其他方案，但是理由极其无力，基本都是主观臆断。（Watson，1968：120）

沃森选择相信多诺霍，放弃教科书的一般意见，原因有很多，最重要的是他对多诺霍彼时职业生涯的评价。[11]第五章将会指出，个人职业生涯构成评价其主张的重要资源。沃森权衡了多诺霍的意见后，剪出了碱基新纸板模型，他在桌子上摆弄片刻后，注意到数对胸腺嘧啶–鸟嘌呤与腺嘌呤–胞嘧啶纸板模型存在对称性。如果沃森没把这起事情写进书里，毫无疑问，这一复杂实践就会发生转变，要么成为一桩轶事（“一天，沃森产生了试试酮式的想法”），要么演变为竞争理论的认识论大战。

观察者的一大难题是他抵达现场时，通常已经太迟了，因此他只能记下某个科学家有了想法的轶事回忆。不过，他可以现场观察新说法的建构，之后再观察这一说法怎么演变为轶事，这样一来，便可以克服难题。下面举例说明。

实验室里，斯宾塞一直在研究神经降压素、P 物质，以及这两种肽的类似物。他对这些肽进行了一些行为测定，但似乎结果并不满意。但是，该项目的产出之一——P 物质的类似物铃蟾肽，似乎与神经降压素作用相近，尽管两者结构其实完全无关。一段时日后，斯宾塞制作出一张图表，显示铃蟾肽对暴露在寒冷环境中的大鼠体温有实质性作用。这一发现在实验室里引起轰动，该作用出乎意料的规模引发成员热议。虽然若干微克铃蟾肽才能在其他测定中显示活性，但不到一纳克便能降低体温。成员们认为这是一项新发现。实验室此前从未在测定中使用过铃蟾肽，被问及为何作此尝试时，斯宾塞回答：

我已经干等了太久，等一个人给我满意的中枢神经系统测定……我试过很多东西……你记得吧，我试了体温、尾端振动。但一直不满意……不过体温很重要……很容易测量，而且与中枢神经系统的作用直接相关……然后我看到了毕斯写的这篇论

文……我真想要一个中枢神经系统测定。(Ⅸ, 68)

毕斯的论文描述了神经降压素对暴露在寒冷环境中的大鼠体温有作用。基于早期试验，斯宾塞知道铃蟾肽在功能上（不是结构上）与神经降压素有联系。他由此想到，也许可以试着测一下铃蟾肽是否对体温有类似作用。斯宾塞目前关心铃蟾肽，又有了类比神经降压素作用的想法，于是尝试起新的作用测定。[12]果不其然，铃蟾肽的活性比神经降压素高出 10 万倍。

在后来寄给《科学》的论文当中，铃蟾肽与神经降压素的关联不再是类比性质的，相反，因为铃蟾肽对中枢神经系统很重要，自然推出这一关联。但是上文指出，这种重要性是实验的结果，不是实验前提。两个月后，回答如何想出铃蟾肽与体温有联系时，斯宾塞解释道，这是一个“顺理成章的想法……因为体温调节对青蛙很重要，这个想法便自然而然出现了”（铃蟾肽最初是从青蛙身上分离得到的）。

诚然，随着时间推移，斯宾塞修改了对其发现的叙述（Woolgar，1976；Knorr，1978），但是举这个例子不是为了陈述这一事实，而在于指出修改的性质。最初，铃蟾肽与体温调节之间只有微弱关联，这一关联只在实验室内被建立起来，因此从一实体到另一实体只前进了一小步。但是一段时间后，微弱的联系便成了强有力的逻辑联系，斯宾塞的一小步似乎也成了大跨步。

很多观察者想必都能发现类比对科学活动具有广泛影响，事实上，大量文献都讨论了科学的类比本质（例如，Hesse，

1966；Black，1961；Mulkay，1974；Edge，1966；Leatherdale，1974）。作者们分析了各种科学理念杂合而成新陈述的过程（hybridisation process），发现原本以为神秘的创造行为，其实靠的是科学家细致整理现有想法的微弱关联。有学者指出，“A 是 B”的逻辑联系只是诸多类比联系形式的一种，其他还有“A 像 B”“A 让我想起了 B”“A 可能是 B”。尽管这些类比联系逻辑上并不精确，但在科学中结出累累硕果。例如，与铃蟾肽一例相对应的三段论形式如下：

> 铃蟾肽有时与神经降压素作用相似。
> 神经降压素会降低体温。
> 因此，铃蟾肽也会降低体温。

这显然在逻辑上不成立，但足以促使人们继续探究，并由此产生后来被誉为杰出贡献的成果。[13] 一旦人们认为新陈述可信，最初的前提就会被修改（通过书面或其他回顾性的表述），确保三段论在形式上正确（Bloor，1976）。

虽然人们常说科学工作是类比推理，但我们认为并非如此。斯宾塞想有一次成功的测定，实验室里有铃蟾肽，他想用它来试试。他已经累积了铃蟾肽与神经降压素相似性的数据，也读了毕斯的论文，并采用了毕斯的测定方法。重构物质布局、环境与偶然关联后，显而易见，决定测测铃蟾肽对体温的作用只是非常小的一步，远非后来叙事里的一步大胆的逻辑跳跃。正因为实验室环境变化太快，一旦这一步迈了出去，所有的参考便都消失了。科学家与观察者手里很快只剩下一个抹除了所有偶然性的事件叙述。回过头看，两个实体（实践或陈述）似乎毫无关系，因此它们之间的任何关联都会显得“突出”。

我们认为，“有了一个新发现（或事实陈述）”这一叙述包含双重转变：一方面，类比路径往往转为逻辑联系；另一方面，让微弱联系暂时成立的一套复杂在地环境让位给了闪现的直觉。一系列复杂过程被高度压缩为一句总结：某人有了某想法。而这又构成另一种叙述的基础，这种叙述开始对科学家使用的程序中的基本矛盾——符合逻辑（但没有结果）与产出结果（但逻辑上不正确）——妥协。我们不是简单地主张很容易对思想过程进行社会学研究，而是要说明，研究思想过程关键在于分析科学家叙述实践的各个层面，因为思想过程正是在这些实践中被创造出来并维持下去。

事实与假象

第二章已阐明事实一词内含悖论，它具有两种相互矛盾的含义。一方面，准人类学观点强调事实的词源意义：事实来自词根 *facere*、*factum*，意为“制造”或“做”。另一方面，事实又被视为一些客观上独立存在的实体，属于“外在世界”（out there-ness），因此不可随意修改，也不会随环境而变。长期以来，知识到底是先验存在还是行动者的创造一直困扰着哲学家（Bachelard，1953）、知识社会学家。一些社会学家试图综合两种观点（例如，Berger and Luckman，1971），但往往不尽如人意。最近，科学社会学家令人信服地论证了科学的社会制造（例如，Bloor，1976；Collins，1975；Knorr，1978）。但即便在这些作者的论证中，事实也拒绝被社会学化。它们似乎能回到“外在”（out there）状态，从而逃出社会学分析的掌心。同理，我们虽然展示了事实建构微观过程，或许也只能暂时说服人们相信事实是被建构的。读者，尤其是实践中的科学家，不太可能长久地采纳这一观点，他们很快就又会相信事实本就存在，只有掌握非凡技能才能揭示之。[14] 因此本章的最后部分，我们会讨论抵制上述社会学解释的缘由。如果我们不理解为什么这种解释在系统上看似荒谬绝伦，那么论证知识社会学强纲领可行就毫无作用。诚如康德（Kant，1950）所言，仅仅表明某物是幻觉尚不足够，还需理解这种幻觉为何必须存在。

在 TRF 一例中，我们展示了陈述蜕变成事实的时间与地点。到 1969 年底，吉耶曼与沙利提出“TRF 是 Pyro-Glu-His-Pro-NH_2”时，再没有人进一步质疑。对 TRF 九年传奇故事兴致索然的实验室只是引用 1969 年底发表的论文，从这句话出发继续他们的研究。这句话对他们来说是下订单购买合成材料的充分依据，有了这些材料，他们测定的噪声就有望降低。从借用者的角度看，既定事实的生产痕迹既不甚有趣也无关紧要。五年后，甚至连 TRF“发现者”的名字都无人再提（参见图 3.2）。

本文一直谨慎地指出，我们确定稳定点（即一则陈述脱离所有地点、时间方面的决定因素，也不再谈及所有生产者与生产过程）的方法并不基于这一假设：“真正的 TRF”只是等待被人揭示，它最终在 1969 年被人发现。TRF 还可能被证明是一个假象。例如目前认为，尚未有后续论据证明，TRF 同时以 Pyro-Glu-His-Pro 形式，以及“生理上有意义的”量存在于体内。虽然人们认可合成 Pyro-Glu-His-Pro 在测定中显出活性，但尚不能在体内测量之。迄今为止，尝试确定 TRF 具生理意义的失败结果被归因于所使用的测定不够敏感，而非 TRF 或可是假象。但语境如果发生细微改变，便有可能支持另一解释，后一种可能性或将成真。稳定点的出现取决于特定语境下的普遍条件。事实建构过程有一特点：陈述一旦稳定下来，就摆脱了对建构过程的依赖。

事实与假象并不分别对应真实陈述与虚假陈述。相反，陈述位于一个连续体当中，在每一点上对建构条件的依赖程度都有所不同，在某一点上，只有涵括了建构条件才能说服他人，一旦超出这一点，建构条件便无关紧要，或者成了破坏陈述“类事实”地位的企图。我们无意表明事实不真实或只是人为。我们不仅主张事实由社会建构，**还想指出在建构过程中，科学家会使用某些装置藏匿起所有建构的痕迹**。下面就让我们更仔细地看看在稳定点上发生了什么。

一开始，实验室成员无法判断陈述的真实性、客观性与可靠性。多个陈述之间的竞争日益胶着，人们不断添加、放弃、颠倒、修改各种模态。然而，一旦陈述开始稳定，它便会发生重大转变：**陈述成了一个分裂的实体**（entity）。它一面是一组语词，是描述一物（object）的说法，一面则自对应独立存在的物，好像原始陈述投射出的一个外在于自身的虚拟形象

（Latour，1978）。此前，科学家是在处理陈述，但在稳定点上似乎既有物，也有关于物的陈述。不久之后，实在（reality）越来越多地被归于物，越来越少被归于对物的陈述。一个反转就此出现：物变成最初提出陈述的理由。可以看到，稳定化开始时，物还是陈述的虚拟形象，但随后，陈述成为“外在”（out there）实在的镜像。因此，“TRF 是 Pyro-Glu-His-Pro-NH_2”这一陈述的理由只是“TRF 事实上是 Pyro-Glu-His-Pro-NH_2”。与此同时，历史也发生了颠倒，变成：TRF 一直都在那里，只是等待着被揭示。现在，TRF 的建构史被改写了，建构过程成了追寻单一路径，科学家最终一定能抵达“实际存在”的结构。“伟大的”科学家只有运用超凡才能，努力探索，才能克服红鲱鱼谬误①与死胡同挫折，揭示出真正的结构。

分裂与反转一旦发生，即便是最具怀疑精神的观察者，最坚定的相对论者也很难不产生这种印象：“真正的”TRF 已经被发现，陈述反映了实在。一旦面对一套陈述，及其所对应的一个实在，观察者可能进一步被诱惑，惊叹科学家的陈述与外部实在居然如此完美地契合。[15] 鉴于惊奇乃哲学之母，观察者甚至有可能动手发明各种奇妙的系统解释这种神奇的充分性（*adequatio rei et intellectus*）。为避免这种情况出现，我们会提供对实验室建构此幻觉方式的观察。这些陈述与外在实体似乎完全吻合，并不足为奇，因为它们恰是同一种东西。

我们主张，物与物之陈述间的完美对应源于陈述在实验室

① 指在论证中插入不相干的话题转移人们的注意力。

语境中发生的分裂与反转。理由有三：首先，人们眼中物所处的“外在世界”，其本质极难被充分描述，因为描述科学现实经常需要重组、重复那些自称“有关”科学现实的陈述。例如有人说，TRF 是 Pyro-Glu-His-Pro-NH_2。但若要进一步描述“外在”的 TRF 之本质，就需要重复这一陈述，这便构成了同义反复。接下来将引用一段“科学实在论”的论述，以免读者以为我们毫无根据地讽刺实在论立场。实在论本质上主张，若无所谓的“科学知识非逻辑传递对象”（the intransitive object of scientific knowledge）[①]，便不可能有科学理论。

> 很容易便可想象这样一个世界：它与我们的现实相似，当中有科学知识的同一批非逻辑传递对象，但没有任何科学生产关于它们的知识……在这样一个已经出现过，并可能再度出现的世界里，现实将不可言说，但事物不会停止各种行动与互动。在那里……潮水仍在涨落，金属仍以其固有方式导电，没有牛顿或德鲁德来生产关于它们的知识。威德曼–弗朗兹定律将继续保持，尽管无人制定、实验或推导之。两个氢原子将继续与一个氧原子结合，条件合适时，渗透作用还是会发生。（Bhaskar，1975：10）

---

① 罗伊·巴斯卡尔（Roy Bhaskar）在其1975年著作《科学实在论》中提出的概念。他区分了知识的两种对象，逻辑传递对象与非逻辑传递对象：前者指物质诱因或先例型知识，它们被用以产生新知识；后者指实在结构或实在机制，虽然人可以接近这些知识，但是它们完全独立于人而存在，下文引用的便是巴斯卡尔对第二种知识对象的举例解释。

作者还称，这些非逻辑传递对象“完全独立于我们”。然后，他继续说了一句惊人之语：“它们并非不可知，因为其实人们相当了解它们。”确实相当了解！作者盛赞实在独立于人，掩盖了它最初的建构过程。除此以外，描述这些独立对象的模糊术语进一步提升了人们赋予它们的本体论地位。例如，“金属以其固有方式导电”，这句话暗示了一种超出当前讨论范围的复杂情况，要想理解这一复杂情况必须竭力追求、揭示使这句话得以成立的实在。[16] 作者只能使用同名词来回忆对应威德曼–弗朗兹定律的实在。他还明智地将讨论限定在物理学范围，而且是前牛顿时代的物理学。也许一旦谈到最近才建构起来的现象（如染色体或非牛顿物理学），“科学知识非逻辑传递对象”的“独立性”便不再毋庸置疑。由此可见，实在论立场锚定在同义反复的信念之上，只有使用构成独立对象的术语才能描述独立对象的性质。至于我们，则选择观察陈述分裂与反转的过程，是它们让上述信念成为可能。

科学家也不断发问：特定陈述“真的”与“外在”的东西有关吗？抑或只是想象的产物，只是科学程序导致的假象？因此，说科学家一心忙于科学活动，而将实在论与相对主义之辩留给哲学家并不现实。研究者受论点、实验室、时间与时兴争议的影响，不同程度地采取实在论者、相对主义者、理想主义者、超验相对主义者、怀疑论者等立场。换言之，事实悖论之辩并非社会学家或哲学家的专属议题。因此，试图消除上述立场间的本质差异，不过是和研究者一起加入争论，无助于理解人们如何平息争论，立场观点如何成为暂时性的实际成就。正如马克思（Marx，1970）所言：

> 人类思想是否能抵达客观真理的问题，不是一个理论问题，而是一个实践问题。人应通过实践证明真理，即证明那超越他思想之东西的现实与力量。

社会学家的一项重要使命是指出：现实的建构本身不应被物化。为此需考虑现实建构过程的所有阶段，并且不为现象提供一般性解释。

或许假象是分裂与反转的最佳见证人。实验室在地语境调整后，科学家可能为已被接受陈述增设模态，从而限定之，怀疑之。于是我们或可观察到实验室里最迷人的现象：实在的解构。“外在”实在再度融化为陈述，它的制造条件再度显现。前文已经列举过几个解构过程（例如，见第135页及其后）。几年来，TRF的一个分子被当作事实，几乎成了实在，直至人们发现它是纯化过程的假象，事实才就此瓦解。有时，陈述的状态在两天，甚至两小时内都会变化。例如，某物质的事实地位在几天内剧烈变动[17]：周二，一个峰被认为构成一个真实物质的信号。但周三，研究者便认为它由不可靠的生理图谱引起。周四，使用另一池萃取物产生了另一个峰，研究者又认为出现了“相同”结果。新物在此刻逐渐固化，但第二天就又溶解了。在科学前沿领域，陈述不断地表现出双重性：或被解释为在地因素所致（主观性或假象），或被称为“外在”之物（客观性与事实）。

当一股竞争力量将陈述推向“类事实”时，另一股则将其拉回“类假象”。本章开头所引对话即为例证。任何时候，陈述的在地地位都取决于竞争力量的搏斗结果（图 4.2）。我们能直接观察到同一则陈述的建构与拆解，因此能够目睹“外在之物”重新蜕回为陈述，它成了“一串字符”“一个虚构”或“一则假象”（Latour，1978）。显然有必要观察事实的状态如何在“类事实”与“类假象”间转变，因为若能证明科学的“真理效应”既可折叠，亦可展开，则难以凭借事实基于实在，而假象源于在地环境与心理条件论证两者存在区别，因为只有陈述稳定为事实，实在才有别于在地环境。

让我们换一种方式总结论点：不可用“实在”回答陈述何以转变为事实，因为只在陈述固化为事实时，实在才会获得真实效果①（reality effect），无论真实效果是以“客观性”还是“外在世界”的形式出现，情况都是如此。正因争议平息，陈述才分裂成实体与关于实体之陈述，这一分裂从未发生在争议解决之前。当然，研究争议性陈述的科学家会觉得这一点无需强调，毕竟他不是干等在那儿，等着 TRF 在某次会议上突然现身，说明自己的氨基酸成分，喊停争执。因此我们主要将上述论点作为方法论的预防措施，像科学家一样，不用实在的概念解释陈述的稳定化（见第三章），因为它是稳定化的结果。[18]

---

① 罗兰·巴特在《语言沙沙作响》（*The Rustle of Language*）一书中首次提出“真实效果”的概念，指一旦符号的所指（signified）被排除，能指（signifier）直接与指涉物（reference）相连，被结构主义叙事分析视为“无意义细节”（useless/insignificant details）的描述便具有了真实效果。

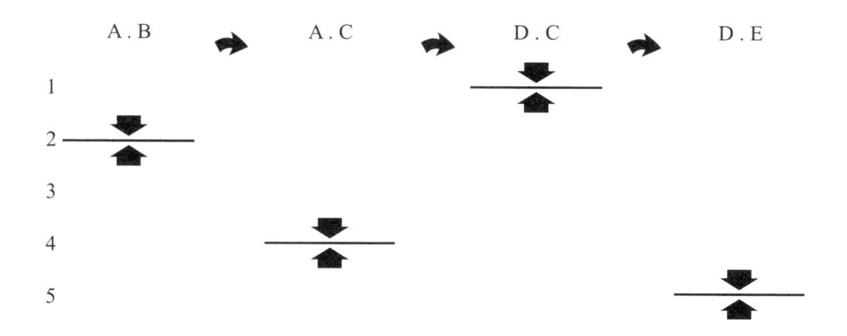

图 4.2

不妨假设，科学游戏的目标就是尽可能将陈述（A.B）推向“类事实”（陈述的第四、第五类）。这一过程会受到阻碍（将陈述转变为假象），因此科学家必须不断修改陈述内容，推动它抵达第五阶段。为了阐明科学家的推动与陈述的跳跃这一双重运动，我们在图中给出了一个假设例。当阻力过大时，科学家会使用类比手段新建一个跳跃式陈述，再次推动它进入竞争性场域。由于每一则陈述都有其特定模式，因而才出现了这样的双重运动趋势。

我们无意高呼没有事实和所谓的实在。简单来说，我们不是相对主义者，而是意在表明“外在世界”是科学工作之果而非科学工作之因，因此才要强调时机的重要性：分析 1968 年 1 月时的 TRF，能清楚看到它是偶然的社会建构。彼时，科学家们自己也是相对主义者，他们非常清楚正在建构的实在也许是一种假象。但若分析 1970 年 1 月的 TRF，将揭示它是自然之物，如今被科学家发现了。与此同时，科学家也成了坚定的实在论者。可见，一旦争论平息，实在就被视为平息争论的原因，然而当争论正激烈进行时，实在就是争论的结果，跟随争论迂回、转变，仿若科学事业的影子[19]。

有人会反对，称即便争论继续，也有别的理由认可事实是实在，例如科学陈述在实验室外仍然有效便足以证明陈述对应实在。[20] 人们可以说，事实就是事实，因为它在科学之外仍然有效。我们可以像回应“陈述等同于外在之物”一样给予反驳：实验室活动观察告诉我们，事实的“外在”特征本身便是实验室工作的结果。我们未见任一案例独立验证了实验室所制造的陈述，反而看到实验室实践已延伸到社会现实的其他领域，如医院与工业。

如果实验室只关心所谓的基础科学，这一观察则意义不大。但是我们的实验室与临床医生关系紧密，并因专利与工业界联系颇深。[21] 请看这句话：“放射免疫测定法显示，生长抑素阻止生长激素的释放。”若问它在科学之外是否有效，答案是：凡是可靠地[22]设置了放射免疫测定法的地方都成立。但这并不意味着这句话放之四海而皆准，哪怕在未设置放射免疫测定法的地方也同样有效。若想得知生长抑素会否降低病人的生长激素水平，为此采集了某一医院病人的血液样本，但没有生长抑素的放射免疫测定也无计可施。人们可以相信生长抑素具有这一作用，甚至归纳称这句话绝对成立，但这仅仅是信念、主张，不构成证明。[23] 要想证明这句话就需要拓展使放射免疫测定有效的网络，将医院病房纳为实验室的附属设施，以便设置相同的测定。一则陈述本便仅存在于实验室语境，因此不可能在实验室外证明它能得到验证。我们不否认生长抑素的确存在，也承认它能够发挥作用，但是需要指出它无法跳脱出所处的社会实践网络，是这个网络让生长抑素得以存在。

事实之悖论无神秘之处可言。一旦争议平息，事实便建构成功，成为理所当然的存在。悖论起于缺乏科学实践观察：观察者一旦认为 TRF 的结构是 Pyro-Glu-His-Pro-NH_2，接着意识到“真实的”TRF 也是 Pyro-Glu-His-Pro-NH_2，便会惊叹人类思想居然能与自然完美对应。但若仔细观察陈述的制造过程，便会发现这种对应关系实则朴实得很，未见得有那般神秘：事物与陈述对应不过因为二者同源而出，仅在建构过程的最后阶段才分离。同理，诸多科学家与非科学人士都为科学事实在科学之外展现出的效力啧啧称奇。加利福尼亚发现的一种肽结构居然在沙特阿拉伯最小的医院里也成立，这是多么非同寻常啊！但它只在设备齐全的临床实验室中有效。如果意识到同一操作必然产生同一结果，便没什么好惊叹的（Spinoza，1677）：进行同一种测定必会制造出相同的物。[24]

我们介绍了事实制造的微观过程，试图借此表明：第一，像这样细致地探究实验室生活，可以实际地解决通常由认识论者处理的问题；第二，分析这些微观过程，绝不要求认可科学活动任何先验的特殊性；最后，需避免用科学产品的外部实在与外部效力解释事实的稳定化，因为它们是科学活动的结果，不是科学活动的原因。

第五章

信用循环

前四章依次微调角度，多方位地描绘了实验室生活。第二章使用人类学方法佐证了文学铭文对实验室颇为重要；第三章运用历史学手段表明事实建构于特定的物质语境，它无法脱离环境单独存在；第四章进军认识论领域，讨论“有了想法”，“进行逻辑论证”，构造“证明”等现象，证实微观过程在其中发挥作用。这种行文风格具有一大优势，即大体可超越科学论研究的常见区分。例如第三章中，我们可以分析科学活动而无需为事实或假象辩护。同样，上一章中，我们试图考察科学运作的微观过程，但不愿采用实在论或相对主义立场。这些区分已为实验室成员所用，所以我们不愿偏袒任何一方，它们本就成型于实验室活动，因此不太好再用以分析实验室活动。

不过我们还剩一种特殊区分尚未拆解，尽管前文已经多有暗示，那便是区分事实生产与参与生产的个人。诚然，第二章讨论过负责运行铭文装置的实验室劳动力，第三章分析了决策者与投资人，第四章已然考察想法与论点的支持者，但我们甚少提及科学家个人，反而避免将其作为讨论起点或主要分析单位。在一篇声称关注事实社会建构的文章里，这样做略显奇怪，但这与我们的观察一致：每个观察对象在成为个体、思想化身之前，都是实验室的一部分，这便是从田野笔记里“突现”（emerge）的实验室生活大体印象。因此，工作程序、网络、论证技术均比科学家个体更适于作分析单位。此外我们还注意到，区分个体与其工作也是事实建构的重要手段。一直以来，观察对象都会在讨论中谈及科学家个人地位及其既往工作。第一章提到，诉诸人类行动者可卓有成效地削弱主张的事实性。受访者多次告诉我们，明明是他们有了某个想法，但随后，实验室其他成员汇报称该想法在“小组思考过程”中产生。我们还发现科学家会利用上述区分，于是更不愿将个人当作分析的起点。

本章将考察这种区分所用的通货，阐明实验室成员如何将其用作说服性手段。我们观察到，许多科学家成功利用这一区分建构了个人职业，使之明显脱离实验室活动的物质、经济要素。至于尝试未果的科研者，比如一些技术人员，则发现自己的职业与实验室物质要素密不可分。我们会试着阐释科学家个人职业的建构过程，但避免将个人与创造他的事实建构活动分开，为此选择“信用”① 的概念串联起实验室活动各个方面，它们通常分散在社会学、经济学与认识论的讨论中。本章第一节，我们将论证借助拓展的信用概念，实验室活动看似不同的方面即可彼此相连；本章第二节，我们将运用该信用概念考察本实验室成员的职业与小组结构。[1]

---

① 作者在多种意义上使用“credit”这一概念，可以认为它在本研究中属于一个扩展性概念。因此后文会根据具体语境采用不同译法，必要时会用括号标出，但读者应清楚，原文自始至终使用的都是“credit”一词。

信用：回报与可信性

什么激励着科学家？

是什么驱使科学家设置铭文装置，撰写论文，建构客体，占据不同位置？是什么导致他们更换研究主题，在不同实验室间迁移，选择特定的方法、数据、文体形式与类比路径？固然可以假定科学家接受训练之初便被打上规范的烙印，随后在职业生涯中默默执行，以此解释以上种种行为，但已有其他研究表明，很难从现有材料推知科学规范存在（Mulkay，1975）。特别是除极少数情况外无法确定科学家明确援引规范，有些科学家说的话更像在呼吁反规范（Mitroff，1974）："每个人都在推销自己的东西，这很正常。什么是正常？正常就是人类常态。"（Ⅳ，57）其他的言论则似乎只是为了给人留下好印象。例如，纳塔要求他的技术员为下一个生物测定设置仪器时说道："如果我们不做双重检查，人们就会觉得我们论文的数字是出了……"后来我们问他为什么使用这个仪器，纳塔回答说："科学嘛，总是再谨慎也不为过。"（Ⅹ，2）可见，纳塔这么做原本只是为了反击潜在争议与批评，后来却在回答外部观察者时顺水推舟，改口说是规范的要求。当然可以认为，纳塔末了的话表明规范存在但不可见，不过即便同意推理上的跳跃，规范也不能解释科学家为何选择特定实验室、学科领域与数据，它至多不过是勾勒出行为的宏观趋势，最狭隘则仅限意识形态话语的主题（Mulkay，1975），无论如何都远不足以解释科学，不足以理解制造科学的科学家。

也可以另辟蹊径解释科学家的选择，更仔细地分析他们自己解释其行为时的用语。受访者们描述活动时的确极少诉诸规范，但却经常使用准经济学术，年轻的科学家尤其如此。[2]请看下面的例子：

这台设备每年可以给我带来10篇论文。（Ⅱ，95）

我们之前跟他有一种联合账户的关系；他如果得到信贷，我们就也能得到；现在我们不能再靠这个了。（Ⅵ，12）

为什么要研究这个（物质）？我们在这儿不是最出色的，我们已经在释放因子投入了很多……在那儿我们是顶尖的，还是留在那儿为好。（Ⅶ，183）

这都是运用投资与回报概念的典型表述，它们不限于只言片语，有时更加复杂地贯穿于对职业模式的长篇大论中。例如A在一次交谈中主动谈起人们从事科学的大致原因，他的解释是自由政治经济学、社会达尔文主义、控制论与内分泌学的复杂混合体：

一切都看反馈，你的满意阈值是多少，觉得什么是高质量反馈，时隔多久就需要反馈……很难控制所有变量。我是一名医生……希望能有个地方年薪超过2万美元……对医学专业来说这是必须的……但我想得到积极反馈，证明我的聪明才智……光是病人的反馈还不够好……我想要一种非常稀有的东西，也就是来自同行的认可……我转到了科学……诶，但我是一个高成就者……不像布莱德那样需要频繁反馈，所以可以选择那些一开始没有太多回报的选题。（Ⅵ，52）

最全面的分享来自一位新研究者，他评估了领域的内部机会。访谈中，受访者五度勾画一条学科发展曲线，并依据曲线波动解释他为何进入这个学科，后来又为何离开。例如：

这是多肽化学，看……它正在逐渐消失……我知道布鲁尼克的实验室只研究这方面，所以没去那儿，但看这个……（画出另一条上升的曲线）这是未来，分子生物学，而且我知道这个实验室会更快地进入这个新领域。（ⅩⅢ，30）

无从判断这些说法是否更符合受访者的真实动机，抑或这只是一套好用的理由。但受访者不断谈到投资、高回报的研究、激动人心的机会，这引起了我们的重视。他们经常将努力与口中的市场波动联系起来，并画出线条说明波动如何影响他们的行为。这类自我表达使用了经济学、商业隐喻，其复杂性与规范的简单性形成鲜明对比。T 解释他想离开科学并从事教学时，也使用了这种复杂隐喻：

想想我在科学上的投资，它带来的回报真叫人不满……我可以预料到，以后也会是这样……我真的在很努力地工作，但没有获得我以为的积极反馈，现在这些配不上我的努力……

问：你是指什么积极反馈？

T：我说的积极反馈是指解决问题以后的满足感，还有把它传授给别人时获得的感激。（Ⅵ，71）

T继续解释道，他也不想离开科学界，但不成功便成仁，特别是他所做的研究“不是便宜的研究项目……我至少需要10万美元来装备一个实验室”。但他认为自己即将去的国家可能足够富裕，足以资助他。他补充道：

我们现在写的论文发表以后，我就更有能力再找一份研究工作……但如果教书后再等一年，我肯定就完蛋了。（Ⅵ，73）

可见，T制定计划时计算了可用的资金、积极反馈的程度、特定国家的一般资助政策，及其论文的出版与接受情况。他认为所有因素都因时而变，所以主要是把握最佳时机，最大限度地利用现有机会。

虽然观察对象频频使用经济学比喻，但经济模型未必能最充分地解释他们的行为，不过还是可以看到，仅诉诸社会规范是不够的。更何况上述例子中科学家们几乎是一口气地谈着数据、政策与职业，可见他们有一套专属行为模式，并不会割裂内外因素。

将信用概念等同为回报的局限性

我们可以说，上述案例说明科学家会用经济隐喻谈论功劳。权衡机会也好，评估投资回报也罢，其实都是换个说法，隐晦地表达论功行赏之意。的确，实验室成员经常提到“功劳”（credit）。观察者笔记显示，人们几乎每天都会说到功劳的分配。除此以外，受访者在访谈中也明确使用了这个词。总体看来，功劳有四种用法。首先，它是一种可交换的商品。例如，一封感谢某人提供幻灯片的致谢信结尾包含以下内容：

再次感谢你给我这个机会，使我在今后的讲座中使用它们。请放心，我当然会将它们归功（credit）于你。

其次，功劳可被分享：

他十分慷慨，与我分享功劳，那时我还只是个小人物。

第三，功劳可被窃取：

他说“我的”实验室，但这个实验室不是他的，是我们大家的，我们要做所有工作，但他会得到全部功劳。

第四，功劳可被积累，也可被浪费。各种使用方式说明功劳具有通货的所有特征。然而我们将指出，不能把科学家的行为完全解释为追求功劳通货，否则便是过度简化，必定会招致误解。

受访者总在谈论功劳，我们怀疑这可能是因为在科学家眼里，一个局外人（更何况他还有社会学家的头衔）极有可能对功劳的故事满怀期待，因为他们认为社会学家本质上是揭丑大师，这类材料想必合其口味。至少在访谈之初，受访者还无法与外人讨论科学工作的细节，便倾向于用自认为合适的话题回应观察者，也就是八卦、丑闻和谣言。可想而知，相比于同其他科学家的交流，受访者在与我们交流时会更频繁地谈到功劳。这间实验室尤其如是，因为最近发生了功劳分配不公事件，成员们对此大感不满。好多回，观察者都不得不说服受访者讨论科学过程，不要再说功劳分配了！显然，某些在地性条件导致功劳异常高频地出现在谈话中。[3]

虽然科学家会讨论功劳，但不会一直讨论，尤其是谈到数据或未来时几乎不提功劳一事。在采访中被问及为何来到这个实验室，或为何选择特定问题与方法时，20 位受访者没有一人谈到建功的事。于是出现了一个悖论：在某些情况下，科学家无所顾忌，甚至不知疲倦地谈论功劳，但在其他情况下却只字不提。仔细观察两种情况便可得知：科学活动中，回报意义上的信用（credit）概念虽然重要，但终究是次生现象。例如，赫伯特写了一封长信，请求收信人提供物质，并提出了他的实验方案与想法，直到信件结尾，他才对收信人最近一次会议上的接待表示感谢，并补充道："你早先与……的工作，你很早便有了这些极富洞见的行为观察，功劳自然都是你的。"但是，对这桩往事的提及不能解释信件中的其他内容。C 在与 A 的讨论结束后，评论道："这会大大归功于你。"但几乎不可能仅用追求功劳解释他们长达两小时的讨论。一位评议者在其长篇报告的结尾处写道："多巴胺首次被报告在体外有抑制作用……由 Mc 提出……（参考文献），此处应引述他的论文。"可认为该评议者是在援引功劳分享这一规则，但这不足以解释此前丰富的评论内容。科学家经常谈到功劳，但只在讨论往事、小组结构、优先权问题时才格外如是。因此，回报意义上的信用无法充分解释科学实践行为，相反，它只能解释一组有限的现象，比如某些科学发现的余波当中，资源再分配姗姗来迟。

当然，即便科学家不谈功劳，或称自己不受回报形式的信用所激励，还是有可能论证科学家的动机是追求功劳。但这需证明存在一个压抑性系统，以便解释科学家自觉描述自身动机时，为何从不谈起真正的激励（功劳）。与其追求这类特设性解释，不如假定科学家不止追求功劳。例如，受访者在访谈中透露，他们选择某种方法是因其能产生可靠数据，那么可靠性是否可被视为对功劳的变相关注？另一位受访者告诉我们，他想回答学习过程在大脑层面如何运作的问题，是否可以将此理解为追求功劳的隐晦表达？

追求可信性

《牛津词典》中，"credit"一词有多种含义，某些社会学家所说的回报只是其中一种（"对功绩的认可"），其他定义包括：

（1）被普遍相信的性质……可信性。

（2）基于他人信任而产生的个人影响力。

（3）个人或机构在商业中的清偿能力与诚实信誉，据此可期望其未来的偿付行为，信任之并贷以货物或金钱。

显然，“credit”也与信念、权力、商业活动有关。我们实验室里的科学家可远不止把“credit”看作单纯的回报，他们对“credit”的使用好像特别指明了一种制造事实的整体经济模式。这种模式当真存在吗？让我们先细看一位科学家的职业生涯，思考哪种“credit”定义能最有效地解释他的抉择。

迪特里希在采访中透露，他获得医学学位后，为了做研究离开了医学：“我对钱不太感兴趣，对我来说，研究更有趣，更困难，更有挑战性。”（Ⅺ，85）他的下一个抉择是去哪里读研究生：“伯尔尼还可以，但慕尼黑更好，声望更高，也更有意思。”（Ⅺ，85）其他人的经历也证明科学家的受教育地点对他（她）未来职业影响很大。用经济学术语来说，慕尼黑的研究生培训价值比伯尔尼的高上几倍。换言之，迪特里希意识到在慕尼黑的科学训练更受认可（accredited）。可见，开始科研生涯需作出一系列决定，科学家会在重重决定中逐渐积累证明（credential）储备。别人相应会依据这些证明评估迪特里希，判断他的未来是否值得投资。

然后我去参加了在埃拉特举行的大会……我对神经生理学产生了兴趣……这似乎是一个不错的领域，还没人满为患，一

定会越来越重要……不像癌症那样，总有一天会被治愈，画上句号。（XI，85）

就这样，迪特里希用兴趣解释他为何选择从事神经生理学。与此同时我们发现，这位年轻的研究者在用准经济学的计算手段评估一个领域的未来，权衡自己的发展空间。迪特里希在评估职业前景时，需要估算精力投资可能获得的回报，再下一步，他得在神经生理学领域选择一个人跟随其工作：

我在这次大会上听说了X。我去见他，但他拒绝了我……他不想要医生……也不想组建一个由年轻人组成的小组……他认为那是在浪费时间。（XI，85）

迪特里希在会议上听闻X是该领域的佼佼者，因此对他来说，同样的投资在X小组的回报会比在其他小组更高。雇佣是一个协商过程，双方都试图评估对方能拿出什么资本。

但X让我去（研究所）见Y……Y让我做那个课题，需要一年内完成，他会帮助我在……获得终身职位。那个课题是在大脑中定位一种酶……他在时间预期上完全错了，因为这还是一个开放式问题……可我想要一个职位，所以听从了他的建议……我得到了职位……写了论文而且发表了几篇文章。（XI，85）

这是个顺利开始工作的好例子。铭文装置起了作用，制造出足够的文件帮助迪特里希撰写论文与论著。概言之，Y 的投资有了回报。但报酬方面的回报微不足道，迪特里希的工作既未广受好评，也不是什么杰出成就，不过在 Y 的帮助下，这些足以让他获得终身职位。现在，迪特里希是一名合格可靠（accredited）的研究者，可以在这个领域认真耕耘。

这种酶以前没有得到充分研究。我的试验表明，人们之前所说的是错的……他们提纯了 1000 次，说那是纯的，我提纯了 30000 次，发现它仍然不纯……可以说我推动了这种酶的表征。（XI，85）

这是一种渐进式的科学进步，包含第二章中典型操作的全部要素（见第二章），一边纯化标准提升了，一边技术也在同步进展。一言以蔽之，迪特里希所处的位置就是：“奇怪，很多人都在研究乙酰胆碱的降解，但很少有人研究它的合成……我是这种酶的世界专家（笑）……”他制造特定事实，有着特殊贡献，因此成功打入市场，凡是讨论这种酶的会议，他都受邀参加；凡是讨论这一问题的论文，他的论文都必被引用。就这样，他的小额储蓄得以转化为更大的收益。

为了用荧光方法在大脑中绘图，你需要一种单特异性的抗体，但为了得到这种抗体，你需要一种纯酶。我告诉过你，在我眼里，即使纯化了 3 万次，仍然不够纯，没有特异性……但休斯顿那儿有人说他有一种纯酶。

为了获得可靠（credible）的数据，他需要一种特定的铭文装置，它应该具备特殊的技术性能。很明显，如果噪声过多就无法保证数据的可靠性。现在，市场上有了纯酶需求。由于这不是非实体信息，不可远程交流，迪特里希不得不搬到休斯顿以便与 Z 合作。但这个项目以失败告终，因为 Z 的主张没有任何数据支持，他没有这种酶。不过迪特里希得到了其他更重要的资源，也在另一个专业看到了机会。

我一直对肽感兴趣……在这方面我受到了一些阻碍，我的老板不太好相处……另外我认识帕林，我也想去西海岸。

迪特里希成功拿到一笔研究金，以此为资金开始在索尔克研究所与弗拉沃共事。研究金是私人或联邦机构给研究员的预付款，研究员一旦证明其偿付能力便可得到这笔资金，随后以出版与事实产品间接偿还款项。“至少，我已经证明我可以独立工作，这是最重要的事情。”

因缘际会，帕林让迪特里希研究一个新课题，这比他之前的酶研究重要得多。换言之，同等的工作量在新领域的影响要比在旧领域大得多（就获得资金、被引用、被邀请参加大会而言）。当迪特里希与 S 合伙之后，德国为了吸引他回国，给出的空间、技术人员、独立性与物质材料优待日益诱人。“你看，我现在是多肽的专家，这时德国的多肽技术已经成熟，但没几个多肽专家。”（Ⅺ，86）研究所的机会比德国多，迪特里希得以进入一个更活跃的市场。他与 S、W 都有合作关系，这个简单事实便在声望与物质资源上为他赢得了很高的可信度。在研究所，迪特里希有机会接触通信网络与材料，可以获得技术员的协助，能够利用第二章描述的大量物质资源资本，他的投资获得了巨大回报，一是因为信用在研究所集聚，二是因为很多人需要这一领域的可靠信息。除此以外，迪特里希的德国国籍还有助他利用通货汇率：得益于他在美国的成就，迪特里希在德国的投资可以获得更高回报。但德国为他提供的实验室空间、技术员、独立性与赠款均不是酬劳，反倒都是物质资源，可以尽快再投资于新的铭文设备，生产新的数据、论文与事实。如果这些研究投资得不到回报，迪特里希就会丧失可信性。在这一点上，科学家的行为与资本投资者的非常相似。积累可信性是投资的先决条件，可信性积累得越多，投资者就越能获得大量回报，手里的资本也能进一步增长。[4]

再次重复，不能将获得回报视为科学活动的最终目标，事实上，回报只是可信性投资大循环中的一小部分。这一循环的本质是获得可信性，以便进行再投资，进一步获得可信性。科学投资没有最终目标可言，它只是不断地重新部署累积的资源。我们因此将科学家的可信性比作资本投资的循环。

两种形式的可信性之转化

纵观迪特里希的职业生涯，可知他必定经过精确复杂的利益计算，做出了一系列抉择，但这些利益的确切性质还有待探讨。如果我们认为献身科学只是为了获取回报，迪特里希显然已经破产了。他持续投资了十年，却几近无闻，每年被引量不到八篇，未曾获奖，也没交到什么朋友。但若将信用（credit）的概念扩大，使之包含可信性，就会看到迪特里希更成功的职业生涯。他资质优秀，用两套方法生产了可靠数据，现正供职于一个资本雄厚的机构，探索着一个新兴且重要的领域。因此，就追求回报而言，迪特里希徒劳无获，但身为可信性投资者，他却大获成功。

我们区分作为回报的信用与作为可信性的信用，不是单纯在玩文字游戏。信用的“回报”意义指分享奖励与奖项，象征同行对某人既往科研成就的认可；但信用的“可信性”意义指科学家实际从事科研的能力。第二章结尾谈到，陈述一旦有文献支持便无需继续引入模态，得以从主张转变为事实。可以认为，这类有适当文献支持的陈述可信，就像个人可信，仪器可靠一样。可见，可信性概念不仅适用于科学制造的特定物质（事实），而且可以解释外部因素的影响（如资金与制度）。于是，社会学家可以利用可信性将外部因素与内部因素关联起来，反之亦然。同一个可信性概念可以解释多种现象，例如科学家的投资战略、认识论理论、科学回报系统，以及科学教育，社会学家得以在研究科学时，不受阻碍地游弋穿梭于科学的社会关系的不同面向间。

若假定科学家是可信性投资者，而非回报狩猎者，便可考察他们如何转化不同形式的可信性，从而轻松地解释一些原本怪异的科学行为。可用四个案例清楚阐释这一观点：

（a）我算了一下我在实验室对这种物质的投资，但我甚至还没有一个好的方法测定它。如果雷设计不出这个测定，我就要解雇他。（XIII，83）

这里的投资指金钱与时间两方面的投入。投资者预期能得到数据形式的回报，用以支持即将发表的文章中的论点。测定负责人的价值既取决于测定的质量，也取决于测定产生的数据。一旦测定失败，雷不仅会失去可信性，同时也会失去他的投资与支持他论点的数据。因此，X警告雷（尽管是间接地）他也许职位不保。在这个例子中，生物测定数据是论点的必要支持；生物测定成功是雷威信的必要支持；雷的威信是其职位的必要支持；最后，必须有新论文支持X继续投资或偿还其投资。

（b）这个领域的高峰期已经过去了……的确，在P这样的实验之后，它蓬勃发展起来……很多人拥了进来，一段时间后，没有新成果出现，好像越来越不可能得到什么……人们期待太高，乃至不经任何实验就发表论文，全是猜测……然后，很多人在重复时，得到了否定结果……否定结果日积月累，挫伤了人们的期待。（VIII，37）

因此，包括P在内的一些人逐渐离开该领域。最初的实验引发了一小波淘金热，人们相继投资新领域，职业道路也随之改换方向。最初标准很低，没有必要进行实验。整个领域笼罩在兴奋之中，几乎任何主张都被认可。然而当硬数据开始流通时，大量命题相继破产。负面结果再次改变了人们的职业期望。

Y 谈到另一领域的某位研究员时说：

（c）我支持这个人早先的成果……当时很多人认为那是垃圾，现在，他成了他领域里的大人物……所以邀请我参加会议，这是我在另一个领域结识新人的好机会。（X，48）

Y 对另一位科学家主张的信任最终转化为受邀参加会议。此外，这份邀请提供了一个好机会结识他人，也可以了解新想法。这些信息随后可能转化为新实验。因此，信任他人的争议性数据也是一种资本投资。在这个例子中，这种投资可因其他科学家的地位（"他是个大人物"）得到回报。

K 与 L 正在贝塔计数器上计算样品。K 比 L 年长 15 岁。

（d）L：看看这些数字，还不错。

K：其实根据我的经验，没有超过 100 的时候就不好，是噪声。

L：不过这个噪声还蛮稳定的。

K：变化不大，但有了这种噪声，你就说服不了别人了……我是说那些优秀的人。（XIII，32）

如果我们是某些认识论者，就会期望数据的可靠性完全独立于个人在领域中所受的评价。评估数据时，不应如此明显地考虑说服的修辞手段，也不应受解释者身份与受众身份影响。但这个案例告诉我们，科学家经常将这些表面上毫不相干的问题关联起来。实际上，这些问题都是可信性单次循环的一部分，它们的关联可以用不同形式可信性的相互转化加以解释。因此，科学家同时看重数据质量、听众地位与自身职业战略不足为奇。[5]

图 5.1 阐明了可信性循环。可信性的概念可使金钱、数据、声望、证书、问题领域、论据、论文等相互转化。许多科学论研究仅着眼于循环的某个小部分，但我们认为科学活动的每个方面都只是投资与转换无尽循环中的一小部分。例如，若将科学家描绘为回报单一动机者，便只能解释一小部分观察到的活动。相反，若假定科学家追求可信性，便能更好地理解他们不同的兴趣，理解不同形式信用相互转化的过程。[6]

对可靠信息的需求

为充分理解可信性概念相比于回报概念的效力，有必要区分两个过程，其一是给予回报的过程，其二是评估可信性的过程。回报与可信性本质上都来自同行评价。因此，即便是颁发诺贝尔奖，同样取决于在职科学家的各种意见、建议与评价。不过，这些评估性意见在实验室内呈现什么形式？有两个特征非常明显：第一，科学家的评估性意见不区分科学家个人与其科学主张。第二，这类评价的要旨在于评估能投资主张的可信

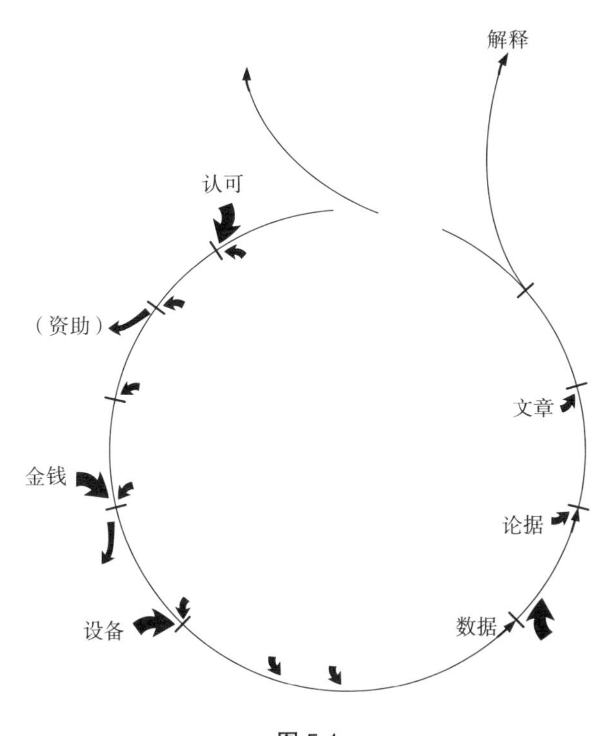

图 5.1

该图展现了一名科学家在科学场域移动时所需的资本转换。如图所示，我们当前分析的是完整的循环，而不是某个特定局部。就像货币资本一样，操作是否有效主要看转换的速度与规模。还应该注意到多种研究路径所用术语（例如，经济学的、认识论的）都被统一到了这个单一的循环过程之中。

性，会否得到回报则微不足道。下面的例子就很好地说明了这一点：C与帕里恩在生物实验室，C要求格伦合成一种肽，另一位同事T曾声称这种肽比内啡肽更具活性。当肽的注射器准备好后，C准备给手术台上的一只大鼠注射：

我敢打赌，肽不会有任何作用……这是我对朋友T的信心。（C捏着注射器，对着大鼠说）好的，查尔斯·T，告诉我们结果吧。（几分钟过去了）看，什么也没发生吧……如果硬说有什么的话，大鼠更僵硬了（叹气）。啊，我的朋友T……我去了他在纽约的实验室，看了他的记录……后来拿去发表了……让我感觉不太舒服。（V，53）

这一事件强调科学家经常混淆同行个人与其研究物质，认为提议与提议者的可信性一致。如果物质对大鼠产生了预期作用，T的可信性将会提高。反过来，如果C更信任T，就会因当前结果而诧异。下面的例子尤其说明了这一点：

上周，我的声望非常低，X说我不可靠，我的结果也差，他对我印象不好……昨天，我给他看了我的结果……好家伙，现在他非常友善，说对我印象深刻，我将因此得到很多荣誉（credit）。（XI，85）

一个在职科学家最关心的问题不是“既然我认可他写了一篇出色的论文，那我是否还清了人情？”，而是“他是否足够可靠，值得相信？我可以相信他（她）的主张吗？他是否会向我提供确凿的事实？”可见，科学家彼此感兴趣，并不是有一个特殊的规范体系迫使他们承认彼此的成就，而是因为每个人都需要对方来生产更多可靠的信息。

我们说科学家需要可靠信息，这一观点不同于两个颇有影响的科学交换系统模型。两模型分别由哈格斯特龙（Warren Hagstrom）[①]（1965）与布迪厄（Bourdieu，1975b）提出。两模型显然都受到了经济学的影响。哈氏借鉴了前工业社会的经济学，将两位科学家的关系描绘成礼物交换，但他认为科学家从不明确表达交换的期望：

> 库拉商人慷慨大方，并不意味着他不期望得到礼物回报，同样，科学家公开否认其期望科学贡献有所回报，并不意味着这种期望并不存在。（Hagstrom，1965：14）

但我们观察到的很多情况显示，科学家明确提到了交换期望。没有迹象表明我们的科学家必须保持虚构的慷慨形象，不期望任何礼物回报，因此认为科学家是礼物赠送者的基本论点似乎不成立。事实上，我们可以抛出哈氏自己提过的问题：

> 不过，既然在大多数现代生活的其他领域，尤其是最“文

① 默顿学派代表人物，1965 年出版《科学共同体》（*The Scientific Community*）一书，提出科学共同体中，科学家同行是最主要的社会影响来源。

明”的领域中，送礼基本是已经过时的交换形式，为什么还要在科学领域中强调送礼呢？（Hagstrom，1965：19）

哈氏没有解释这么陈旧的传统为何还在科学界保留，而只是说同样的现象在其他专业领域也很明显，他认为这些专业领域：

十分依赖高度社会化者有能力不受正式控制独立行动，相比于以物易物或合同交换，礼物交换（服务规范）尤其适用这类体系。（Hagstrom，1965：21）

可见，哈氏认为古老的礼物交换系统发挥了维护社会规范的核心功能。换言之，他将古代的夸富宴制度看作支持核心规范系统的手段，甚至连科学家们的出版策略，也成了因遵守规范而参与礼物交换的表现：

科学家想获得社会认可，这种欲望促使他们遵守科学规范，将自己的发现贡献给更大的共同体。（Hagstrom，1965：16）

科学活动受规范制约，执行规范需要特殊的送礼制度，但科学家却从未谈起过这个制度，其实如果他们否认想得到回礼，反倒证明他们严格遵守了规范，训练非常成功。在这里，哈氏用规范解释科学的交换体系，但无法在经验上加以证实，他本人也承认这一体系令人费解、自相矛盾、过时已久。

为什么哈氏解释科学家之间的关系时要类比原始交换？我

们的印象正好相反——在实验室里，信用不断投资、转化，这反映了现代资本主义的典型经济运作过程。哈氏惊讶地发现，科学活动中不存在明显的金钱交易现象，但这不足以导向一个旨在维护规范的模型。科学家是因为尊重规范而阅读彼此的论文吗？一个人读一篇论文，是为了迫使作者也读自己的文章当作回报吗？哈氏交换体系像一个虚构童话故事：科学家无论是阅读论文还是感谢作者都是出于礼节。接下来我们用一个科学交换的例子，说明这一观点复杂无益。

研究糖尿病的主要困难之一在于，难以区分胰岛素与胰高血糖素对糖尿病患者血糖水平的影响。换言之，胰高血糖素的作用无法抑制，它的“噪声”难以消除，胰岛素作用研究一直因此受阻。但在1974年，一种被称为生长抑素的新物质被成功分离出来（在一个与糖尿病研究完全不相关的领域），人们发现它可以抑制生长激素与胰高血糖素的分泌（Brazeau and Guillemin，1974）。生长抑素立即被引入糖尿病研究，用于降低胰高血糖素的作用。

生长抑素（抑制GH释放的激素）的发现或为客观评价胰高血糖素对糖尿病的影响开辟了道路。很快，糖尿病患者的胰高血糖素分泌可能就被彻底抑制。

这段话出自一位临床医生，他指出了胰高血糖素的潜在重要性。如果此时有人告诉医生，说他知道胰高血糖素抑制物质的结构，医生一定会猛地抓住此人的衣领。为什么？因为医生心里涌起感激之情，非得回报此人不可？或者因为医生觉得对此人欠下了恩情？都不是。临床医生的激动全因他的才能而起，他一旦得到新信息，就可以冲向工作台或病房，制定一个新的科研方案，因为现在他能控制铭文装置的一个噪声来源。临床医生没有义务将功劳让给这则信息的提供者，甚至不需要引用他的论文。对科学家来说，最紧要的是使用已知信息产生新信息，随后而来的认可只是次要考虑。

布迪厄在他的科学交换模式中类比现代商人（而不是前资本主义的经销商与贸易商）分析科学家的行为。由于他有研究其他领域交换系统的经验，所以科学交换中没有金钱交易并不妨碍他的分析。在布迪厄（Bourdieu，1975b）看来，经济交换可以包括货币以外资源的积累与投资。他使用符号资本的概念，从现代资本主义的角度描述了教育、艺术等领域的投资策略，甚至还从象征性（而不仅仅是货币）资本积累的角度分析了商业战略。与哈氏不同，布迪厄（Bourdieu，1975b）并不试图用规范解释科学家的行为。规范、社会化过程、偏差与回报是社会活动的结果，而不是其原因。同样，布迪厄认为无需构筑特设性解释，根据经济学其他更一般的规则足以研究科学。于是在他眼里，为了使象征性利润最大化，投资者采取了一系列策略，这才是他们参与种种社会活动的原因。

> 科学领域是竞争性斗争的场域，具体来说，人们想夺取科学权威的垄断权力，这一垄断权力既包含技术能力也包含社会权力。（Bourdieu，1975b：19）

布迪厄认为，科学投资者的战略类似于其他商业战略，但他没有解释清楚为何科学家对彼此的工作感兴趣，而只是断言：

> 用弗雷德里克·赖夫[①]（Fredrik Reinfeldt）的话来说，每个符号商品生产者都生产着“不仅自己有兴趣，对别人也重要”的产品，他们得到了特定形式的利益，但也遭遇了以同样手段进行生产并获得利益的强劲竞争者，于是，特定利益之间的无政府式对立日益转化为一套完整的科学辩证法。（Bourdieu，1975b：33）

布迪厄没有讨论科学生产的内容，只是同义反复地解释科学家利益，所以他的论证更显单薄，特别是他尚未分析技术能力与社会权力的关联方式。这种解释上的缺憾在“高级时装”（Bourdieu，1975a）研究中可能尚不明显，但在科学中却显得荒谬。

无论是布迪厄还是哈格斯特龙都无助于我们理解科学家为何有兴趣阅读彼此的论文。他们二人分别使用了资本主义、前资本主义的经济模型，但都没有考虑到需求，二人因而未能妥善处理科学生产的内容。正如卡隆（Collón，1975）所言，经济模型只有说明了科学内容才能解释科学。哈格斯特龙与布迪厄提供了一则有益解释，帮助我们将信用再分配看作分享过程，但在理解价值生产方面，他们的观点帮助不大。

让我们假定科学家是可信性的投资者，他们最终创造了一

---

① 瑞典经济学家、政治家，温和党领袖，第32任瑞典首相。

个市场。正如前文所述，其他研究者可以利用信息进一步生产信息，使已投资的资本产出回报，所以现在信息就有了价值。信息或可提升投资者铭文装置的能力，所以他产生了信息需求，与此同时，有其他投资者可以提供信息。供求关系创造了商品的价值，这一价值围绕供应、需求、研究者数量与生产者设备持续波动。科学家会考虑市场波动的情况，将信用投资在回报可能性最大的地方。对市场波动的评估不仅解释了他们为何提到“有趣的问题”“有价值的课题”“有效的方法”与“可靠的同事”，而且回答了他们为何不断跳进不同问题领域，开展新的合作项目，视情况变化支持或放弃假设，转换研究方法，这一切都是为了延长可信性循环周期。[7]

不可简单认为这一市场模型的核心特征是为追求通货而交换商品。实际上，在制造事实的初期阶段，由于科学家个人尚未与其主张脱钩，所以他难以简单地通过交换信息获得回报。那么，在这个科学活动经济模型中，什么是购买行为？我们的科学家极少使用正式信用评估行动成功与否。例如，他们对自己的论文被引量知之甚少，通常不关心奖金的分配，对功劳与优先权问题也仅略感兴趣。[8]实际上，他们不是简单地用通货衡量回报，而会使用更微妙的手段计算成功。每项投资的成功标准都是它在多大程度上促进了可信性的快速转化，推进了科学家可信性的循环周期。例如，一项成功的投资可能意味着：有人会给科学家打电话，他的摘要被接受，有人对他的研究感兴趣，他更容易被人相信，人们更专注地听取他的意见，有人给他提供更好的职位，他的测定工作顺利，他的数据流动更可靠，他的可信性有所提升。市场活动的目的在于延长并加快整个可信性周期。那些不了解科学日常活动的人想必觉得这种科学活动的描述古怪得很，除非他能意识到信息本身很少被“购买”，被“购买”的其实是科学家生产某种信息的潜力。科学家之间的关系更像小公司之间的关系，而不是杂货商和顾客。公司衡量成功的标准是其业务的增长与其资本流通的强度。[9]

使用该模型解释实验室科学家的行为之前，必须强调这一模型完全不受科学家动机所影响。用回报概念解释科学家行为时，如果科学家未明确表露对功劳与认可的兴趣，便要假设他们通常会隐藏真实动机。相比之下，可信性模型能够容纳各类动机，因此，再无需怀疑受访者在访谈中表露的动机。科学家可以自由地表达兴趣爱好，他们可以说自己想解决困难问题，希望获得终身职位，渴求减轻人类痛苦，热爱操纵科学仪器，甚至立志追求真正的知识。动机表述的差异可能由心理构成、意识形态氛围、群体压力、流行风尚所致。[10]但可信性循环是单一循环，一种形式的信用可以转化为另一种形式的信用，因此科学家是坚持把可靠的数据放在第一位，还是最看重资历或资金，都无关紧要。无论他们选择强调循环的哪一部分，将哪一部分视为投资目标，他们都必然要经历其他所有部分。

战略、位置与生涯轨迹

本章第一部分，我们讨论了科学家的投资，把他们描绘为可信性投资者。现在，我们将尝试使用可信性概念单独讨论本实验室的科学家。

个人简历

科学家的简历（C.V.）就是一张资产负债表，写着他（她）至今全部投资的情况。一份典型简历包括姓名、年龄、性别、家庭信息及其他四项内容，每项都对应可信性的特定含义。例如，在“教育”一项中可以看到：

1962　温哥华，科学与农业，学士学位
1964　加拿大，温哥华，理科硕士学位
1968　加州大学，博士学位（细胞生物学）

这一连串学历便是所谓的科学家资格认证（accreditation）。它本身并不能确保某人是科学家，但确实让他获得了游戏资格。套用投资术语可以说此人有投资必备资格证。科学家大量贷款纳税人资金（有时是私人资金），投资教育与科学培训，得到这些证书作为正式回报。当然，资格证书上的日期、地点和专业很重要。比如，

霍格兰博士拥有哥伦比亚大学的学士学位，麻省理工学院的硕士学位与哈佛大学的博士学位。（Meiter et al., 1975：145）

这些资历比上一个例子更令人印象深刻（Reif，1961）。同样，如果一位科学家的博士考试科目包括细菌遗传学，他在申请加入需要该领域专业知识的团体时显然更具优势。科学家的资历是时间、金钱、精力与能力多种投资的成果，是他的文化资本。我们实验室的科学家与技术员加在一起共获得超过 130 年的大学与研究生教育。

博士一类资格并不能区分科学家，因为几乎所有科学家都拥有这类资格，“职位”这第二项内容更为重要。

1970　科学院，助理研究教授

1968—1970　大学（河滨市），博士后化学研究员

1967—1968　大学（河滨市），助理研究员

这些信息不仅表明一个人可以加入游戏，也意味着他其实技术不错并获得了职位。同样，简历记录了其人所有补助与奖励情况：

（1）AΩA，胡佛医学会，亚利桑那州的阿尔法分会

（2）学者奖学金

（3）亚利桑那州医学生研究奖

1965 年—1969 年公共卫生局内分泌学培训班

公共卫生服务博士后研究金

可以把奖助情况看作一句陈述，它告诉我们科学家已经获得了

多少投资，继而加强了他资格与职位的可信性。列出个人工作过的实验室里指导者与负责人姓名也能增加可信性：

1973—1975　访问化学研究员，汉卡·O. 内森实验室，海法大学化学部

1966—1968　博士后研究员，担保者：克尔凯郭尔·N.O.，丹麦哥本哈根大学微生物研究所

科学家将这些人与可提供推荐信的推荐人列入简历，说明已经建立的关系网构成可信性重要来源。审核人可以根据这些姓名确定一位科学家所处的关系网络，知晓有谁能确保他的能力。

当然，这些都不足以说明一位研究者的特殊性，重要的不是科学家的学术职位（或任命），而是他在研究领域的位置。审核人可能想了解该科学家已经解决哪些问题，熟悉什么技术与专业知识，将来可能会解决哪些问题。但简历中学术职位经常与领域位置混为一谈：

职位

1962—1964　吡咯化合物合成，X 州学院

1964—1965　新人化学实验室负责人，斯坦福大学

1965—1969　生物碱的分离与结构阐释，斯坦福大学

1969—1970　晶体学，斯坦福大学

1970—　助理研究员，X 研究所

前四条表明简历人在极有声望的学校（机构）进行研究，最后一条则是他转换信用积累最终获得的学术职位。

出版物是衡量科学家战略位置的主要指标。共同作者的姓名、文章的标题、发表过的期刊、发表数量共同决定了科学家总价值。一旦审核人读完简历，收到推荐信，就会根据科学家个人价值决定是否予以其终身职位、拨款、聘用，或只是决定是否与其合作研究项目。因此，我们可以把简历比作一个公司的年度预算报告。

本实验室成员以前积累的资本很少，因为他们在成为实验室小组一员以前只发表了少量文章。其中，11 位科学家只发表了 67 篇论文，而且当中一半都是同一位同事的研究成果，他在我们研究结束时便已离开实验室。除此以外，成员们来到实验室以前也很少担任学术职位，除一人外，其他成员此前都是博士后研究生。因此，实验室成员提供的资本更多是可信性承诺，并不是他们已经积累的资本储备。

位 置

科学家会在不同位置间切换，并试图占据他们眼中可行的最佳位置。但我们尤其要注意，每个位置同时包括学术级别（如博士后研究员或终身教授）、专攻方向（正在解决的问题的性质、使用的方法）与地理位置（特定的实验室、同事的身份）三方面。这个三方面的位置概念对理解科学家的职业生涯至关重要。如果分析者不同时考虑三个方面，便有可能仅用概念表述一个领域（一个问题导致了其他问题），脑海中还可能冒出个人与行政力量斗争的画面，抑或是构建一个政治经济学结构，将机构、预算与科学政策视作分析重点，但这些解释均无法捕捉三种位置的统一性。

在场域[11]中，我们目之所及的不是或多或少有趣的问题，反而是雄心勃勃想要大展宏图的个人。尽管如此，个人策略不过是场域力量的要求。因此，位置的概念非常复杂，它指向个人策略与场域构型的交叉点，无论是场域还是个人都不是独立变量。我们可以打个战争的比方来说明场域：[12]

一个小土丘本身没有重大战略意义，但若这附近爆发了一场战役，土丘**可能**就有了特殊意义。它一度只是地景的一部分，现在却成了一个潜在的**战略要地**。土丘之所以具有了战略意义，只因一位战略家分析了战场与其他部队的位置，权衡了战斗人员的相对实力，发现土丘或可提供作战机会，以便成功袭击敌军某战线。突然之间，土丘意义重大。战略家认为此乃非同寻常的战机，他激动不已，开始调动麾下军队，预期一旦占领土丘便能给敌军造成毁灭性打击。因此，他企图抵达并占领土丘，这一行动成功与否要视战场别处的情况而定，也取决于己方部队的实力，还受战略家指战能力与危险评估的影响。一旦他抵达目标土丘并将这个无辜之地转变成战略支撑点，战场上的压力就会旋即改变。其他人或将竭力迫使他撤退，他能否成功防御还取决于他的过往表现，他所掌握的资源（人员、武器和弹药），土丘提供的资源（更好的能见度、主导形势、岩石等），以及他能否充分利用这些资源。同理，科学场中的某一位置也是多种因素综合的结果，受科学家职业轨迹、场域现状、科学家手中资源、科学家已投资位置的优势所影响。

我们经过访谈得知，科学家所用策略非常契合上述类比。在我们这个实验室里，科学活动包含一个竞争性场域，在这个场域里：事实被制造出来，主张无效，假象解体，证明与论点被推翻；科学家事业被毁，风评被害。但场域只在科学家能感知到的范围内存在，至于这种感知的确切性质，则取决于科学家的初始位置。他们一再告诉我们，“我对这个技术，这个领域，这个人感兴趣”，或“我意识到我对这个感兴趣”，或“我看到了一个机会”，凡此种种。受访者描述自己如何掌握特定方法、特殊铭文装置，然后把它们带到一个特定地方，他们在那儿提出观点并发表。采访中我们反复听到，“它不起作用”，或是一个受访者“毫无进展”。受访者讲述他们在场域中漂移，直至找到工具、方法、合作者或有效想法，然后他们在场域中的处境便会迅速改变。此后，一则陈述一旦被他们否定，其他人便也不会采纳。他们变得强大，变得重要，日益吸纳更多资金，吸引更多助手，是他们在生产论点，**这个场域围绕他们的新位置进行了调整**。

下面我们以吉耶曼在释放因子领域的经历为例，说明科学活动中的战略。吉耶曼初次涉足释放因子便察觉关键在于建立可靠的 TRF 生物测定。确定这一战略后，吉耶曼开始发动同事探索可靠的测定方法，并把握住一个机遇获得了一位女士的协助，她的技术与吉耶曼的目标完美匹配。很快，他开始获得可靠数据，就此击溃了一些现有主张，他推测 TRF 存在，旋即得到他人认可。迪特里希也是一样，没有抗体就无法绘制大脑图谱，要想得到抗体则需要分离出纯酶，所以他决定前往另一个国家与拥有这种酶的研究者合作。迪特里希之所以这样做几乎完全因为他想投资一个特定位置。

很明显，社会学因素（如地位、等级、奖项、既往认证与社会情境）只是资源，科学家利用它们争取可靠信息，增加可信性。如果说科学家一边从事硬科学的理性生产，一边进行资产与投资的政治计算，充其量只是一种误导。他们其实是战略家，瞄准最佳时机参与富有潜在成效的合作，伺机冲向可靠信息。访谈中我们发现，边缘问题无法激起他们的兴奋与好奇，他们会将政治能力投资到科学的核心。科学家只有集政治家、战略家为一体，才更能取得了不起的科学成就。

不过需要注意，我们始终在相对意义上讨论位置概念。换言之：第一，但凡没有场域或一系列参与者策略，位置便毫无意义。第二，场域本身不过是位置的集合，参与者会对这些位置进行评估。第三，只有在特定场域内，且只当参与者的策略与其他参与者感知的位置发生关联时，这一策略才具有意义。[13] 尽管行动者往往认为位置是“外在”的存在，只等着他们去占据，我们却不能这样物化位置的概念。其实一直以来，行动者意欲夺取的位置本质上都是场域内谈判的焦点，正因为谈判持续进行，行动者争夺位置时才会感受到来自场域的限制。将位置视为可供占领之处，只是一种事后定义。“G 占据了一个位置”不过简略概述了我们的回溯性理解，它其实包含了 G 如何决定该场域的构型，如何运用个人资源，如何选择个人职业。

因此，场域位置的回溯性认知只有联系场域才有意义。当然，科学家本人可以在事后谈起自己对特定位置感兴趣，以此解释他为何要占据这一位置。[14]

轨　迹

科学家们的职业战略十分单一，可见他们的投资也是千篇一律：

> 我研究了这个问题。我遇到了马多克斯博士，开发出这项技术，发表了这篇论文，接着在这里得到了职位，与斯威策相遇，我们一起发表了这篇论文。我决定转到这个领域。

科学家的职业生涯由他连续占据的一系列位置组成。我们可以设计一个资产负债表，用以评估科学家从一个位置转到另一位置的收益，利用他们的初始信用（文化资本、社会资本、业务活动）与后续投资位置描画其职业生涯。除此以外，表格记录下他们每次职业变动后的可感收益与粗略影响指数（每次变动后发表的单篇论文引用次数，见第二章）。因此，资产负债表上每一行都代表了一次变动，一次位置的改变（表 5.1）：一个人可以去另一个实验室继续研究原来的课题，延续他原本的学术级别，他也可以留在实验室研究另一个问题，抑或是继续同一个研究计划，但改变他的学术级别。科学家每一次位置变动都要动用初始资本与过往变动产生的收益。由于资本可被浪费，

表 5.1

	学术级别	专攻方向	地理位置	收益
	无	无	伯尔尼	医学博士
	研究生	无	慕尼黑	培训
1968	=	神经生理学	X 的实验室	训练
1970	终身职位	酶纯化	=	博士后与终身职位
1972	=	酶的分离	=	成为专家，受邀参会
1973	=	=	美国休斯敦，Z 的实验室	=
1975	=	脑肽	加州，弗拉沃的实验室	=
1976	=	=	=	因为与弗拉沃、C 共同研究了肽而闻名遐迩
1978	正教授	=	德国，实验室主任	=

表 5.1 是迪特里希位置变动的资产负债表。每一行对应一次变动，三种位置至少有一种会发生变化。每一列对应迪特里希职业轨迹的一种位置维度。最右一行记录了迪特里希每次位置变动后产生的收益。“=”代表“同上”。

个人账户有时会陷入亏损。例如，斯帕罗带着生物化学博士学位与推荐信加入了实验室。这样的资历只到平均水平，但他的首篇论文却是一笔极好的投资。他合成了一种释放因子，然后不断被引用，主要因为该因子涉及医学极其敏感的领域（如不育），而且它的合成对节育有重要影响。换言之，数百个实验里的一众研究者都需要这个新合成物。斯帕罗的六位合作者将部分资本（以仪器、专业知识、空间与可信性的形式）借与他，这样一来他的独有贡献便很难界定。他在这个领域待了四年，继续合成同一物质的类似物，但收益越来越小。（截至 1976 年，他随后的七篇论文，每篇论文的引用次数分别为 0、0、10、4、3、2、0。）为了独立开展研究，他决定改换研究方向。但他没有意识到，他的大部分资本都与先前位置绑定，都源于对其合成的特定释放因子的需求。结果，他突然发现自己争取不到研究场地或补助金，可信性也不比从前。可见，他改变位置时没能成功转换可信性储备，因为它们并不适于转化。后来，他被研究所解雇，又试图利用科学资本换取教学职位，或进入化学工业工作，必须从此彻底放弃提升科学可信性的机会。他离开了可信性循环，清算了科学投资。

比较两条发展轨迹即可充分说明位置的重要性，其一是在生涯初期便进入实验室的科学家，其二是短时间内离开实验室的科学家。根据每篇论文发表三年内的引用量，我们比较了五位科学家的生产力，发现他们在进入实验室之前、逗留实验室期间、离开实验室后，生产力存在明显差异（表 5.2）。五位科学家显然都从实验室研究中受益，但其中四位离开实验室后，便无法再投资或兑现其可信性。其中一人得到了更好的研究职位，但之后发表的东西再没被引用，另外三人不得不清算资产，改行教书或改做生意。就可信性而言，上述举措自然代表了糟糕的投资。但如果考虑金钱或安全，收益可能很大。最后一人获得了终身研究职位，他拥有独立资本，加上在实验室工作得够久，得到终身职位无可厚非："毫无疑问，这对我帮助巨大。"（Ⅳ，98）

表 5.2

科学家	进入实验室以前	实验室期间	离开实验室以后	变动
G	0	13	0	做生意
S	0	8	0	教学，做生意
F	2.5	36.6	0	更好的研究岗位
U	0	10	0	工业
V	14	22	–	更好的研究岗位

小组结构

就事实生产而言，可认为一小组由若干轨迹交织而成。因此，可从成员移动、投资的积累入手，理解小组组织。轨迹交织而成行政职位的等级体系。我们实验室小组拥有一个几近完美的金字塔行政体系。15 名低级技术员构成塔基，其上是 5 名高级技术员，再上是 8 名专业研究员（博士）。这里面包括 5 名助理研究员、2 名副教授与 2 名正教授（兼任主任）。[15]

上述行政职位对应的社会学功能，直接关系到各职员在事实制造中的角色。第二章中我们看到，释放因子领域既属资本密集型，亦属劳动密集型。信息需从生物或放射免疫测定中获得，这类测定通常每次占用几个人数周时间。第三章中我们看到，为解决测定工作的一些困难，一个地方需积累大量的劳动力、技能与设备。部分工作使用劳动力节约型机器（如自动移液器与自动计数器），实现了自动化。大多数工作需技术员负责，生产数据供科学家论证使用。

技术员的地位由其所涉操作决定，随其参与程度与操作范围而变。只负责清洗玻璃器皿的技术员，其地位明显低于负责一个完整工作过程的技术员，比如负责多肽测序埃德曼降解法的技术员；也低于使用整个铭文设备的技术员，比如使用核磁共振光谱仪或放射免疫测定的技术员（见第二章）。位于中间层级的技术员专门从事一项或多项常规工作，比如照顾动物或移液。

但是上述层级区分并不总是如此清楚，特别是技术员承担科学家部分责任时。例如，一位署名发表了论文的技术员布莱恩说道：

> 我在分离化学上懂得比 X（一位科学家）多。（在被问及为何打算离开小组时，布莱恩回复）我想我在这儿已经到头了……是的，我热爱科研，我真的很爱这件事，所以才会来这儿……但我现在到顶了。我没能力去拿个博士学位。

问：是没能力还是没有可能性？

答：没能力……要做研究你得有想象力、原创性……我达不到那个程度……人已经够多了，我怎么可能现在，在这个地方拿到博士学位呢……它不像钱。我比Y的工资高……而且，我也不想当一名超级技术员……是这样的，你知道有人拿了博士学位也不做任何脑力工作的……我在这儿能看到不少超级技术员……可能跟智商有关，我没有做研究的智商；我不想在这拼个几年拿了博士学位，然后只是当个超级技术员。（Ⅳ，88）

技术员不像科学家，他们通常不具初始可信性资本（博士学位），可用以进一步提升可信性。尽管比起兑现、再投资科学可信性，技术员对工资更感兴趣，但他们也热切关注功劳的分配，在意致谢的话。用经济学术语形容，即：技术员更接近工人而非投资者。工资可偿付其劳动，但无法为其提供投资资本。这不否认技术员可使用各种策略提升其地位，比如转去另一个实验室。但这类转移不可能为其争取到与拥有博士学位的投资者同等的地位。这就是为什么在我们研究期间，至少五名年轻的技术员离开了实验室，选择攻读博士学位。技术员希望在拥有这个初始资格后，其工作就既能赚到工资，又能增加可信性，从而进行下一步投资。[16]

布莱恩将“超级技术员”看作只为他人执行常规工作的合格科学家。事实上，他认为博士学位没什么用处，因为许多拥有博士学位的科学家大部分时间也在做技术员工作。对布莱恩来说，投资几年的辛苦努力从技术员转为“超级技术员”，并不值得。那么，超级技术员博士有何特点？

实验室八位科学家的引文历史明显有别。当中三位平均每年有150次被引，其余各位年均被引量约为50次。如果看个人出版物的被引谱，这种被称为“大联盟与小联盟”（major and minor leagues）的科学家群体，两相差异便更为显著（Cole and Cole，1973）。对每篇一年被引用两次以上的论文，频谱都揭示其被引程度。因此，被引谱表明了科学家职业生涯的跨度、努力与成功的重新分配、单篇论文的过时程度。例如，F的被引谱（未显示）表明其被引均来自同一篇论文。至于A，尽管总被引量较少，却有一个健康的频谱（未显示）。这一差异体现了领导者（大联盟）与超级技术员（小联盟）之间的区别。平均而言，小联盟成员的工资比技术员高，且往往是论文的第一作者。他们的论文被引用了，但这种少量的可信性不足以为其提供资源，比如独立的空间或资助资金。就这样，小联盟成员在文献中提出了观点，也产生了数据。但是，数据的制造通常源于大联盟成员的决定。小联盟成员建立起复杂的生物测定，合成了多肽，并应要求与他人合作。这些为其提供了撰写论文的机会，但主要的行动者是那些率先建立多肽生物测定，或最初让合作生效的人。1970年至1975年期间，4位大联盟成员作为第一作者写了100篇论文，随后几年里平均每篇获得8.3次引用，而8位小联盟成员只写了70篇论文，平均每篇获得7次引用。[17]

层次结构的另一关键特征在于，某人的层级取决于其不可替代性。由于人们认为信息的价值由独创性决定，科学家在层级中的地位越高，也就越被视为难以取代。人们认为，超级技

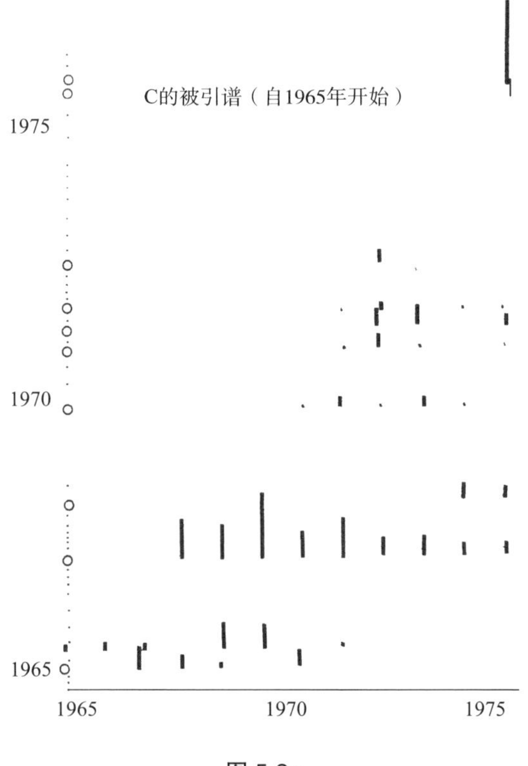

图 5.2a

图 5.2a；5.2b；5.2c 被引谱更精细地反映了科学家研究的接受情况，其中包括科学家作为第一作者发表的文献篇数，以及每篇文献被引数所表示的影响力。每篇文章都根据发表时间，以点的形式被标注在纵轴上，如果它后续被引用两次以上则以圆圈表示。图中的黑色竖块表示每篇文章特定年份（被标注在横轴上）的被引数（来源：科学引文索引），竖块越长，被引数越大，于是我们得到了单篇文章的被引历史。被引谱总结了科学家的职业生涯。如图 5.2a 所示，C 在 1967—1975 年间的论文表现较差。如图 5.2b 所示，B 近期发表的论文没有引发太多关注，可见他的成果正快速过时。相反，如图 5.2c 所示，E 有一个健康的被引谱，他近期论文的被引量都很可观。

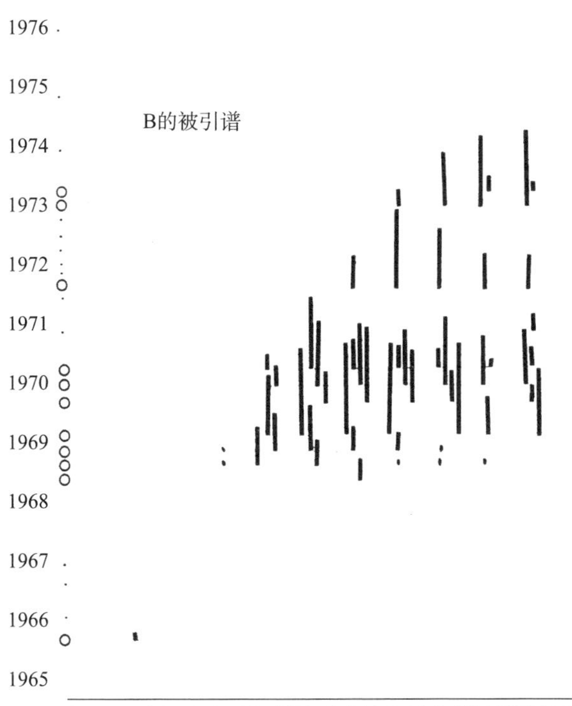

B的被引谱
1976
1975
1974
1973
1972
1971
1970
1969
1968
1967
1966
1965
1965 1966 1967 1968 1969 1970 1971 1972 1973 1974 1975 1976

图 5.2b

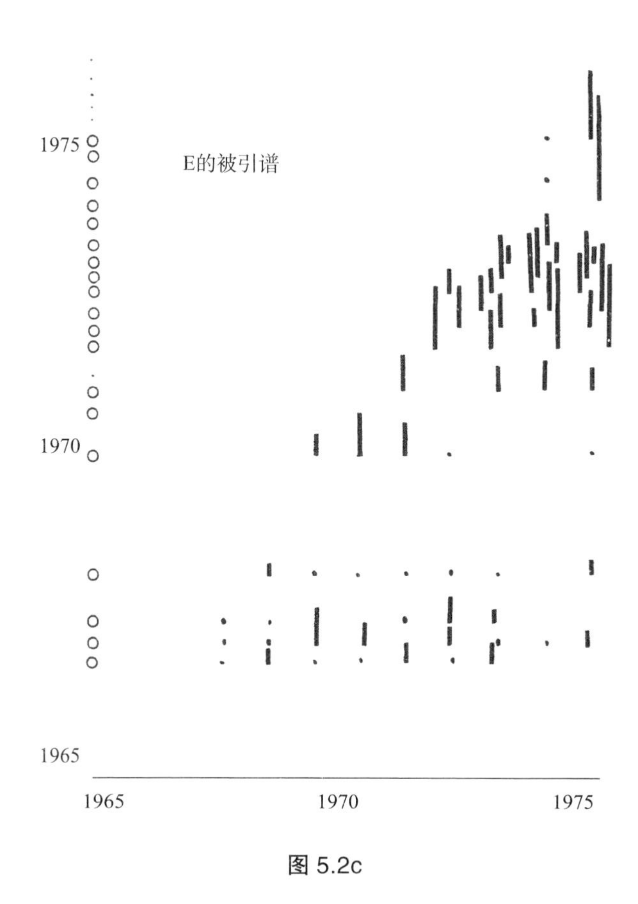

图 5.2c

术员比合格技术员更难取代，合格技术员又比普通职员更难取代。不过，洗玻璃的人与园丁都可以改换，且不影响事实制造过程。例如，就即将离开实验室的超级技术员之一，某大联盟成员评论道："自然，我们得雇个懂合成的化学家。"

对这位大联盟成员而言，另一个人也能像离开的化学家一样，合格履行提供物质的职能。同时，其认为自己的工作相当不同：如果没了她，新信息会减少。[18] 很难用投资有效总结八名小联盟成员的职业生涯，因为超级技术员主要是为别人工作，往往也不会获取大笔资本。相反，他们无力购买位置或拨款，不过可将其技能借给研究者，换取一个安全位置与一些非物质满足。因此，他们以类似于高级技术员的形式在市场上流通。其不因独创性被雇佣，而需依靠某研究员推荐，证明其能可靠地提供另一研究员需要的某些数据，以便后者提出新的观点。

实验室的领导人必须生产原创信息。其中的一位主任，可以雇用技术员与科学家在其手下工作。他有足够的可信性资本，不必再直接投资于实验台。他是一位卓越的资本家，因为其无需亲自参与工作便能看到资本大幅增加。他是一名全职投资者，不生产数据，不提出观点，而是努力保证研究始终处于潜在回报领域，确保可靠数据的生产，为实验室争取到更多功劳、资金与合作机会，推动可信性在不同形式间尽快转化。

小组动态发展

为了解该小组的动态发展，我们整理了成员简历与访谈，重新梳理了小组投资史。偶尔，人类学家有幸目睹部落解体，随后建立新定居点，得以窥见常规活动时期尚很隐蔽的行为规则。我们在实验室开展研究时，碰巧正值小组解散与新研究合同谈判。不过，我们先简单看看小组在研究开始之前的情况。

1952 年至 1969 年期间，C 占据一个独特位置——释放因子领域，据此积累了大量可信性资本。该位置既遵循 C 提出的方法（这些方法约 25 年后仍在被使用），又采用 C 强加的一套严格标准（第三章）。C 因此被选为科学院院士，所获资助规模日益增长，还设法说服了一位事业有成的化学家（B）加入该小组。同时，C 培养了两名年轻学生，他们先后成为 C 的博士前、博士后同事。1969 年，C、B 合作有了回报，他们解决了一个结构问题，小组因此声名鹊起。C 还投入大量精力，分离出另一种与节育问题有关的物质。此时有可能建立一个全新的实验室，人员将增加三倍，拥有被称为“世界上最好的设备”。C 进行中研究的结果潜力很大，他现在可信性很高，再加上小组大获成功，这一切都有助于在研究所内设立一个新定居点。

1969 年至 1972 年期间，小组的被引量增加了。B 因化学方面的贡献获得了大量可信性，成为一个新实验室的负责人，拥有一个由三名高级化学家组成的团队。E 既受益于在一个大型生理学小组的研究经历，也在非正式领导两个（后来是三个）研究员小组时积攒了经验。他在新表征物质作用方式与类似物上贡献不小，因此在领域中的地位上升了。整个小组如同一条生产一系列新结构的流水线。人们偶然发现，生长抑素的合成对治疗糖尿病有重要作用，这一结构很快成为小组可信性的新来源。C 因这项工作获得了一些回报，受邀参与了几场演讲，B、E 则获得了他们眼里更重要的回报：可信性。虽然 C 没做什么实验台工作，但他花了大量精力用资助金聘请他人工作，从而维持、扩大实验室的生产活动。因此，C 与他人之间形成了一种“联合账户”的关系。C 日益成为该小组的知名领导者，不再事必躬亲，其论文被引量也逐日减少（见图 5.3）。

1972 年至 1975 年期间，由于新物质制造上进展不够，该小组的内部结构出现变化。有几位科学家离开去了其他地方。例如，B 发现其化学方面的工作机会受到限制，因为他的技能集中在一个特定研究计划上。现在，他制造信息的能力减弱了，论文被引量也有所下降。他无法更新资本，只能眼见着自己走下坡路，身份地位都不比以往，虽然学术级别还是如初。两位年轻的超级技术员（H 和 G）很快就适应了第二个研究计划的常规工作（类似物生产）。他们一边接管了生产类似物的职责，一边辅助生理区的工作。随着可信性上升，E 接管了生理区，成为生理区的正式老板。小组与一个联邦机构签了一份数百万美金的合同，保证在五年内完成糖尿病、节育与中枢神经系统作用方面的实验室工作。尽管大家默认 E 将领导这些研究，但是 C 的签名使合同具有效力。此时，C 的资本（就作为第一作者的引文而言）正处在低谷，而 E 则位于巅峰（图 5.3）。E、A、H 与 I 是实验室内新小组的核心成员。

正在这时（1975 年），本研究开始了，主要是因为 C 邀请我们研究认识论与生物学，同时研究“年长的科学家离开小组，年轻的科学家接管小组”的现象。但是，C 没有离开实验室，

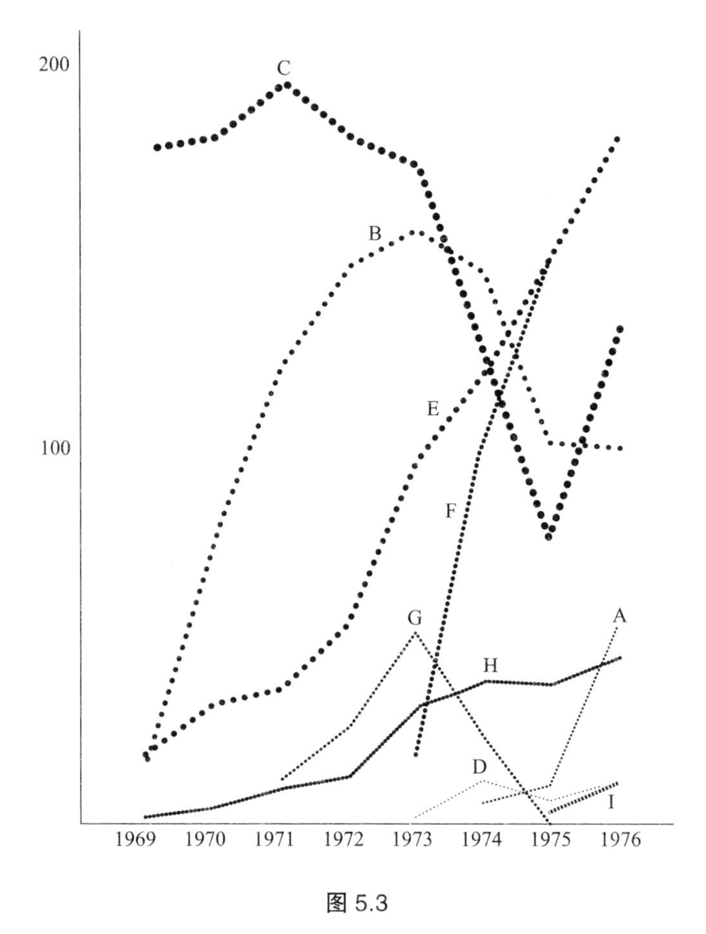

图 5.3

我们从科学引文索引中得到小组 1969 年成型以来，每名成员每年的被引总量。与图 5.2 不同，图 5.3 不计算单篇论文的被引情况。但对比图中六位科学家的总体被引情况，可大致了解其地位。曲线在不同年份出现相交，基本对应访谈中揭示的小组结构变动。尤其可以看到 C 于 1975 年回归，B 逐步退出，E 稳步上升，还能看到“小人物”与“大人物”始终存在差距。但只有将图 5.3 与图 5.2 的个人被引谱结合起来看，才能全面了解一名科学家的职业生涯。

进一步提升其在可信性循环中的地位，而是将时间与精力重新投入实验台工作中。同事们开他的玩笑，怀疑他在恶作剧，与此同时，他开始辗转在玻璃器皿、色谱柱与生物测定之间，颇像一名博士后研究员新人。显然，这项研究利用了小组的巨大资源，但 C 也亲自投入其中，他选择了一个自认为具有战略意义的问题——分离与表征一种新肽（其与阿片剂活性相同），花三个月时间进行研究。药理学与神经生物学已经解决了这个问题，但 C 决定动用实验室资源，利用分离化学与生理学经典技术，在三个月内解决它。据 C 说，其他研究都不知所云："这些人不知道什么是多肽化学。"果不其然，三个多月他便成功找到结构，但他的竞争者却用了几年时间。这一研究工作对小组结构产生了深远影响。[19] 新物质随后可以量产，根据项目二（见第 60 页及其后），它对药物成瘾与精神疾病问题都有重大意义。由于这些大问题都正发展到紧要关头，C 的位置在六个月内天翻地覆。1975 年 9 月，他还是一位想退休的"过去式"，次年 3 月却成了小组中最受欢迎的成员，这不是因为他的历史声望，而是因为他在新领域的新可信性。1976 年，C 的被引急剧增加（图 5.3），完全是其新研究所致。

这一行动彻底中断了 C 回报来源的现有合同，但其他人却因此获得了可信性。同时，相比于释放因子，新物质在大脑研究与内分泌学之间建立了更强联系，尽管与神经学家相比，内分泌学家对释放因子更感兴趣。这种新物质引起了脑科学家的强烈兴趣，特别是那些刚进入附近一间实验室的科学家。因此，基于短短几个月的工作，C 发现自己在一个新领域内占据了令人艳羡的位置。然而，B、E 则陷入了困境。他们继续写有关经典释放因子的论文，但收益却逐渐减少（图 5.2b 和 5.2c）。C 看到自己又站在了 TRF 故事开始时的地方，于是不愿退休了。

这一突然改变位置的例子强调可信性与回报对科学家至关重要。C 用全部信用投资新领域：他主要通过与其他实验室的电话联系发起大规模研究，人们在新定义的子领域内交换物质、血清与新数据。C 与帕林的接触（见第 217 页），使 C 因此成为一个全新无形学院的一员。新物质取得了惊天成就，小组其他研究工作便黯然失色。设备与技术员日益被调动起来协助完成新任务。C 与其他人意识到，整个实验室的资源很可能被投入一个比释放因子更具价值的领域。但 A 为了迅速增加自身收益，开始扩大对一系列新物质的投资，这些物质对主要项目意义不大。公司正在解体，需要定一个新合同了。[20]

伴随小组解体的一长串的冲突中，相比生产战略而言，个性或“荣誉攸关点”等因素作用较小。小组五年来一直基于三个高级投资者的共识——一起解决同一个问题，即认同一个既定范式，当时这代表了一种高效手段。但现在，场域与个人策略都已变化，情况也不得不随之改变。构成实验室闲置资本的设备、资金与权力必须重新分配。B 被淘汰出局，破产。F、A 与其超级技术员 H、I 组成了一个新小组。他们眼下的问题是决定该小组如何以及在何处定居。新小组的可信性吸引了来自全国各地的优异机会（主席职位、实验室空间、捐赠），尽管它们都比不上这间实验室（在 C 的新战略取得成功之前）。至于 C，他非常自信能获得新资本，因此可以从获取历史信用的小组离开，与新的年轻博士后们组建新小组。

小组实际分裂后，成员如何评价信用成了一个十分复杂的问题。[21] C 像是资本家，因为他的全职活动是管理资本，而非亲自工作以便产生可靠数据。但正如我们所见，他的雇员也是同一市场里的投资者，因此可能成为 C 的直接竞争对手，这恰是当前正发生的事情。E 决定兑现其可信性，他出乎意料地发现，其可信性足以让他从同一机构获得一笔资金，从而装备一个新实验室，与其一直以来工作的实验室几乎完全相同。接着，他成了一个小组的负责人，雇佣了自己的员工，并装上了 C 以前的设备。用经济学术语来说，E 成立了一个竞争企业，雇用了 H、I、A 与 C 的大部分技术员。图 5.2c 和图 5.3 显示 E 的被引曲线（连同新来的 A 和超级技术员 H）规律性上升。B 的情况则非常不同。他在该领域内无法兑现任何可信性，被迫像斯派罗一样清算资产，转行教学（图 5.2b）。C 剩下大量闲置资本（就设备而言），一点钱，但缺少劳动力。他现在必须找到一个新的切入点，以便激活实验室内先前的大量投资。

正如前文所述，生产可靠数据是激活可信性循环与启动“科学生意”（或如福柯［Foucault，1978］所言，“真理的政治经济学”）的方式之一。后来，科学家可能努力以个人名义兑现可信性。因此，他们或会说自己“有了想法”（见第 186 页及其后），这是“他们的”实验室，是他们设法吸引了资金与设备确保研究进行。从这个角度来看，科学家与商人没有什么不同。然而与此同时，他们只是联邦政府的雇员。科学资本无论多么丰厚，也不可出售与遗赠，只在很少情况下能被换成货币资本。

科学家是给自己制造数据的工匠，一般只关心自己的账目。但若一不小心，他们可能落得雇员或超级技术员的下场，不过也有可能成为独立研究者，运气好的话，自己也能成雇主。但同时他们仍是雇员，被雇来管理纳税人或私人借给他们的钱。因此，我们的科学家被夹在两个重叠的经济周期间：一方面，他们必须不断管理自身资本，保障科研顺利进行，但同时，他们必须证明自己合理使用了借贷的资金与信任。

一个成功的实验室里，人们可能激情满满，不断建立新陈述并证明，扩大陈述的影响力，设立新仪器，兑现可信性并再度投资。无论是战时营部，还是危机时期的行政办公室，紧张气氛都比不上平日里的实验室！秘书们惴惴不安，他们及时打出稿件；技术人员们心神不定，他们快速订购动物与补给，认真进行常规测定。当然，任何生产单位都有这样的压力，但实验室不同寻常之处在于，这些压力迫使研究者成为可靠的人。一方面，科学家承担着投资者的压力，如果不想失去资本就必须不断地再投资；另一方面，科学家又承担着雇员的压力，需要不断解释借给他的钱没被浪费。在这种双重压力体系之下，我们的科学家被困在了实验室。如果一位科学家停止进行新实验，不再占据新位置，也不雇用新研究员并产生新陈述，那么他很快就会成为一个“过去式”。除了能保留之前争取到的终身职位或利基（niche），资助将被停止，他将被淘汰出局。固然可用“规范”或追求认可解释其行为，但可能无须如此。经济力量将研究者束缚在独立资本家与雇员的双重身份上，于是很容易挤压他，萃取出一则事实。[22]

第六章

自失序创造秩序

为了考察实验室的事实建构，第二章通过科学门外汉的目光，看见了实验室内的大体情况；第三章追溯实验室的几项功业，阐释一则“硬”事实的稳定化；第四章分析建构的微观过程，尤其关注事实一词的悖论含义；第五章转向科学家个人，试图理解他们的职业生涯，解释科学生产的可靠性。行文过程中，我们没有沿用科学家、历史学家、认识论者、科学社会学家的常用概念，而给出了新定义。现在是时候更系统地串起各个概念总结前五章的发现，并回顾其中涉及的方法论难题。例如，读者想必察觉到本文论点引申出一个重大问题：我们说科学活动是建构活动，虚构的物质（substance）有时会转变为稳定存在的物（object）。若当真如是，我们解释科学活动时建构的叙述，情况又当如何？

本章第一节将总结前五章论证，但不会简单沿用前文表述，而选择界定六个贯穿论证的主要概念，简要说明它们的关联。以此为基础，第二节进一步引介“秩序源于无序”的概念，以便将论证纳入科学社会学更一般的框架当中。最后，既然我们声称已经理解了科学家的活动，第三节便将在我们自己的叙述与他们的叙述之间作个比较。

创造一个实验室：本作论证要点

论证使用的第一个概念是建构（construction）（Knorr，出版中）。建构是指缓慢的、实际的科学工艺，在建构过程中，铭文相互叠加，叙述得到支持或遭到反驳。建构概念强调客体与主体、事实与假象，这些区别不应作为研究科学活动的起点。相反，借助实践操作，陈述可转化为客体，事实也可转化为假象。例如第三章中，我们追溯了一个化学结构的集体建构。八年期间，科学家运用铭文装置研究纯化的脑萃取物，相关陈述逐渐稳定并最终进入新网络。与其说 TRF 受社会力量所制约，毋宁说它本由微观社会现象建构，本自微观社会现象中形成。再如，第四章记述了实验台前的对话，揭示出陈述在交流中被模态化、解模态化。科学家之间的争论可将部分陈述贬为个人主观想象，将另外一些抬高为自然事实。陈述的事实性不断波动，大致反映了事实建构的不同阶段。实验室仿佛是一间工厂，事实从流水线上被制造出来。只有将事实与假象之间的区别去神秘化（démystification），方才可以讨论“事实”一词如何既表示捏造的东西，又代表与捏造无关的东西（见第四章结尾部分）。观察假象的建构可知，实在是纷争平息的结果，不是平息纷争的原因。尽管这一点显而易见，但许多科学分析者却一直忽视，他们认为事实与假象的区别是先验的，丝毫不见实验室科学家为此付出的种种努力。[1]

我们不断使用的第二个主要概念是竞争性（agnoistic）（Lyotard，1975）。若事实建构由一系列操作实现，其旨在删去某一陈述的限定模态。更进一步，若实在是这种建构的结果而非其原因，那么科学家的活动便不是追求“实在”，而可归为陈述操作。这类操作集合而成竞争性场域。竞争性的概念明显不符合人们对科学家的普遍印象，人们认为科学家或多或少都关注“自然”（nature）。其实在整个论证过程中，我们都避免谈到自然，除非需要表明自然当前的一个成分——TRF 结构——已经被创造出来，并被纳入我们的身体观。“自然”概念只有作为竞争性活动的副产品才成立，[2] 它无助于解释科学家的行为。竞争性概念的一大优势在于，它既可刻画社会冲突的诸多特征（如争端、力量与联盟），又可解释迄今仍被认识论术语垄断的现象（如证明、事实与可信性）。一旦意识到科学家是在竞争性场域中行动的，维持科学的“政治”“真理”之别便再难提出真知灼见。正如第四、五两章所示，无论是提出观点还是制胜对手，科学家都必须具备“政治”素养。

科学作为竞争性场域，在很多方面都类似任一政治性论争场域。论文发表出来，转变了陈述类型，但论点能否产生影响，则取决于诸多形构场域的位置。因此，操作可能成功也可能失败，这取决于场域的人数、观点的意外性、作者的个性与来历、个中风险（stakes）[3]、论文风格。虽然一些科学分析家热衷于对比科学的有序模式与政治生活的无序震颤，但科学场域却不似其笔下那般井然有序，究其原因即如上述。因此，在神经内分泌学场域中，各类主张与诸多物质都只是地方性的存在。例如，

MSH（促黑激素）释放因子只存在于路易斯安那州、阿根廷、加拿大某处与法国某处，我们的观察对象认为大部分 MSH 相关文献毫无意义。[4] 至于什么构成证据，何种测定堪称优异，对问题的协商跟律师、政治家的争执相比，不会更加混乱，当然也不会更有条理。[5]

我们使用竞争性概念，无意暗示科学家品性不端或欺诈成性。尽管他们时而剑拔弩张，但从来不是简单评价竞争对手的心理与个性，论争的核心始终是论证可靠与否。但这种可靠性本身也是建构物，因此，竞争性必然影响对论证说服力的判断。我们在论证时使用竞争性与建构概念，但无意消解科学事实的可靠性，我们并非站在相对主义立场上使用这些术语，个中原因会在讨论第三个主要概念时明确说明。

我们坚决主张，实验室的物质元素对事实制造颇为重要。例如第二章证明，研究客体存在与否取决于实验室内积累的、巴什拉所说的“现象技术”。不过这导致我们只能在特定时间点上描述小组设备（equipment），因为更早时，每项设备都还只是邻近学科内一系列争议性论点。因此，我们不能想当然地认为，在实验室活动中，“物质”设备与“智力”成分存在差异，毕竟几年之后，同样一套智力成分便会化作一个装置（furniture）被引入实验室。同理，TRF 经过纷争不断的漫长建构，最终化为其他测定无可争议的物质组件。第五章末尾也讨论了类似情况，我们简述了实验室内的投资最终转变为临床研究、药物工业中的实在。为强调时间维度的重要性，我们将上述过程称作物质化（materialisation），或物化（reification）

（Sartre，1943）。陈述一旦在竞争性场域中稳定下来就被物化，从此成为另一间实验室的默会技能，或融入其中的物质设备。[6]稍后会再谈这一点。

我们借鉴的第四个概念是可信性（credibility）（Bourdieu，1976），用它来定义科学家的各种投资，描述实验室不同面向之间的转化。可信性有助于综合经济学概念（如金钱、预算与利润）与认识论概念（如确实性、怀疑与证据）。它还强调信息具有成本。成本效益分析既适于拟采用的铭文装置类型、科学家的职业顾虑、资助机构的决定，又可以解释数据性质、论文形式、期刊类型与读者可能提出的异议。成本随金钱、时间与精力[7]方面的历史投资而变。可信性概念可将其他一连串概念——如认证、证书、信仰认可（“信条”“可靠的”）与账户认可（“负责任”“作数”“信用账户”）——联系起来，观察者得以模糊经济学、认识论与心理学之间的武断界限[8]，从而形成对事实建构的统一观点。

论证使用的第五个概念是环境（circumstance），虽然略显程式化（Serres，1977）。人们通常认为环境（周围的东西）与科学实践无关，[9]因此可将本文论证概括为：试图证明环境与科学实践有关。这不只是说 TRF 被环境包围，受环境影响，部分取决于环境，或因环境而出现。相反，我们认为科学完全是从环境中制造而来的。更进一步，科学恰是在具体的地方实践中才得以摆脱整个环境。不过，已有社会学家证明了这一观点（例如，Collins，1974；Knorr，1978；Woolgar，1976），塞尔

（Michel Serres[①]，1977）也从哲学角度发展了环境的概念。本书中，第二章分析了环境如何使神经内分泌学中稳定的物成为可能；第三章显示 TRF 除原始建构地（实验室）外可在哪些网络中流通；第四章结尾记录了生长抑素拓展的类似情况。这一章还指出日常对话持续展露当地环境或特异环境的特征。最后在第五章中，我们使用位置的概念说明科学家职业的环境性。场域既不是结构，也不是有序模式，场域只由位置构成，这些位置以一种本身无序的方式相互影响（见第 235 页及以后）。位置的概念使我们得以谈论“正确的”时机，或“可靠的”测定，用哈贝马斯（Habermas，1971）的话来说，我们用位置的概念将历史性重新引进科学（Knorr，1978）。

第六个即最后一个概念是噪声（noise）（或更确切地说，是信号与噪声的比率），从信息论中借鉴而来（Brillouin，1962）。使用噪声理解科学活动并不新颖（Brillouin，1964；Singh，1966；Atlan，1972），但我们的用法极具隐喻性。例如，我们不试图计算实验室产生的信噪比，但保留其中心思想，即信息是在其他事件具有同等可能性的背景下测量的，或者如辛格（J. Singh，1966）所说：

> 在任何给定的讯息集合中，一则讯息包含的信息量，为信息出现的概率的对数。这种定义信息的方式在统计力学中早有先例，其中熵与信息的测量形式相同。（Singh，1966：73）

---

① 法国哲学家。著有《拇指一代》。

我们观察到科学家忙于阅读铭文装置的书面痕迹，这高度契合噪声概念（见第二章，第 44 页及以后）。至于等概率的备选项这一概念，则帮助我们描述 TRF 的最终建构（第三章）：引入质谱法限定了可能的陈述数量。第五章中，需求概念发展出信息市场概念，并使可信性循环得以运转，需求概念基于这一前提：任一科学家在操作中去除了任何噪声源都会促使另一科学家在其他地方减少噪声。

建构事实的结果是事实似乎无人建构；竞争性场域中的说服修辞术让科学家确信自己未被说服；物化让人们咬定物质考虑只是“思想过程”的次要成分；可信性投资使科学家宣称经济学、信念与科学可靠性毫不相干；至于环境，它彻底失踪了，最好还是把它留给政治分析吧，不要影响我们欣赏[①]坚实稳固的事实王国！虽然不清楚此类倒置是否为科学特有，[10]但它极为重要，因此我们大部分论证都在指明、描述倒置发生的特殊时刻。

总结前五章的主要论点后，当务之急是说明它们之间的关联，因为上述概念是从不同领域中借用来的。

让我们从噪声开始。布里卢安[②]（Léon Brillouin）说，信息是一种概率关系。因此，一则陈述与预期差异越大，其信息含量便越丰富。在竞争性场域中，科学家拥护特定陈述时面临一个关键问题：有多少同样可能的备选陈述？若轻而易举便想出

---

① 此处似有一则双关，appreciation 既可表示对事实的理解，也可表示对事实的欣赏。

② 法国物理学家，在量子力学和信息理论上都有贡献。

许多，科学家就会认为初始陈述没有意义，因为它很难与其他陈述区分开来。若备选陈述的可能性不大，初始陈述便可脱颖而出，被视为一个有意义的贡献。[11] 例如，实验室某成员在氨基酸分析仪上读到一个峰（照片9），他首先要确定能否说服自己（或他人）[12] 相信该峰不是背景噪声。正如第三章所述，他会参考同事的意见。如果他说“看这个峰”，得到的回答是“没有峰，只是噪声，你也可以说峰是另一边的这个小糊点儿”（见照片8），他的陈述就没有信息价值（在该情境中）。

足以瓦解陈述（与职业）的句子采用条件句形式：“但你也可以说它是……”，之后是一串等概率陈述。这种句子往往可以将陈述溶于噪声之中。因此，游戏目标是用尽一切手段迫使科学家（或同行）承认其他陈述没那么可信。三、四两章讨论了一些手法，常见之一是建构。向同行展示氨基酸分析的两个峰（而非一个），或增加峰与基线之间的距离，便可拉大各种可能陈述的差异。如果陈述说服力够强，所有人便停止质疑，陈述由此取得类似于事实的地位。它不再是某人的凭空想象（主观），而成了“真正的客观事物”，其存在性毋庸置疑。[13]

因此，通过信息建构操作，一组等可能性陈述便转为不等可能性陈述。为了提高信噪比，这种操作还包含说服（竞争性）与写作（建构）活动。

如何将差异引入一组可能性相同的陈述之中，从而使人们认为某一陈述比其他备选陈述更可信？科学家最常用的技巧是增加他人提出后者的成本。如第三章所示，将新标准强加于释放因子领域，有效地瓦解了竞争对手的努力。同理，当布尔吉什用质谱法阐明结构时，人们便再难举出其他可能，因为那样做就在对抗整个物理学。一旦他点开一张幻灯片，指出其中每一条质谱线均对应氨基酸序列的一个原子，就不会再有人起身反对，纷争就此平息。[14] 但若出示一张显示薄层色谱斑点的幻灯片，就会有十个化学家站出来，掷地有声："这不算证据。"两种情况的区别在于，任何化学家都能轻易找到后者方法的缺陷（不过多诺霍事件不同于此，见第 187 页）。

若非前文已经定义过物质化或物化的核心概念，上述观点便可视为同义反复，不过现在物化便能派上大用场。质谱仪是整个物理学的物化成果，它是一件真实的装置，与大部分早期科学活动融为一体。怀疑这样一件铭文装置的输出结果代价过高。为何吉耶曼与布尔吉什从一开始就力图"搞定质谱仪"？因为质谱仪无懈可击。至于薄层色谱法则几乎不含早期科学阐释工作的物化成分。因此基于色谱仪的论证，很容易就其任一步骤表达异见，继而提出替代论证。一旦大量早期论点被纳入一个黑箱[15]，提出替代论点的成本就大到难以承受。例如，不可能会有人质疑照片 11 所示计算机的线路，攻击"t"检验依据的统计原理，不认同垂体中的血管名称。

因为有了可信性的概念，黑箱才可能运作（第五章）。如前所述，可信性属于更广泛的信用现象——金钱、权威、信心、回报（尽管不太重要）。一则陈述提出后，一个问题随之而来：该陈述与（或）其提出者可以得到多少可信性？这恰似上面提到的成本问题：为了制造陈述应该投资什么，使之与竞争对手的陈述同样可信？ TRF 测序这样一个价值百万的项目，很可能再无陈述同样可行，因为任何投资都比不上已经作出的投资。因此，获得可信性的陈述将被视为毋庸置疑。此外，其他实验室还会用它提出新观点。这便是第五章定义的市场之本质。无论这种想当然的肽结构是无争议的论点，还是白色粉末样品，人们唯一关注的问题是：借用它（或购买它）是否会让竞争者更难挑战我方陈述？

当然，必须结合前文论证来理解信用、物化与成本的概念：凡被视为可信的东西——不管其因何被视为可信——都会被物化，以便抬高提出异议的成本。例如，一位科学家可能信用很高，当他把一个问题定义为重要问题时，没有人能反对说该问题微不足道。因此，一个领域或将围绕他的问题成型，资金也会顺利涌入。多诺霍事件中，化学家偏爱的四个烯醇式 DNA 碱基稳定下来，被物化为教科书，如此一来，沃森便更难怀疑之，或简单反对说酮式一样可能。成本效益分析要看具体环境与流行风尚，所以无法建立一般规则：文章风格可让读者更难怀疑其内容；在这位读者看来，陈述加上限定即可消除反对意见；在那位读者眼里，文件使用脚注说服力便提升；甚至可以使用监禁、欺诈的手段迫使竞争对手噤声（Lecourt，1976）。游戏的主要规则是评估投资成本与可能收益，它不像表面上看起来那样按照一套伦理规则进行。[16]

整合所有概念后，我们的观点可精炼为：被称为实在的东西乃由一系列陈述构成，其建构成本太高因而无法修改。科学活动绝非“关于自然”，而是一场建构实在的激烈战斗。实验室既是工作场所，也是生产力的集合体，它为建构实在提供条件。

每一则陈述稳定下来便重新被引入实验室（以机器、铭文装置、技能、常规、成见、推理、程序等名义），用来扩大陈述之间的差异。挑战已经物化的陈述代价过高注定失败。实在是被藏起的东西。[17]

至此，我们已经总结了论证要点，指明所用六大概念之间的关联，并在最后放大了在第二章便提到的实验室概念。不过，还可从另一个角度描述实验室生活，这一次主要借鉴的是单一概念。

秩序源于无序

将一组等可能陈述转化为不等可能陈述，便创造了秩序（Brillouin，1962；Costa de Beauregard，1963；Atlan，1972）。现在就让我们用秩序的概念，并借鉴布里卢安的著名神话人物——麦克斯韦妖（Maxwell’s demon），重新描述实验室生活。麦克斯韦妖的最简版本如下（Singh，1966）：

冷炉中的小鬼能把较快的分子聚在一处，让它们停在那儿，来增加炉子的热量。为了完成这项工作，小鬼要知道分子状态的信息，设个小陷阱，让分子按照质量掉进去，还要用到一个外壳，防止陷阱里的分子逃走并回到随机状态。现在我们知道，小鬼完成工作本身需要消耗些许能量。俗话说，“就算是信息，也没法儿不劳而获”。

这一则富有启发性的比喻也能描绘实验室里发生的事情。我们已经知道，实验室是一个围场，先前工作都被围进其中。若打开这个围场会发生什么呢？请读者想象我们的观察者进行了下述实验：夜里，他潜入无人的实验室，打开照片 2 中的一个大冰箱。我们知道，架子上每个样品都对应纯化过程的一个阶段，都标有一串长长的代码，可以在实验计划书上找到。观察者依次拿起每个样品，剥去标签并将它丢掉，然后把没了标签的样品放回冰箱。毫无疑问，第二天一早他将目睹实验室乱成一团。没人能分辨出一个样品对应着什么。给它们贴标签要花 5 年、10 年甚至 15 年——当然，若化学技术也同时进步，时间就会缩短。正如前文所述，任何样品都可能是其他样品。换言之，实验室会变得无序，更确切地说，实验室的熵会增加：每个样品都可以是任何东西。这个噩梦般的实验强调，任何称职的麦克斯韦妖想要降低无序性，都要有一个陷阱系统捕捉差异。[18]

现在或许可以公平看待第二章中貌似古怪的铭文概念。那时我们说，与其将写作视为传递信息的手段，不如把它理解为创造秩序的物质操作。下面介绍观察者在实验室期间进行的一次实验，借此阐明书写的重要性。第一章提到，社会学家在参与式观察期间担任技术员。所幸，在这间注重效率的实验室里，观察者其实是个表现极差的技术员。因此，他的手忙脚乱便衬托了、突显了观察对象的扎实技能。对他来说，最困难的任务之一是稀释试剂并往烧杯中添加剂量。观察者必须记住应将试剂注入哪个烧杯，然后将其记录下来。例如，他必须将试剂 4

注进烧杯 12 里。但他发现自己忘了记下时间间隔。移液管抬到一半时，他开始回想是否已将试剂 4 注进了烧杯 12。他急得满脸通红，想记起是在实际操作前做的记录，还是在那之后。很明显，他没写下什么时候做的记录！他惊慌失措，将巴氏移液管的活塞推进烧杯 12。但是，他现在可能已经把两倍剂量注了进去。如果是这样的话，读数就错了。他划掉这个数字。因为缺乏训练的缘故，观察者继续颠三倒四地做事。毫无疑问，这样的操作得到的数字误差很大。一天就这么白忙活了。只有成为一名技术员，而且是一名不称职的技术员，才会真正理解并深深感恩产生标准曲线的奇迹操作（在玻兹曼的意义上）。需掌握大量无形技能才能制造物质铭文。每条曲线都被无序流动包围，只因每个点都被记录进日志的特定纸页里，只因所有东西都像这样被写下来或常规化，曲线才不会被无序吞噬。但是，沮丧的观察者没有参与限制无序性！他没能创造出更多秩序，只是成功地创造了更少秩序，与此同时还浪费了动物、化学品、时间与金钱。

无论是安全感薄弱的官员，还是疑患强迫症的小说家，都不像科学家那般痴迷于铭文。科学家与混乱之间，只有一堵由档案、标签、计划书、数字与论文组成的墙。[19] 但大量资料是创造秩序的唯一手段，它们像麦克斯韦妖那般增加了一处的信息量。因此很容易理解科学家对铭文的执念，毕竟记下痕迹是自无序中识别模式的不二法门（Watanaba，1969）。在大量未经纯化的脑萃取物中，一千种肽如果活性相同，便不可能区分出任何一种。技术员想要分离其中之一，为此设计了测定，现在正仔细进行着测定，但却没有记录过程，他不得不从头开始，因为没有痕迹的叠加就无法区分陈述，进而无法建构客体。相反，若是记下一系列曲线，就有可能在图书馆的大桌子上将其摊开并思考，这便开始了客体的建构。客体从持续不断的分类过程中逐渐显露。薄薄的可读痕迹（由铭文设备产生）被记录下来，创造了一个秩序的口袋，当中所有东西的可能性并不相同。八年的资料与价值百万的设备限制了 TRF 结构的备选陈述。超出限制范围另选一则陈述，成本也将超出承受范围。

麦克斯韦妖为实验室活动提供了一则实用隐喻，它既表明秩序是被创造的，又指出没有小鬼的操纵便不可能有秩序。科学实在是从无序中诞生的秩序口袋，它捕捉任何符合口袋里已有东西的信号，然后把它也抓进去，不过要费点力气（at a cost）。不过为充分探索这一模式的效力，必须更进一步考察秩序与无序的关系。无能技术员的陈述会淹没在噪声里，但无序不仅是噪声，实验室也矛盾地参与制造无序。由于需要记下全部事件，保留所有铭文痕迹，所以实验室内遍地皆是电子列表、数据表、科学计划书、图表，等等。即便实验室成功地抵制了外界的无序，它本身也在围墙之内制造无序。消除了成千上万大脑萃取物的噪声，累积数据又制造出新的噪声。看不出模式，寻找信息再度成为大海捞针。为了应付无序危机，科学家从大量累积数据中选择性地剔除部分材料。这时，需要陈述出场了，我们在第二章已经概述过它的谱系。当前的问题不是从背景噪声（基线）中辨识出一个峰，而是从大量混乱的峰与曲线中读出一句话。于是，一条特殊的曲线被挑选出来，被清理，被放进幻灯片，与陈述一同被展示："压力同时释放 ACTH 与 β 内啡肽。"这句话从大量数据中脱颖而出并代表它们。论文开始起草，二级围栏就此形成（图 2.1 中的围栏由实验室的隔板代表）。

分类、拾取与包围的操作代价高昂，很少成功，稍有松懈陈述便再度淹没于混乱之中。这尤其因为陈述的存在不仅取决于自身，还取决于一个竞争性场域（或市场，见第五章），它由力图减少内部噪声的实验室共同组成。陈述会从场域中浮现吗？或者，它又再度淹没在同一主题下的浩瀚文献之中。也许，它已经是废话，或者根本就是错的；也许，它永远不会被选出，永远混在噪声中。实验室的生产过程似乎又陷入混乱：陈述必须被推销出去，必须走进人们的视线，抵御攻讦，抗拒遗忘，避免忽视。在场域中，很少有陈述立即引得人人大为关注，因为只有在数据或陈述操作上进行了巨量投资，才有权使用这些陈述（Brillouin，1962：第四章）。人们会称赞这些陈述"有意义"，"能解释很多事情"，或默认它们让一个铭文装置的噪声急剧下降："现在我们可以获得可靠的数据。"从背景噪声中挑出、理出事实，这种极其罕见的事情往往会被冠以诺贝尔奖，在一片欢呼庆祝中被公之于众。

麦克斯韦妖**创造**了秩序。这则比喻不仅帮助我们归纳、联系先前描述实验室活动时用到的主要概念，它还有助于回应反对意见，比如，你们没有解释为何争议得以解决；再如，你们没有解释为何一则陈述会稳定下来。但是，只有假定出于某些原因，秩序先验存在且只等科学"揭示"，或秩序诞生于无序之外的某种东西，上述异议才有意义。但这些基本哲学假设最近都已遭受挑战，本章下一节将提出，修改上述假定会带来新启发，以便理解实验室活动。但若要彻底阐明，则必超出科学社会学的一般论证范围，自然也超出本书范围。因此，我们将只讨论一个更深入的实验室类比描述。

图 6.1 显示了川端康成在书中（Kawabata，1972）提过的“围棋”游戏三个阶段。围棋游戏从一个空棋盘开始，棋手会不断将棋子放上棋盘。不像国际象棋，围棋棋子不可再移动。第一步棋几乎完全是个偶然（图 6.la）。但随着游戏推进，无论在哪儿走棋都越发困难，就像竞争性领域一样，先前的棋局左右了后续可能的棋步集合。并非所有棋步都同样可能（图 6.1b）。实际上，有些完全不可能（例如，白棋不能在左上角下棋），其他一些可能性较小，另一些则几乎一定会走出（例如，图 6.1c 中 63 之后下 64）。竞争性场域中变化模式并无秩序，棋盘上也是如此：在右下角或棋盘中间，几乎可以在任意地方下棋，但左上角已成定局。一个领地能否被保住，要看对手所施加的压力。当所有领地都被侵占（图 6.1c），所有争议性领地都确定归属（例如顶部的棋子），游戏便结束了。开始时完全是个偶然，渐渐，（不存在外部或先验秩序）棋手们到达了游戏的最后一点，在那儿某些棋步必须走出。原则上，可在任何地方走棋，但在实践中，明显必要的棋步放着不走会付出很大代价。[20]

我们基于秩序与无序的关系描述事实建构，生物学家对这一点再熟悉不过（Orgel，1973；Monod，1970；Jacob，1977；Atlan，1972）。生命是一种有序模式，在对随机突变的选择中，生命自无序状态突现——这是生物学对生命的惯用表征。例如，

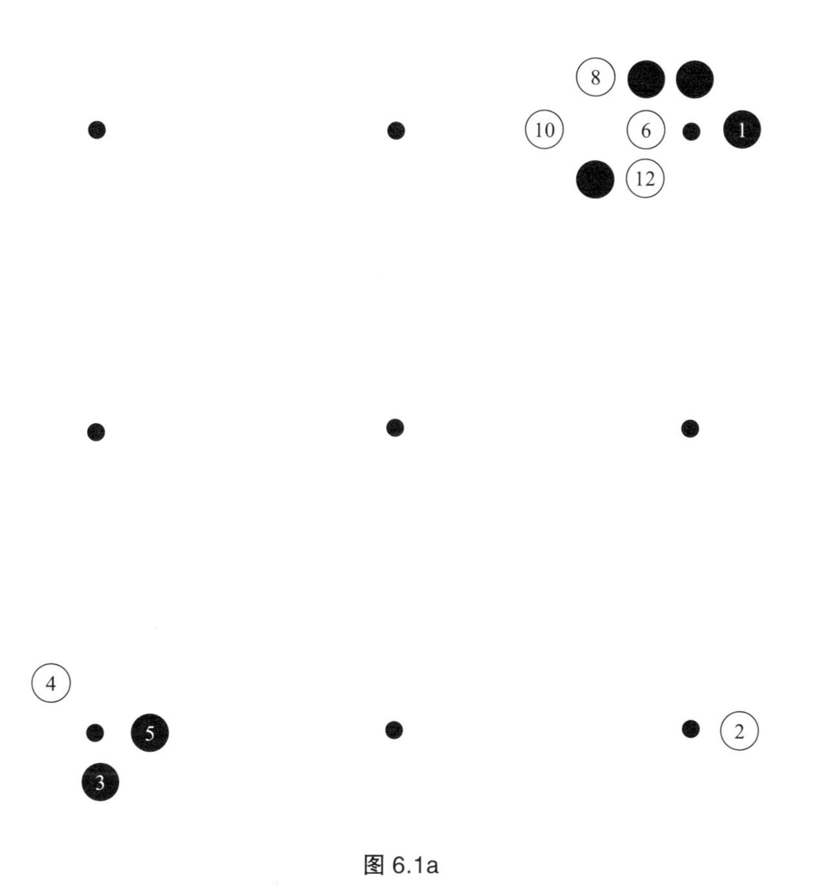

图 6.1a

图 6.1a 到图 6.1c 出自川端康成的小说（Kawabata，1972）。这三幅图表示了一局围棋游戏的三个阶段。图 6.1a 记录了前十步棋，图 6.1b 停在了第八十步，棋局在图 6.1c 结束。围棋游戏是一种有序但无法预测的模式。三张图中有些棋子重复出现，关键的棋步已经用数字标注出来。

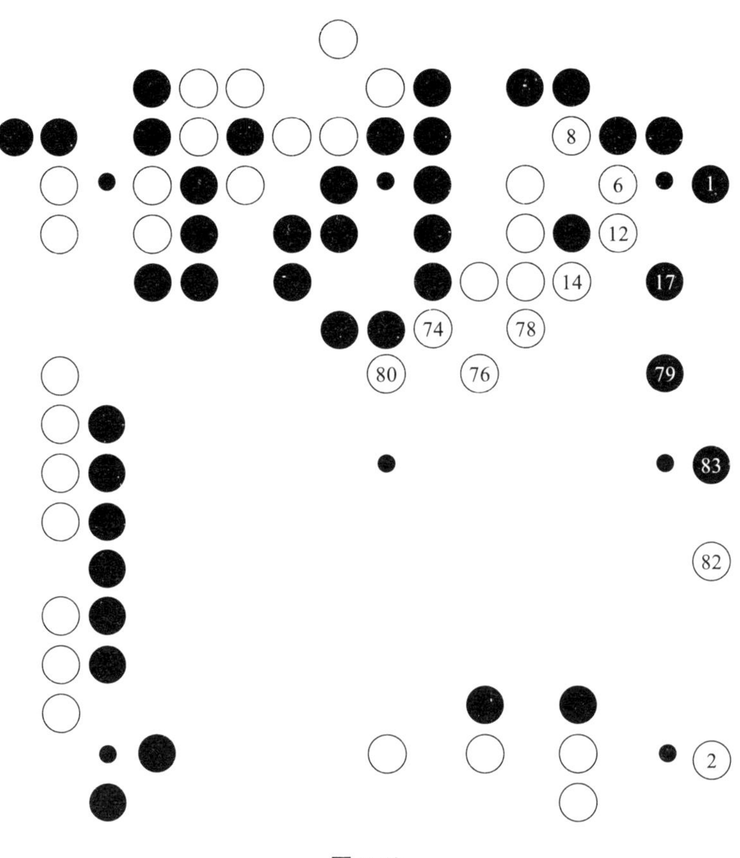

图 6.1b

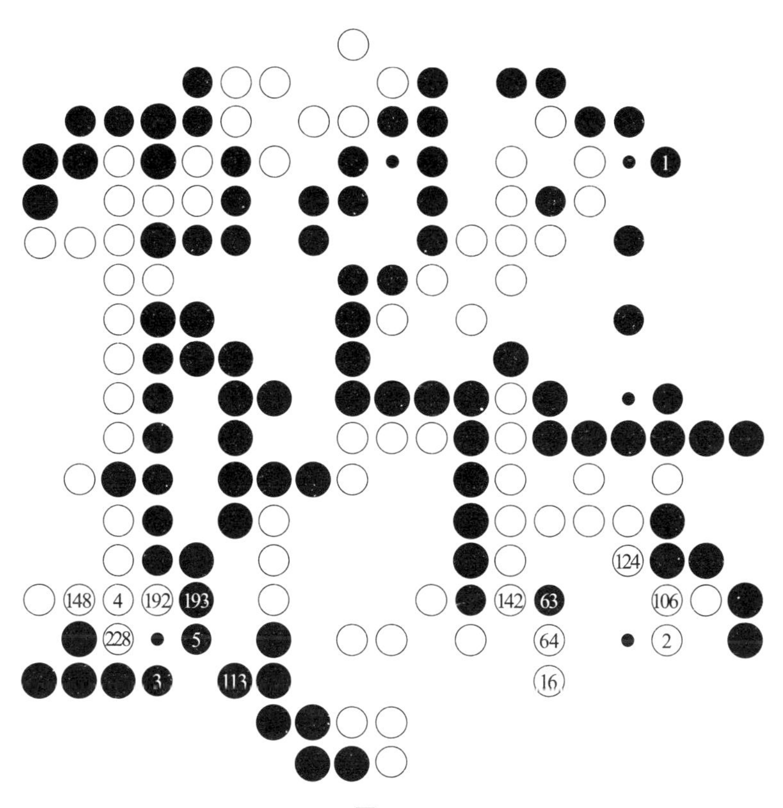

图 6.1c

对莫诺[①]（Jacques Monod）来说，偶然性（无序）与必然性（分类机制）足以解释复杂组织的突现。实在从无序中建构而来，无需使用任何先验的生命表征解释实在。诸多实验室成员会使用偶然、突变、生态位（niche）、无序与修饰等术语（Jacob，1977）解释生命本身。但科学社会学家似乎极不情愿引入类似概念说明实在的建构。[21] 毕竟，实在建构可能不如有机体生成复杂。上述三则简单类比（麦克斯韦妖、围棋，以及莫诺偶然性、必然性概念）只是为了让读者熟悉对背景假定的细微修改，这在许多其他学科已是老生常谈，但似乎还没进入科学分析者的视野。

我们的世界观是：事物是有序的，秩序是规则，无论何处都应尽可能消除无序，政治与伦理要平息骚动，科学也要解决纷争。我们的世界观同样认为，有序模式只会从无序中突现。但近来有不少哲学家开始挑战这些假定，特别是塞尔，而他又受到布里卢安与玻兹曼等人的深刻影响，同时受生物学新发展巨大启发。他们主张颠倒假定：无序才是规则，秩序则是例外。自生命被认为是一个负熵事件（从更流行的熵增观点发展而来）以来，该论点便为人所知。最近，负熵的版图拓展至科学本身，科学被视为一个非主流的社会有机体，一个虽然特殊但不古怪的负熵案例（Monod，1970；Jacob，1977；Serres，1977a，1977b）。就我们的目的而言，这一论点的有趣之处在于：只有无序存在才能建构秩序（Atlan，1972；Morin，1977）。如果接

① 法国生物学家，著有《偶然性与必然性》。

受这则对流行假定的修改意见，或可发现我们的方法与科学社会研究看似不同的方法之间，其实存在明显的趋同。[22] 让我们分析四种常见方法。

首先，科学史的通行方法是证实连锁事件与连环意外事件导向某一发现。但大量混乱的事件与最终稳定的成果很难调和，所以论证所述语境与科学发现语境才频频发生冲突。一旦如上文所述修改背景假定，这一冲突便不再必然出现（Feyerabend，1975；Knorr，1978）。用图尔敏（Stephen Toulmin）或雅各布（Margaret Jacob）的类比来说，若生命本身是修饰与偶然的结果，则全无必要假想出更复杂的准则解释科学。历史学家对科学的“事件化”（Foucault，1978）洞察了事实建构的核心。其次，社会学家已证明科学活动中非正式沟通很重要。在修改后的新假定下，这一有据可查的现象也有了新意义：新信息必定是不期而遇，必定在非正式网络中因社会接近性产生。信息的非正式流动与正式沟通的有序模式并不冲突。相反，正如我们所表明的，许多非正式沟通的结构恰恰源自其不断引用正式沟通的内容。因此，非正式沟通是规则，正式沟通则是例外，是对真实过程的事后合理化。第三，引文分析者已证明科学活动的能量大多会被浪费。大多数发表的论文无人问津，少数被阅读的价值不高，剩下的 1% 或 2% 被使用它们的人转化、曲解。但若接受秩序是例外而无序是规则的假定，这种浪费便不是自相矛盾，因为只有极少事实能从大量背景噪声中突现。科学发现的环境与非正式沟通的过程对科学生产至关重要，它们才是科学的本源。最后，社会学界对科学家之间的谈判细节日益感兴趣，它们暴露了科学家记忆的不可靠与其叙述的前后矛盾。所有科学家都在大量混乱事件中奋力挣扎：每次设置铭文装置时都会发现，大量背景噪声与众多参数显然都超出控制范围；每回阅读《科学》或《自然》时，都会遇上数不尽的矛盾概念、无关细节与纰漏错误；每场争论都被卷入政治激情的风暴之中。无序是规则，秩序是例外，无序无时无刻不在，秩序的口袋极少突现。因此，数不清的陈述也好，前后矛盾的科学论证也好，这都无可厚非。相反，出现一则公认事实才是突发事件，才是令人惊奇的稀罕事。

一个取代旧虚构的新虚构？

本章至此已经总结前几章论证，使用“秩序源于无序”的概念将论证串联起来，并在本文与科学社会学既有研究之间建立了关联。现在我们将总结在论证过程中遇到的方法论问题，特别考察我们自身论述之地位这一棘手问题。我们宣称科学家自无序中制造秩序，有何依据？显然，我们的叙述也躲不开建构条件。我们的叙述来自哪种无序情况？我们在哪一竞争性场域中模糊了虚构与事实的差异？

整个论证过程中，我们都强调需避免科学活动分析者通常采用的某些区分。第一章中，我们拒绝接受社会问题与技术问题的区分；第二章中，我们不得不叫停事实与假象任何先验性质的区分；第三章中，我们证明内外因素之别是事实阐释的结果，而非理解事实发生的先行起点；第四章中，我们主张暂停常识推理与科学推理的先验区分，更避免将“思想”与工艺的区分用作解释资源，因为它似乎是实验室中科学工作的结果；第五章中，我们认为实验室拨款冲突制造了个体科学家概念。

避免并取代这些过时区分给行文带来巨大困难。我们想用某些文学体裁（例如第三章的“历史学”讨论）组织讨论时，会发现自己倾向于使用特定术语，重新引入上述区分，因此论述受到了一些限制。因此，我们有必要仔细审视用词。例如，“社会”一词难免引入一些区分，比如社会与技术。同理，“熟悉”一词妨碍我们使用“科学的人类学”的特殊概念。第三章尤是，我们不得不抵制历史学叙事的常用术语，它们倾向于将建构的事实转为“被发现的”事实。第四章中，使用“我有了一个想法”或“科学的”同义反复足以破坏论证的基调。因此，我们必须质疑认识论者的一些术语。我们使用“信用”一词并探索其多种含义，避开了使用诸如战略、动机与职业等术语时往往会想到的区分。

因此，面对各种术语，以及各类妨碍我们描述实验室生活的区分，我们必须小心谨慎地加以甄别。但是，我们的实验室生活叙述与科学家的常见叙述，两者之间有何区别？现在尚不清楚。我们的建构与研究对象的建构，两者性质是否有本质上的差别？显然，答案必须是没有差别。只有拒绝这一最终区分，本章的论点才能整合起来。“秩序源于无序”的概念既适用于我们自己叙述的建构，也适用于实验室科学家叙述的建构。那么，我们如何知道“他们如何知道”呢？

实验室科学家在竞争性场域中竭力推销他们建构的虚构叙事，以便制造事实，我们如何从这一过程中建构起事实制造的叙述？

让我们回到天真的观察者参观“古怪的”实验室（第二章）那里。他很明显在无序中建构了初步叙述。他既不清楚要观察什么，也不知道面前物件的名称。观察对象的一切举动都流露着自信，相比之下我们的观察者惴惴不安。他发现自己不知道该坐在哪里，什么时候该站起来，如何展现自己，该问什么问题。他刚到实验室时听到了大量闲言碎语、轶事见闻、讲座汇报、解释阐述，对这里的生活有了初步印象与感受。但是随后，他建起了一个粗糙的铭文装置监测实验室内的数据。他看到自己像科学家一样，与观察者专属屏幕（田野笔记本）紧紧相连，用放大法（例如他对测定的定义）记录科学作用（effect）。但这些初步的“社会测定”（socioassay）噪声极多，混乱不堪。早期笔记第一批乱糟糟的记录中，全是琐事与泛泛而谈，除了噪声还是噪声。

观察者必须从这些混乱印象的洪流中创造稳定的秩序口袋。他开始尝试另一些办法，他首先拙劣地模仿起观察对象，拿起一张图纸，在一轴上绘制时间，另一轴上写科学家的名字。他看了看手表，然后写下谁在何时做的事情。于是他开始制造有序信息。再试举一例，观察者从科学引文索引的大量引文数据中提炼出小组成员的被引模式。他像一个兢兢业业的麦克斯韦妖，过滤出所需姓名，计算引文并将它们填在表栏中。成果之一便是图 5.3，诚然，这是一个挺小的成就，但让他暂时满足。

基于这个结果，他可以给出一则陈述，当观察对象说他的话是胡说八道时，他就能掏出这个数字，于是听众会暂时安静下来，至少暂时会安静下来。

几个月的时间里，观察者积累了大量类似的数字、资料与其他笔记。像下“围棋”一样，他开始随意走棋圈出自己的地盘。时间一天天过去，他发现在这些积累的材料之上不会再有**别的**陈述。此外，观察者发现自己足以反驳、支持科学论研究中的某些论证。他还可以利用积累下来的物件，将那些论证转化为假象或事实。他开始写文章并在自己的竞争性场域中施展身手。不过这个阶段，他的叙述极其薄弱，乃至任何替代叙述都似乎同样成立。另外观察对象自相矛盾的例子向他涌来，他们就替代解释与他争个不休。

回到研究开始的地方，我们发现观察者与其观察对象所用方法本质相似。即便如是，我们尚不清楚是谁在模仿谁。科学家在模仿观察者吗？还是观察者在模仿科学家？

如前所述，观察者曾作为实验室技术员参与活动，这也是他的经验来源之一。他不时放下笔，停止绘制引文曲线与记录访谈内容，穿上白大褂，走进生物测定室，测定促黑激素（MSH）。（MSH会使青蛙皮肤变黑——通过反射仪中的光线变化来测量。）

观察者面前摆着实验计划与一张空数据表。他抓住蹦跳的青蛙，将其斩首并剥皮，最后将它薄如蝉翼的皮肤浸入烧杯之中。他将每个烧杯放在光源上，从反射仪读取数据，然后写下来。一天结束时，他已累积下一小堆数字可以输入电脑（照片

11）。在此之后，他手里只剩下标准差、显著性水平与计算机列表中的平均值。他以此为基础绘制了一条曲线，把它带到老板的办公室，论证曲线中的细微差异或相似之处，提出了一个观点。

引文曲线建构与 MSH 标准曲线建构之间显然有相似之处。以下是这两项活动的共通点：两者均设定了铭文装置；引文曲线从科学引文索引数百万名字中挑出五或十个（MSH 曲线从复杂的青蛙生物体上取下几块皮肤）；研究者均重视那些可被记录的作用（effect）；数据均得到清理，以便从背景中辨认出清晰的峰；最后，活动产生的数据均被用作论证，增强说服力。有了这些相似之处，我们很难坚持"硬"科学与"软"科学在方法上存在任何本质区别。

观察者双重角色的相似性令人心慌。他有时觉得自己完全被"他的"实验室同化：人们唤他为"博士"，他有实验计划与幻灯片，会提交论文，在大会上与同行碰面，忙着设定新铭文装置和填写调查问卷。与此同时，他痛苦地发现，自己的建构在稳固性上与观察对象的相去甚远。研究半克大脑萃取物时，科学家掌握成吨材料、数百万美金与一个大约 40 人组成的大团队；研究实验室时，观察者孤军奋战。观察者在实验台上时，人们不断越过他的肩膀看去，批评他，"不要这样拿移液管"，"我来重做你的稀释吧"，"再检查一下这个读数"，或让他去看 60 篇该测定相关文章中的一篇。[23] 观察者在研究实验室工作时，除了对一些权宜之计小修小补外几乎不与人交流，也没有任何可供借鉴的先例。科学家们有个实验室，里头聚集了该领域所有的稳定物（object），他们可以随意接触正在建构的客体（object），但观察者一无所有。同时，他还必须定居在被科学家用作资源的实验室里，像个陌生人、异邦人、门外汉一样乞求信息。

观察者与观察对象的建构投资不同，建构成果的可信性自然有别。偶尔，实验室成员会嘲笑观察者的数据脆弱得很，不堪一击，这时，观察者会指出双方资源存在巨大差异。"如果资源对等，这样一间实验室得有大约一百个观察者，而且每个人都要有你们对动物那样的控制权。换句话说，每个办公室都要有监控，我们也应该能窃听电话跟桌边谈话。而且我们可以时刻监测脑电波，有权在必要的内部检查时砍掉科学家的头。一旦有了这些自由，我们就能产生硬数据。"不出意外，科学家听了这些话便会拔腿跑回化验室，暗自嘀咕埋伏在实验室里的"老大哥"实在太可怕。

观察者渐渐有了信心：他既为办公室制造了更多铭文，又意识到他所做的事情与观察对象所做的没什么区别，后者也没那么神秘与特别。根本相似之处是两者都在做手艺活，他们的差异可用资源与投资进行解释，无需诉诸研究活动的奇异特质。因此，观察者不再胆战心惊。例如，观察对象在图书馆的桌边解释铭文痕迹时，他们看上去跟自己一样：琢磨着一些图表，把其中一些放在一旁，估算其他图表的效力，捕捉微弱的类比联系，然后慢慢建构起一个叙述。与此同时，观察者也依据临时曲线与资料写下一个虚构的叙述。观察对象与观察者都在进行艺术创作，他们一齐解释混乱的文本（由幻灯片、图表、其他纸张与曲线组成），撰写可信的叙述。[24]

与科学家自己的叙述相比，我们对生物实验室中事实建构的叙述，既不更为高明，也不更显拙劣。后者并不优于前者，因为我们并未声称自己更接近“实在”，也不认为我们可以摆脱科学活动中的限制，我们也和他们一样，不求助于任何先验秩序，而是付出代价自无序中建构秩序。说到底，我们自己的叙述不过也是虚构[25]。但是，这不意味着它不如实验室成员的活动，因为他们也汲汲于建构叙述，以便在竞争性场域中大显身手，他们采用各种手段增加叙述的可信性，一旦说服他人，叙述便会被视为既定事实，或作为事实选项被他人纳入新的事实建构之中。科学家可资利用的可信性来源与我们没有任何区别，都是迫使人们从建议陈述中剔除模态，唯一区别是他们有一个实验室，我们有一个文本，即读者手中的这本书。我们想要建立一个叙述，于是杜撰人物（例如第二章的观察者），组织概念，诉诸资料，与社会学场域的论点建立联系，使用脚注。借用这些手段，我们试图降低无序，让一些陈述比其他陈述更可能成立，从而创造了一个秩序的口袋。但是现在，这则叙述本身将进入一个竞争性场域。为使我们的论证比其他论证更可信，还需要再进行什么研究？继续投资什么？是否需要重新定义科学社会学领域？要将什么视为可接受的论证？

注　释

第一章　瓦解秩序

1 在这里，我们无意系统性比照人类学研究方法介绍我们的研究路径。有关人类学与科学研究相关性的初步讨论，可参见霍顿（Robin Horton，1967）与威尔逊（Bryan Wilson，1970）的解读。近期议题可参见夏平（即将出版）与布鲁尔（Bloor，1978）的著作。

2 梅达沃（Peter Medawar，1964）论证了科学报告曲解了“思维过程”。我们虽然大致同意他的观点，科学报告的确引发了诸多误解，但我们认为十分有必要继续探究“思维过程”，因为它们是建构科学报告的基础。第四章将详细论述这部分内容，届时我们会看到用思维过程解释科学活动本身便极具误导性。

3 一些作者已经提出了这一观点。可参见拉卡托什（Imre Lakatos）与马斯格雷夫（Andrew Musgrave）的著作（1970），亦可参见布鲁尔（Bloor，1974；1976）。

4 伍尔加（Steve Woolgar，1978）对此有详细阐释。

5 第六章介绍围棋游戏时还会再次提到这一点。围棋开始时，棋手可以将棋子下在任何位置，或者说无论下在哪里都有一样的效果。

6 我们将在后文细致说明这一策略的合理性，以及这一策略如何影响观察者与参与者的关系。

7 最近有一些法国作者讨论了实验室科学。例如，可以参见勒迈纳（Gerard Lemain）等人（1977）的作品，亦可参见卡隆（Michel Callon）的论著（1978）。若想了解18世纪生物实验室的非凡历史，可参见萨洛蒙－巴耶（Salomon-Bayet）（1978）。

第二章 走入实验室的人类学家

1 我们强调“观察者”是一个虚构人物，借此提醒读者我们也参与建构了叙述（参见第一章）。随着讨论展开，读者将逐渐明白，我们建构叙述的手法与实验室科学家制造、捍卫事实时采取的方法基本类似。第六章会明确阐述这一点。

2 德里达（Jacques Derrida）用铭文指代比书写更为基础的操作（Dagognet，1973），我们从他那里借鉴了这一概念，用以概括实验室的一切痕迹、点迹、尖迹、直方图、记录下来的数字、光谱、峰等。见下文。

3 第二章结尾会展现一组实验室照片。

4 参见注释 2。

5 铭文装置这一概念本质上是社会学概念。借助这一概念，研究者便可无视各种物理形态，直接描述一整套实验室设备。例如，进行一次“转铁蛋白的生物测定”，需要五个人操作三周，相关仪器也分散在实验室好几个房间，但它最突出的特点在于能够生产出一个最终数字，因此便可算作一个铭文装置。至于大型仪器设备则很少被当作铭文装置使用，比如核磁共振光谱仪（Nuclear Magnetic Resonance）只用来监测肽的生产过程。不过，同一套装置的意义会根据使用目的而改变，例如天平，当它被用来获取化合物信息时便构成铭文装置；被用来称重时则是机器；被用来检查另一操作是否按计划进行时，便构成检查装置。

6 我们的观察者很清楚，这一术语因库恩（Kuhn，1970）而普及，随后又因含义模糊及其对科学发展模式的重要性引发学者争论（例如，见 Lakatos and Musgrave，1970）。

7 本书使用术语“肽”时，始终遵循下述原则：（1）肽键的经典教科书定义如下：“脱水作用下，两个氨基酸之间的共价键——一个氨基酸的 α- 氨基与另一个氨基酸的 α- 羧基——结合”而成肽键（Watson，1976）；（2）在实践中，“肽”是小蛋白质的同义词。不过，读者应当明白这类术语不具普适性，它只在特定文化中才有意义，这一点很重要；（3）它们就像是人类学研究中特定部落所使用的术语，因此我们在讨论中会给它们打上引号，并尝试用非技术用语描述它们。

8 人体当中只有大约 20 种氨基酸，蛋白质与肽完全由这些氨基酸组成，每一种氨基酸都有自己的名字，比如，酪氨酸、色氨酸和脯氨酸。文中我们一般使用氨基酸的缩写形式（即氨基酸全称的前三个字母）。

9 这些数据非常简略，只是为了帮助读者了解释放因子论文的规模。我们基于《医学索引》期刊中不同主题所占篇幅测算得到所有数据。

10 这些也完全是人为划分，因为项目太过庞杂僵化，无法直接对应成员的活动评价。与此同时，与其他实验室项目相比，这些项目已经常规化，相当稳定。我们在这里划分项目类型只是想提供背景知识，以便读者理解后续章节。

11 例如，成员们会告诉观察者："一位化学家发现了生长抑素的空间结构——一个特定氨基酸分子恰好分布在分子结构的外围，这时如果替换或保护这个氨基酸分子，便可能会观察到新的活性。"

12 区分科学的技术方面与非技术方面，将两者的差异当作研究的出发点，这一研究路径是错误的，因为这些差异本身便是实验室成员重大协商的焦点内容。技术社会学学者卡隆充分发展了这一观点（Gallon，1975），另见第一章第 11 页下方内容与第六章。

13 科学的社会学讨论也明显有这一倾向，它们不加批判地认可物质现象表现了观念实体。

14 实验室在研究的头一年试验了一种全新的色谱法，阿尔伯特花了一年时间努力用该方法进行小组纯化项目。刚确定下这种方法，阿尔伯特就把仪器移交给了技术员，从此这种方法就成了一个纯粹的"技术"问题。

15 这些计算结果只是近似数值。我们从拨款申请中计算得到实验室的总体预算，发现启动实验室大约耗资 100 万美金，而这还仅是在研究所空间与其他机构间建立联系（照片 1）的资费。一般而言，在市场上购买设备平均每年花费 30 万美金。博士的平均年薪为 2.5 万美金，技术员的年薪则接近 1.9 万美金，每年的工资总额高达 50 万美金。因此，实验室的总预算每年大约 150 万美金。

16 像这样保存良好的出版物清单一大优势在于其中囊括了小组的全部产出，包括拒绝的文章、未发表的讲座稿、摘要，等等。以下数字旨在帮助读者形成有关文章生产规模的概念。自然，只有稳定的实验室才能提供可靠的出版物清单。

17 我们用"item"一词指代所有类型的出版材料、文章、摘要、讲座稿，等等。

18 有些人认为社会学家在使用引文数据之前必须先发展出一套引文行为理论，有些人则认为发展引文类型学将帮助分析者克服使用引文数据的技术困难，我们需要注意这两种观点之间存在差异。例如，1976 年 8 月 25 日至 27 日在加州伯克利召开了科学史定量方法国际研讨会，埃奇（Edge，1976）及其他一些人的报告有助于理解这一点，也见《科学的社会研究》（*Social Studies of Science*）第七期特刊（2；May 1977）。

19 若从传统亚里士多德意义上理解，“模态”是一个命题，在模态命题中谓语以任何形式的限定条件肯定或否定主语（牛津词典）。若从更现代的意义上理解，“模态”则是有关另一则陈述的陈述（Ducrot and Todorov，1972）。下文讨论主要受到格雷马斯（Algirdas Greimas，1976）与法布里（Paola Fabbri，私人交流，1976）的启发。

20 这里使用“客体”的概念是因为它与“客观性”有共同渊源。不能脱离实验室工作语境判断一则陈述是客观的还是主观的，因为实验室工作的目的正是为了建构起一个超越主观性的客体（参见第四章）。正如巴什拉所言：“科学不是客观的，科学是投射性的（projective）。”

21 符号学使用“义务”（deontic）一词指代“应当”完成之事这类模态（Ducrot and Todorov，1972）。这种分析与本章的其他部分一样，虽然十分粗略，但只为介绍科学文献的一般问题。至于更详细精准的讨论可参见高普尼克（Alison Gopnik，1973）、格雷马斯（Greimas，1976）与巴斯蒂德（Françoise Bastide，即将出版）的作品。

第三章　如何建构一则事实：促甲状腺激素释放因子（TRF/H）一例

1 我们使用布鲁尔（Bloor，1976）发展的“强纲领”概念，尤其关注其中的“无偏见性”（impartiality）（1976：5）。不过，我们认为社会学不仅应当予真理、谬误以同等尊重，而且应当解释所有合理或不合理、成功或失败等二分状态的两方。我们还指出，一旦研究者暗自（或明确）认可真理的价值，便会变更其解释性说明的形式。

2 自从我们的一位受访者因这一事件获得诺贝尔医学奖后，一些新闻报道相继出现。将本书与这些新闻报道进行比较很有启发性，尤其可以对比韦德（Wade，1978）与唐纳文（Donovan）等人（即将出版）的报道。

3 这里使用的数字有三个来源：首先是参与这项工作的两个主要小组的所有出版物；其次是这些文章中的所有参考文献；再次，我们根据医学索引与轮排索引检查了语料库的完整性。这些论文的所有参考文献均来自科学引文索引或语料库中的其他论文。

4 称谓的差别也反映出范式的不同。将该物质称为“激素”表明它不是一类新物，因此“激素”研究符合内分泌学的经典框架。但若将该物质称为“因子”，则意味着可以将其与其他方向的术语（例如，神经递质）整合起来，或使其自成一类（例如，cybernins）（例如，可参见 Guillemin，1976）。

5 这场争论众说纷纭（Wade，1978），有些是科学家自己说的（Donovan et al.，即将出版）。神经内分泌学内部与新闻媒体都不厌其烦地讨论着这个话题，人们明显谈到社会因素，但由于我们意在分析 TRF 本身的性质，所以不太需要考虑这些社会因素，也无需仔细分析年代学争议。因此出于实际需要，我们将更多参考加州小组的说法。

6 多数机构都认可吉耶曼给这个问题施加的新限制，尤其是美国机构。他已经积累了大量的信任资本，尽管他的要求很高，人们也愿意将一定的货币资本借予他，因为可以有把握获得一定回报。例如，吉耶曼为了购买下丘脑，向美国国立卫生研究院提出了 10 万美金的拨款申请。他写道：“我们已经将大量金钱、时间与精力投入这个计划，我认为目前的拨款要求是完成这一计划的必要条件。”（Guillemin，1965）

7 1962 年产出的文献有：一篇描述“促甲状腺素麦肯锡测定的计算方法与结果分析”的文章，这是一项记录了计算机编程细节的统计研究；几篇描述“改良后的麦肯锡测定法”的文章；一篇“参考标准提议”文章，以方便与其他研究进行比较；以及几篇关于“纯化与收集方法”的文章。这样积累下来的一套技术组成了一个环境，TRF 得以在其中稳定存在（见图 3.4 与第六章）。

8 转变报告措辞在宗教研究中很常见，但科学论研究尚未讨论这一话题。科学是一种话语，这种话语具有断言真理的效果。利奥塔（Jean Lyotard，1975）已经讨论了科学话语的某些效果，克诺尔（Knorr-Cetina，已提交）也探究了写作工作如何转变科研结果。“作者”“理论”“性质”与“公众”都是文本效果，这一点在历史叙述中尤其重要（参见 Barthes，1966）。

9 第六章我们会再次讨论“信念”一词。它不仅是一个认知性的术语，还可以指对一个领域的投资评估，例如购买何种设备，判断哪种铭文装置最值得重视，权衡什么算作证明，等等。吉耶曼已经定义了 TRF 领域，所以沙利打算新建一个实验室与吉耶曼竞争时，几乎需要全盘复制后者的实验室组织。我们在理解信仰的不对称性概念时，需要牢记这一物质背景。

10 第二章（最后一节）与拉图尔 1976 年的文章指明了引用的本质，它显然大致反映了论文间相互操作的总和。即便形式粗陋，引用也有助于我们理解竞争性场域。

11 直到第六章，我们方可在更坚实的基础上考虑“备选（替代）”（alternative）的概念。在这一点上，很明显的是，现在很清楚备选方案的数量取决于竞争性场域的情况，消除备选方案要看哪些铭文更受重视。

12 需要再一次重复，我们不能被历史话语的措辞所迷惑。故事的“结局”（正如我们前文所述）取决于吉耶曼获知结构的策略，也取决于布尔吉什等人在 1969b 文章中给陈述施加限定条件，还受沙利与吉耶曼后来的众多说辞所影响。

13 质谱仪是一个“黑箱”。正因如此，它是其领域最“硬”的仪器（见第六章）。20 世纪 30 年代中期它还是一个大型原型机，现在已经成了一个小型的普通设备，内含一台计算机，其负责大部分初始解释工作。质谱仪在有机化学的应用长达 30 年，早在 1959 年就被具体应用于肽类化学。因此，将其应用于释放因子是一个相对较小的步骤。在吉耶曼战略施加的限制下，质谱仪就是最终证据。它的威力在于，铭文（光谱）是通过电子流与采样分子的直接接触获得的（Beynon，1960）。虽然中介过程非常复杂（Bachelard，1934），但每条指示被纳入黑箱，融入一件装置。因此，最后的结果被认为是无可争议的。

14 例如，见《医学界新闻》1970 年 1 月 16 日报道，《世界报》1970 年 1 月 15 日报道。这一时期的许多文章都着眼于沙利和吉耶曼之间的激烈竞争，以及 TRF 发现的临床意义。很大程度上是由于 TRF 的故事不同寻常，诺贝尔奖同时被颁发给二人，这又再度引起媒体热议。

第四章 事实建构的微观过程

1 本章中，我们仅使用一小部分微观过程的材料。我们只想提供实验室工作概览，为此稍稍简化了对话与叙述分析。一项全面分析所需的文本处理远比本文精细，严格意义的“对话分析”的要求则更高（例如，Sacks，1972；Sacks et al.，1974）。

2 科学的索引性问题已得到有限关注。例如，巴恩斯与劳（Barnes and law，1976）认为，科学家使用的所有表达都避不开索引性。他们暗示，相比于“非科学”语境或常识性语境中的表达，科学表达并不能产生更确定的意义。加芬克尔（Garfinkel，1967）似乎也支持这一结论。类似地，一些欧陆符号学家近来逐渐拓展文学分析的工具，在众多领域（诸如诗歌、广告、律师辩护与科学）开展起修辞学研究（Greimas，1976；Bastide，即将出版；Latour and Fabbri，1977)。在符号学者看来，科学与其他领域一样，都是虚构形式或话语形式（Foucault，1966），其效果之一是“真理效应”（truth effect）:（像所有其他文学效果一样）它产生于文本特征，如动词时态、发音结构、模态等。尽管盎格鲁–撒克逊侧重索引性修复方式的研究，迥异于欧陆符号学分析，但两派立场相同，都认为科学话语不享有特权地位。科学既无力摆脱索引性，也同样运用修辞性或说服性手段。

3 研究中多次观察到这种现象。这并不意味着论文带有偏见，也不暗示篡改数据的现象普遍存在。相反，它证明了我们在第二章中提出的观点：数据与观点就像弹药与目标，人们将论文“载入”（loaded）操作中，以便使操作更有效。这解释了为何论文无需准确反映实验室的研究活动（Medawar，1964；Knorr，即将出版）。

4 反过来，史密斯的职业抉择决定了他会将他人评论视为危险异议。若他离开科学界（转而从事教学工作），他对异议的敏感度可能会有所改变。我们在第三章中展现了科学家如何极为严肃地对待异议，尽管事后看来这些反对意见其实意义不大。

5 这类技术讨论与其他讨论没有本质上的区别，它们对应于竞争性领域内的特定阶段与压力。威尔逊从理论问题（“你如何解释这个机制？”）过渡到一般技术问题（“你在什么测定上试过这个？”），取决于其对同事的信心。当其信心不足时，便会问一些更具体的问题（“让我看看你的书。”），若进展不利，威尔逊会在某些场合询问一些相对琐碎的程序（“你用的是哪个样品，在哪儿取的粉末？你是怎么给架子编号的？”），他的自信与既得利益对其提问的类型有至关重要的影响。

6 在大多数谈论过往的讨论中，人们主要关心功劳正确分配的问题。见第五章。

7 我们所采取的人类学视角的主要优势之一在于，依赖丰富的书面资料：论文、科学协议计划书、期刊文章、信件，甚至还有对话手稿。只要能得到这些书面资料，符号学工具、诠释学、民俗学均可应用。然而乍看上去，“思维过程”不适用于此类处理。

8 这一操作符合赫斯（Mary Hesse，1966）对类比过程的定义。就整理而言，X对癌症的特殊兴趣被摘除（sort out），水中硒含量与一些变化相叠加的想法被理入（sort in），引进斯洛维克的具体问题之中，两者的相似性体现在现象随地点而变，因此可以类比并且解释后续问题。我们的兴趣不在类比推理本身，而在于其有无（推理是类比性的还是其他）。

9 得益于尼采对科学真理的处理，可将思想（ideas）视为总结性叙述，其增强了相信思维（thinking）本身存在的信念。

10 将关于物的陈述简单转化为特定体裁的故事，是形式批评（formgeschichte）的基础。尽管处理圣经注释很容易注意到该转化，但其在科学论中尚未引起足够重视。

11 克里克与沃森曾解释过，为何沃森充分信赖多诺霍，乃至愿意背离权威性化学教科书。两人回忆称，关键事实在于多诺霍是唯一一位值得信任的人（除鲍林外）。

12 这一案例也符合赫斯（Hesse，1966）的框架。毕斯对神经降压素的研究被摘除，体温测定被借用并引入铃蟾肽中。铃蟾肽与神经降压素的相似性使两者间关联有可能成立。但是，交叉或杂合涉及有形事件而非概念或观念：与测定相交的是物质。

13 该表述取自评议者汇报：“发现本身是B及其同事在神经降压素方面研究最初成果的进一步延伸，但发现铃蟾肽对……体温影响显著是一杰出贡献。”“延伸”与“杰出”表明评议者抓住了类比过程。首次发表的文章保留了类比路径的痕迹：“因为这些肽在生物活性与中枢神经系统分布方面的相似性，我们测试了几种天然肽。”后续论文则不再谈论类比，转而从这些肽在中枢神经系统中的新作用出发。

14 当然，采取这一视角是出于实际需要。科学家自己明确意识到其参与建构过程。

15 自休谟激进地讨论了该问题，它便被哲学家普遍接受了。

16 当科学家被要求描述一则陈述中“被发现”的物时，他们不可避免会重复这句陈述。但科学家通过更精简地重复同一句陈述，或会传达一种印象：实在尚未言尽。描述的不完整性被理解为物尚未被完全认识（参见 Sartre，1943）。

17 该物质的建构史将在别处详细介绍。与 TRF 一例不同，从建构该物质的最初尝试，到该物质最终固化并被用于工业之中，整个过程观察者都在场。

18 当前问题在于，既然不能使用真理性陈述，何种解释适用于争论平息？尽管我们在 TRF 一例中给出了几个答案，并继续在第六章中勾画了一般解释模型，但此处重点意在将问题从实在论的余烬中解救出来。

19 我们使用的影子概念与柏拉图相反。现实（柏拉图所谓的理念）在我们看来是科学实践的影子。

20 纵观认识论史（例如，Bachelard，1934），一旦真理性论证站不住脚，往往会使用有效性论证；一旦实在论者被击倒，传统主义者常常接棒（Poincare，1905）（反之也成立）。有效性论证并不减少或增添实在论的神秘感。

21 前几章提到的许多物质（及其类似物）都有专利。专利文本中，在实验室“被发现”的物质被描述为“被发明”的。这表明，陈述的本体论地位很少被确定下来，因相关各方的普遍利益，同一“物质”或被赋予新地位。

22 可靠性概念本身即可协商（Collins，1974；Bloor，1976）。例如，当几个实验室未能确认本实验室成员产生的结果时，后者只将这些失败改编为他人无能的证据（Ⅶ，12）。

23 我们不想用哲学术语提出另一种归纳，只想从经验基础上考虑问题，以便科学社会学家研究。在经验的基础上，无论是 TRF 还是生长抑素，都无法逃离其不断被建构、解构的物质网络与社会网络。对生长抑素的讨论，见布拉佐与吉耶曼（Brazeau and Guillemin，1974）。

24 这种好奇心在科学事物上尤为明显。无人怀疑纽卡斯尔的首台蒸汽机现已经发展为世界性铁路网。同样，无人认为该延伸证明即使在没有铁轨的地方，蒸汽机也可运转！这也是一个很好的例子。同理，我们必须记住，网络延伸是一种昂贵操作，蒸汽机只能在制造它的铁路上运转。即便如此，科学观察者们还是经常惊叹于事实在其建构的网络中得到“验证”。同时，他们也兴奋地忘却网络延伸的成本。对此双重标准的唯一解释是：事实理应为思想。不幸，从实验室的经验观察得知，事实不可能是思想。

第五章 信用循环

1 本章我们使用了松散结构访谈（其中很多有录音）、出版物清单、个人简历、资助计划和其他由参与者提供的文件资料。目睹一些冲突以及群体动力学，也得到了宝贵的数据。由于本章中会直接讨论个人的职业选择，为保护有关人员的匿名性，必须采取各种预防措施，包括改变姓名、日期、首字母、性别和研究人员所研究的特定物质。

2 即使我们这里研究的是小群体，人们也会采取明显不同的方式表征世界，意识形态也天差地别。虽然我们没有系统地研究这些，但我们注意到阿尔都塞（Althusser，1974）谈到的“科学家的自发性哲学”（spontaneous philosophy of scientists）。第一位科学家可能从克劳德·伯纳德（Claude Bernard，1865）那里借用了典型的实证主义表征科学，第二位可能对科学怀有一种神秘主义观念，并遵循科学原教旨主义从事科研活动，第三位认为自己在做生意，信奉新富认识论，第四位以经济学投资模式投入工作。这里引用了第五位高级成员的说法。

3 我们在研究中遇到了一大难题，受访者会假设我们想知道什么信息，再将这些信息告诉我们，所以我们才会听到这么多实验室政治的故事，这让我们有些压力，因此决定不在讨论中使用这些故事。这些故事的背后暗藏受访者的投资策略，这时观察者成了资源，受访者可以利用观察者确定投资效果，得知他人听到这些故事会有何种反应。

4 这方面的讨论大多借鉴了布迪厄（Bourdieu，1972；1977）。原因很简单：科学的经济分析仅考虑宏观因素，即便是伯纳尔（Bernal，1939）、索恩·雷特尔（Sohn Rethel，1975）和杨（Young，无日期）这样的马克思主义者也是如此。只有引入符号资本的概念（经济资本只是其中一个特殊形式），才有可能将经济论点应用于非经济行为（Bourdieu，1977）。至于在科学方面的直接应用，也可参见克诺尔（Knorr，1978）和布迪厄（Bourdieu，1975b）。

5 从霍格兰（Hoagland）的回忆中也能看到可信性转换：

1927 年，格里高利・平卡斯和我在哈佛取得了博士学位，我们很交好。我离开后，他仍在克罗泽的系里担任助理教授，尽管他很优秀，但两个三年任期结束后，他们没有续聘他。我很想让他加入我们，来克拉克的实验室。我们从外面筹够了资金，他完全能来当客座教授。1936 年他已经出版《哺乳动物的卵》（*The Eggs of Mammals*），还发表了一些论文，首次成功解释了哺乳动物的发病机理，他研究了有母体病原体但没有父体病原体的兔子，引起科学界与非专业媒体广泛关注，但大学里一些保守派对此却不太热心。我发现平卡斯对类固醇激素很感兴趣，在这方面也有丰富知识。他已经开发了改良后的尿液类固醇测定法，并将其应用于内分泌问题（Meites et al.，1975）。

每一句话都涉及不同可信性形式的转化，我们读到了文凭、社会关系、职位、金钱、信用、利益和信念如何相互转换。霍格兰不是简单地回报他的朋友平卡斯，而是需要平卡斯的技术与想法，用这些东西支持他们自己的研究，说服他人为其提供资金。

6 使用循环概念有一大好处，我们不必再具体说明所观察到的社会活动背后的真正动机。更确切地说，正因这种无休止的循环，科学才取得了非凡的成功。马克思（Marx，1867：第四章）有关使用价值到交换价值的跳跃的论述，很可能也适用于科学事实的生产。之所以有如此多的陈述，是因为每则陈述都不具备使用价值，但却有交换价值，因此可以实现转换并加速可信性循环的再生产。这也可以解释所谓的科学–工业关系（Latour，1976）。

7 一些科学分析家明显采用的是双重标准。当一个商人放弃并出售破产的公司，就说这显然是因为他贪婪，只追逐利益动机。但当一个科学家放弃了一个没有指望的领域或一个不可靠的假说（这意味着没有人会“购买”这个论点），却说他有无私利的科学精神。

8 如前所述，我们的实验室近乎病态地在意功劳。但显而易见，获得功劳的“荣誉攸关点”本身并不重要。这一场域已经改变，每个参与者也都采取着不同策略，他们竞争的不是功劳，而是场地、研究项目与设备。只要他们在这些方面达成一致，就不会争论是谁立下了功劳。当他们在这些问题上有分歧时，冲突的具体焦点就是功劳分享，所以才会为功劳争个不停。

9 我们可以进行这种类比，因为经济学的概念不限于货币的流通。相反，所有渗透着不值钱资本的活动，都应该应用经济学概念，因为这些资本的唯一目的就是积累与扩张。这不同于芝加哥学派，他们想用经济术语描述没有资本参与的活动。事实的科学生产与现代资本主义经济学之间的联系可能比它们表面的关系要深得多。

10 与之相关的一个问题是：我们所描绘的科学家的活动在多大程度上是有意识的明确策略活动？我们无法对此做出抽象回答，因为每个科学家也在争辩，想让他们的职业选择显得合理、明确、必要。我们不想说科学家是“真的”对实验室生活感兴趣，尽管他们现在确实作此宣称；也不想说他们“真的”是场域决定的，尽管他们认为自己在做选择时有一些自由，做了一些比较。我们把动机一类问题彻底留给心理学家与历史学家。一些科学家想告诉我们，选择这个课题是他们有意识的决定，但又认为同行不可能再选这个课题，因为一切都已经发展成熟。再如，一个人会告诉你他根本不是有意识地做什么，只是靠一种艺术直觉，几天后，同一个人又说整件事顺理成章，他没什么选择的余地。思考这个问题很重要，因为我们自然不想提出一种一般的行为模式，说个人进行计算只是为了实现利益最大化，这将是边沁式的经济学。资源计算、利益最大化和个人行动的问题变化多端，我们不能将它们作为讨论的出发点。

11 “场域”这个词在此处既指一个科学专业领域，也指“竞争性场域”。在第二种意义上，“场域”（布迪厄使用法语表示为“champ”）指所有行动者行动与主张对他人的影响，而不是一个结构或一个组织。因此，它与磁场或物理学中的其他类似用法（如场论等）并无区别。

12 我们使用战场的比喻，或许是因为“field”这个词让人想到战场，又或许是因为科学家自己经常使用军事比喻（例如，见第三章）。虽然没有定量证据，但我们有一种印象：实验室中最常用的隐喻首先是认识论的（“证明”“论证”“说服”，等等），其次是经济学的，再次是战场比喻，最后是心理学的（“愉悦”“努力”“激情”）。

13 正如布迪厄最近在巴黎研讨会上所说，只有考虑到动机的性质、参与者的存在以及场域的约束本身都是场域的关键要素，才能理解场域概念。决计不能将我们的论点理解为结构主义立场复兴。这一辩论的内容可参见克诺尔（Knorr，1978），加隆（Gallon，1975），以及拉图尔与法布里（Latour and Fabbri，1977）。

14 在某种意义上，这一整章都可以视为对成员们常说的一句话的评论：“这很有

趣。”（见 Davis，1971）

15 技术员小组的人员流动率很高。他们没有工会组织，也没有长期合同，他们的工资在 8000 至 15000 美金之间。没有合同的初级博士的工资在 1200 至 20000 美金之间；有合同的助理教授的工资约为 25000 美金；有终身职位的副教授的工资约为 40000 美金。拥有终身职位和一些场地权力的小组负责人的工资不详。因此，实验室工资与非科学公司的工资没有明显区别。更重要的是，科学家的工资积累下来的货币资本，与他们的科研资本相差甚远。

16 七名技术员在离开实验室前接受了采访（其中三名被录音）。他们在事实生产中的重要性通常被人低估。但由于我们主要关注可信度循环，而非实验室生活其他更一般的方面，所以这里将不使用这些采访材料。

17 如果没有允许小联盟成员担任第一作者的优惠政策，这一差异会更大。

18 正如前文所述，争夺原创性是事实生产的核心。因此，在科学家眼里，“我的原创性有多强”与“我的信息有多大价值”是同一个问题。

19 多亏了科学引文索引（Small，私下交流），我们能确定早在 1977 年，C 就加入了新“集群”，里面没有一人是经典神经内分泌学者。

20 一直到 1977 年情况都是这样，见下文。

21 这一判断基于 1978 年一场十分简短的跟踪访问。一系列新近事件发生后，第二章中描述的实验室的那些特征发生了实质性变化。大部分设备还在，但只有两个原始成员留了下来。更重要的是，尽管实验室最初是为生产某些特定事实配备的，但现在看来，一个竞争实验室即将使用一样的生产线，建构事实充斥市场。科学家面临的问题是，如何以不同方式，在不同领域使用第二章描述的设备。受篇幅所限无法详细介绍这些进展。不过，只要意识到我们的研究对象是一个小组、空间、设备、一系列问题之间非同寻常的配合就够了。这些特殊情况非比寻常，我们因此能看到事实建构的诸多特征，它们很有可能不再出现。

22 科学家可以转入临床研究，或进入工业、文化行业兑换资本，但这里不作研究。不过显而易见，计算可信性循环的投资总和需要最终理由，这在科学家提出资助建议时很明显。

第六章 自失序创造秩序

1 巴什拉经常提到这一点（例如，Bachelard，1934；1953）。不过，他一直以来只关注科学活动的“中间过程（中介）”（mediation），没有进一步拓展。他发展“理性唯物主义”（rational materialism）概念，更多是为了表明不能从它出发区分科学思想与“前科学”思想。他尤其对“认识论断裂”（la coupure épistémologique）感兴趣，因此难以对科学进行社会学调查，尽管他对科学的很多评价都更适用于社会学框架。

2 从一开始，观察者就不理解为什么如此庞大的仪器设备只能制造出极少的脑萃取物，“运用科学‘才智’探索‘自然’”的说法无法解释这种对比。

3 在不同的语境里，风险的重要性可能会发生改变。例如，生长抑素对治疗糖尿病非常重要，因此小组会仔细检查每一篇相关论文。相比之下，任何一篇内啡肽文章一开始就会被当成是事实，无论其中的猜想何等疯狂。

4 观察者进入实验室的第一天，成员们就告诉他：“其实 99.9%（90%）的文献都没意义。”此后成员们也一直变着法儿表达这个意思，乃至它几乎成了一则格言。

5 我们得出这个观点是因为听取了几次科学家与律师的交谈，只是不方便在文中使用这些材料。

6 任何东西，不论它在特定科学事件发生前后显得多么神秘、荒谬、可笑，它都可以被物化，这一点对我们的论证很关键。例如，卡隆（Collón，1978）发现哪怕是极其荒诞的决定，其产出也可以融入技术设备，而一旦物化完成，这些决议就会成为后续逻辑论证的前提条件。用更具哲学内涵的术语来说，如果一个人不同意黑格尔所说的“实在是合理的”（real is rational），就无法理解科学。

7 对精力投资的精神分析尚未发展起来，我们只能找到拉康（Jacque Lacan，1966）零星的几页文章，杨（Bob Young，n. d）也对此有过间接论述。

8 例如，马克卢普（Fritz Machlup，1962）和雷斯彻（Nicholas Rescher，1978）曾试图使用经济学术语理解信息市场，但他们没有超出经济学投资这个核心概念，只是将它稍作拓展。相反，布迪厄（Bourdieu，1976）与福柯（Michel Foucault，1978）开创了真理（或说信用）的政治经济学框架，将货币投资视为一种特殊投资方式。

9 哲学事业就是为了抹除所有环境痕迹。因此，在柏拉图的《申辩篇》中，苏格拉底必须抹除艺术家、律师等人给出的活动定义中的环境因素，这是确定“理念”存在必须付出的代价。索恩·雷特尔（Sohn Rethel，1975）认为，这种哲学操作对科学与经济学的发展至关重要。因此，重建环境的任务在根本上受哲学传统遗产所制约。

10 巴特曾指出这类转变是现代经济的典型形式。于是我们可以对照马克思（Marx，1867）的拜物教概念理解科学事实（拜物教与科学事实都有同一个认识论起源）。无论是拜物教还是科学事实都包含一系列复杂进程，劳动者会因此忘记“外在”之物是他们自己“异化”劳动的产物。

11 布里卢安对噪声一词的使用违反我们的直觉。一则陈述只有看起来不可能成立时才会包含信息，因为只有这时它才远不同于其他等可能陈述。但通常人们相信一种说法是因为它与别的说法类似。一旦我们明白信息不过是信噪比，就能理解这一表面矛盾。

12 我们在讨论过程中，会尽量避免区分说服自己和说服他人。访谈中，说服自己与说服他人经常同时发生（“我想确定，我可不想 W 站起来反驳我”），因此我们放弃这种人为区分。实验室经历告诉我们，科学家或许会在内心深处同竞争性场域中的所有人争论，他或许可以预料到同行所有的反对意见。

13 这种说法十分符合科学家自己对科学领域的印象，它十分混乱，你可以发表任何意见，更确切地说，人人都尽可发表意见。

14 这并不是说，原则上不可能质疑基于质谱仪的论点。但修改理论基础的成本很高，因此没有人会在实践中挑战它（除非是在科学革命时期）。原则上可能的事情和实践中可以做到的事情不同，这正是我们的关键论点。正如莱布尼茨所说：“一切皆有可能，但并非一切可能都相同。”第三章中探讨了等可能方案的拓展情况。质谱仪并不比薄层色谱法更具真理性，它只是更强大。

15“黑箱”一词也让人想起惠特利（Whitley，1972）的论点，即：科学社会学家不应该将科学家的认知文化当作一个独立实体，不对它进行社会学调查。我们虽然同意这一观点，但惠特利忽略了关键之处——创造黑箱的活动，它们让知识脱离知识的创造环境，科学家大部分时间都在进行这项工作。因此，科学中创造黑箱的方式是社会学调查的重要焦点。一旦实验室里成功建起一个仪器、一套动作，就很难将其重新转化为社会学对象。将科学活动的历史纳入黑箱有多重要，再度揭示其中的社会学因素就有多困难（例如，描绘 TRF 的起源）。

16 这就是为什么我们不需要用不同规则解释政治世界和科学世界。同样，我们从同一角度分析科学家的诚实与不诚实，它们本质上并无区别，它们同为策略，相对价值都取决于环境和竞争性领域的情况。

17 实在是什么？实在是抵抗（resist，来自拉丁文“res”-thing）力量压制的东西。由于实在一词没有被充分定义，实在论者与相对主义者之间日益胶着。或许我们能给出一个较好的定义：实在是不能随心所欲改变的东西。

18 科学社会学家们很少听说过布里卢安，但他在科学生产的唯物主义分析上颇有贡献。布里卢安将一切科学活动（包括“智识”活动与“认识”活动）都当成物质操作，它们和物理学中处处可见的物没什么不同。他在物质与信息之间搭建起一座桥梁，因此填补了科学论研究中物质因素与智识因素的巨大鸿沟。

19 即便是实验台工作，我们最好也要分阶段地加以分析，还要考察它的书写性质。例如，研究者将样品放入手术台一侧的彩色架子上，缓慢移动它。一块停表会监控移动过程，将其记录在一张纸上。这一细微层面也在进行着一系列预防措施，对抗可能出现的反对意见（见照片集）。

20 围棋还有很多特征也可以类比科学工作。这个比喻的优点之一是可以近似阐明偶然性与必然性辩证关系，优点之二是说明了科学的物化过程。如图 6.1c 所示，第 4 步棋紧挨着第 148 步棋。一组白棋已经被包围吃掉。这近似于第三章中的矛盾运动，一个陈述是否自相矛盾（并需要被取消）取决于在地环境与竞争性场域的压力。在这一棋阵中，白棋之所以被吃掉是因为黑棋下在了特定地方。

21 田野调查的一大优势在于社会学工作可以与研究所的生物研究携手并进。但观察者很清楚，他的受访者与他的社会学同行都声称自己在做科学，这种复杂关系招致的问题将在其他地方详细研究。

22 我们无意宣称已经为科学论研究提出了一个原创范式，而只想表明我们的人类学立场与其他广义的“科学社会学”研究十分接近。似乎迄今为止的主要研究方法是（a）彼此之间没有联系；（b）对其研究结果的最终地位存有疑虑。我们在此提出，可以对背景进行轻微但彻底的修改，这或将具有启发性，有助于充分认识到这些发现的重要性。

23 这一方面因为观察者孤身一人而又缺乏技术训练，另一方面由于以前没有任何关于现代科学的人类学研究。我们特别要感激欧杰（Auge，1975）对科特迪瓦巫术的研究，他建立了一个不为科学事业所动的知识框架。

24 看来，科学活动的基本原型不是在数学或逻辑领域，而是像尼采（Nietzsche，1974）与斯宾诺莎（Spinoza，1667）反复说过的，可以在圣经注释学之中找到。圣经注释学与经典解释学都是工具，科学生产在历史上利用这些工具锻造了科学理念。我们承认，我们对实验室活动的经验观察完全支持这一大胆的观点。例如，不能轻视铭文概念（Derrida, 1977）。

25 “虚构”在这里指不具理论承诺性，它表达的是“不可知论”含义，它适用于事实制造的整体过程，但不特别适用于事实制造的任何阶段。我们在这里关注的是实在的生产过程而非生产的最终阶段（第二章术语所说的第五阶段）。我们使用“虚构”主要是为了突显叙述的文学性与书写性。德塞都（De Certeau）曾经说过，“只能有一门科学的虚构学”。我们的讨论是明确科学与文学之间联系的首次试探（Serres，1977）。

参考文献

Anonymous (1974) Sephadex: Gel Filtration in Theory and Practice. Uppsala: Pharmacia.

______(1976a) B.L.'s interview. Oct. 19. Dallas.

______(1976b) B.L.'s interview. Oct. 19. Dallas

ALTHUSSER, L. (1974) La philosophie spontanée des savants. Paris: Maspéro.

ARISTOTLE (1897) The Rhetorics of Aristotle. Trans. by E. M. Cope and J. E. Sandys. Cambridge.

ATLAN, H. (1972) L'organisation biologique et la théorie de l'information. Paris: Hermann.

AUGE, M. (1975) Théories des pouvoirs et idéologies. Paris: Hermann.

BACHELARD, G. (1934) Le nouvel esprit scientifique. Paris: P.U.F.

______ (1953) Le matérialisme rationnel. Paris: P.U.F.

______ (1967) La formation de l'esprit scientifique: contribution à une psychoanalyse de la connaissance approchée. Paris: Vrin.

BARNES, B. (1974) Scientific Knowledge and Sociological Theory. London: Routledge and Kegan Paul.

______ and LAW, J. (1976) "Whatever should be done with indexical expressions?" Theory and Society 3 (2): 223-237.

BARNES, B. and SHAPIN, S. [eds.] (forthcoming) Natural Order: Historical Studies of Scientific Culture. Beverly Hills: Sage Publications.

BARTHES, R. (1957) Mythologies. Paris: Le Seuil.

______ (1966) Critique et vérité. Paris: Le Seuil.

______ (1973) Le plaisir du texte. Paris: Le Seuil.

BASTIDE, F. (forthcoming) Analyse sémiotique d'un article de science expérimentale. Urbino: Centre International de Sémiotique.

Beckman Instruments (1976) B.L.'s interview. Aug. 24. Palo Alto.

BEYNON, J. H. (1960) Mass Spectometry. Amsterdam: Elsevier.

BERNAL, J. D. (1939) The Social Function of Science. London: Routledge and Kegan Paul.

BERNARD, C. (1865) Introduction à l'étude de la Medicina Experimentale. Paris.

BHASKAR, R. (1975) A Realist Theory of Science. Atlantic Highlands, N. J.: Humanities Press.

BITZ, A., McALPINE, A., and WHITLEY, R. D. (1975) The Production, Flow and Use of Information in Research Laboratories in Different Sciences. Manchester Business School and Centre for Business Research.

BLACK, M. (1961) Models and Metaphors. Ithaca, N. Y.: Cornell University Press.

BLISSETT, M. (1972) Politics in Science. Boston: Little, Brown.
BLOOR, D. (1974) "Popper's mystification of objective knowledge."Science Studies 4: 65-76.
______ (1976) Knowledge and Social Imagery. London: Routledge and Kegan Paul.
______ (1978) "Polyhedra and the abominations of Leviticus." British Journal for the History of Science 11: 245-272.
BOGDANOVE, E. M. (1962) "Regulations of TSH secretion."Federations Proceeding 21: 623.
BOLER, J., ENZMANN, F., FOLKERS, K., BOWERS, C. Y., and SCHALLY, A. V. (1969) "The identity of clinical and hormonal properties of the thyrotropin releasing hormones and pyroglutamyl-histidine-proline amide." B. B. R. C. 37: 705.
BOURDIEU, P. (1972) Esquisse d'une théorie de la practique. Genève: Droz.
______ (1975a) "Le couturier et sa griffe." Actes de la Recherche en Sciences Sociales 1 (1).
______(1975b) "The speficity of the scientific field and the social conditions of the progress of reason." Social Science Information 14 (6): 19-47.
______ (1977) "La production de la croyance: contribution a une economie des biens symbolique." Actes de la Recherche en Sciences Sociales 13: 3-43.
BRAZEAU, P. and GUILLEMIN, R. (1974) "Somatostatin: newcomer from the hypothalamus." New England Journal of Medicine 290: 963-964.
BRILLOUIN, L. (1962) Science and Information Theory. New York: Academic Press.
______ (1964) Scientific Uncertainty and Information. New York: Academic Press.
BROWN, P. M. (1973) High Pressure Liquid Chromatography. New York: Academic Press.
BULTMANN, R. (1921) Die Geschichte der synoptischen Tradition. Göttingen: Vandenhoek und Ruprecht. (Histoire de la tradition synoptique. Paris: Le Seuil (1973).)
BURGUS, R. (1976) B.L.'s interview. April 6. San Diego.
______ and GUILLEMIN, R. (1970a) "Chemistry of thyrotropin releasing factor in hypophysiotropic hormones of the hypothalamus." Pp. 227-241 in J. Meites (eds.) Hypophysiotropic Hormones of the Hypothalamus. Baltimore: Williams and Wilkins.
______ (1970b) "Hypothalamic releasing factors." Annual Review of Biochemistry 39: 499-526.
BURGUS, R., WARD, D. N. SAKIZ, E., and GUILLEMIN, R. (1966) "Actions des enzymes protéolytiques sur des préparations purifiées de l'hormone hypothalamique TSH (TRF)." C. R. de l'Ac. des sciences 262: 2643-2645.
BURGUS, R., DUNN, T. F., WARD, D. N., VALE, W., AMOSS, M., and GUILLEMIN, R. (1969a) "Dérivés polypeptidiques de synthèse doues d' activité hypophysiotrope TRF." C.R. de l'Ac. des Sciences 268: 2116-2118.
BURGUS, R., DUNN, T. F., DESIDERO, D., VALE, W., and GUILLEMIN, R. (1969b) "Dérivés polypeptidiques de synthèse doués d'activité hypophysiotrope TRF: nouvelles observations." C.R. de l'Ac. des Sciences 269: 226-228.
BURGUS, R., DUNN, T. F., DESIDERO, D., and GUILLEMIN, R. (1969c) "Structure moléculaire du facteur hypothalamique hypophysiotrope TRF d'origine

ovine." C.R. de l'Ac. des Sciences 269: 1870-1873.
BURGUS, R., DUNN, T. F., DESIDERO, D., WARD, D. N., VALE, W., and GUILLEMIN, R. (1970) "Characterization of ovine hypothalamic TSH-releasing factor (TRF)." Nature 226 (5243): 321-325.
CALLON, M. (1975) "L'opération de traduction comme relation symbolique." In P. Roqueplo (ed.) Incidence des rapports sociaux sur le developpement scientifique et technique. Paris: C.N.R.S.
_____ (1978) De problèmes en problèmes: itinéraires d'un laboratoire universitaire saisi par l'aventure technologique. Paris: Cordes.
COLE, J. R. and COLE, S. (1973) Social Stratification in Science. Chicago: University of Chicago Press.
COLLINS, H. M. (1974) "The T.E.A. set: tacit knowledge and scientific networks." Science Studies 4: 165-186.
_____ (1975) "The seven sexes: a study in the sociology of a phenomenon or the replication of experiments in physics." Sociology 9 (2): 205-224.
_____ and COX, G. (1977) "Relativity revisited: Mrs. Keech—a suitable case for special treatment?" Social Studies of Science 7 (3) 372-381.
COSER, L. A. and ROSENBURG, B. [eds.] (1964) Sociological Theory. London: Macmillan.
COSTA de BEAUREGARD, O. (1963) Le second principe de la science du temps: entropie, information, irreversibilité. Paris: Le Seuil.
CRANE, D. (1969) "Social structure in a group of scientists: a test of the 'invisible college' hypothesis." American Sociological Review 34: 335-352.
_____ (1972) Invisible Colleges. London: University of Chicago Press.
_____ (1977) "Review symposium." Society for Social Studies of Science Newsletter 2 (4): 27-29.
CRICK, F. and WATSON, J. (1977) B.L.'s interview. Feb. 18. San Diego.
DAGOGNET, F. (1973) Ecriture et iconographie. Paris: Vrin.
DAVIS, M. S. (1971) "That's interesting." Philosophy of the Social Sciences 1: 309-344.
DE CERTEAU (1973) L'écriture de l'histoire. Paris: Le Seuil.
DERRIDA, J. (1977) Of Grammatology. Baltimore: Johns Hopkins University Press.
DONOVAN, B. T., McCANN, S. M., and MEITES, J. [eds.] (forthcoming) Pioneers in Neuroendocrinology, Vol. 2. New York: Plenum Press.
DUCROT, V. and TODOROV, T. (1972) Dictionaire encyclopédique des sciences du language. Paris: Le Seuil.
EDGE, D. O. [ed.] (1964) Experiment: A Series of Scientific Case Histories. London: BBC.
_____ (1976) "Quantitative measures of communication in science." Paper presented at the International Symposium on Quantitative Measures in the History of Science. Berkeley, California, Aug. 25-27.
_____ and MULKAY, M. J. (1976) Astronomy Transformed. London: Wiley-Interscience.
EGGERTON, F. N. [ed.] (1977) The History of American Ecology. New York: Arno Press.
FEYERABEND, P. (1975) Against Method. London: NLB.

FOLKERS, K., ENZMANN, F., BOLER, J. G., BOWERS, C. Y., and SCHALLY, A. V. (1969) "Discovery of modification of the synthetic tripeptide-sequence of the thyrotropin releasing hormone having activity." B.B.R.C. 37: 123.

FORMAN, P. (1971) "Weimar culture, causality and quantum theory 1918-1927." In Historical Studies in the Physical Sciences. Philadelphia: University of Pennsylvania Press.

FOUCAULT, M. (1966) Les mots et les choses. Paris: Gallimard.

_____ (1972) Histoire de la folie a l'age classique. Paris: Gallimard.

_____ (1975) Surveiller et punir. Paris: Gallimard.

_____ (1978) "Vérité et pouvoir." L'arc 70.

FRAME, J. D., NARIN, F., and CARPENTER, M. P. (1977) "The distribution of world science." Social Studies of Science 7: 501-516.

GARFINKEL, H. (1967) Studies in Ethnomethodology. Englewood Cliffs, N.J.: Prentice-Hall.

GARVEY, W. D. and GRIFFITH, B. C. (1967) "Scientific communication as a social system." Science 157: 1011-1016.

_____ (1971) "Scientific communication: its role in the conduct of research and creation of knowledge." American Psychologist 26: 349-362.

GELOTTE, B. and PORATH, J. (1967) "Gel filtration in chromotography." In E. Heftmann (ed.) Chromatography. New York: Van Nostrand Reinhold.

GILBERT, G. N. (1976) "The development of science and scientific knowledge: the case of radar meteor research." Pp. 187-204 in Lemaine et al. (eds.) Perspectives on the Emergence of Scientific Disciplines. The Hague: Mouton/Aldine.

GILPIN, R. and WRIGHT, C. [eds.] (1964) Scientists and National Policy Making. New York: Columbia University Press.

GLASER, B. and STRAUSS, A. (1968) The Discovery of Grounded Theory. London: Weidenfeld and Nicolson.

GOLDSMITH, M. and MACKAY, A. [eds.] (1964) The Science of Science. London: Souvenir.

GOPNIK, M. (1972) Linguistic Structure in Scientific Texts. Amsterdam: Mouton.

GREEP, R. O. (1963) "Synthesis and summary." Pp. 511-517 in Advances in Neuroendocrinology. Urbana: University of Illinois Press.

GREIMAS, A. J. (1976) Sémiotique et sciences sociales. Paris: Le Seuil.

GUILLEMIN, R. (1963) "Sur la nature des substances hypothalamiques qui controlent la sécrétion des hormones antéhypophysaires." Journal de Psysiologie 55: 7-44.

_____ (1975) B.L.'s interview. Nov. 28. San Diego.

_____ (1976) "The endocrinology of the neuron and the neural origin of endocrine cells." In J. C. Porter (ed.) Workshop on Peptide Releasing Hormones. New York: Plenum Press.

_____ and BURGUS, R. (1972) "The hormones of the hypothalamus." Scientific American 227(5): 24-33.

_____ SAKIZ, E., and WARD, D. N. (1966) "Nouvelles données sur la purification de l'hormone hypothalamique TSH hypophysiotrope, TRF." C. R. de l'Ac. des Sciences 262: 2278-2280.

GUILLEMIN, R., BURGUS, R., and VALE, W. (1968) "TSH releasing factor: an

RF model study." Exerpta Medica Inter. Congress Series 184: 577-583.
GUILLEMIN, R., SAKIZ, E., and WARD, D. N. (1965) "Further purification of TSH releasing factor (TRF)." P.S.E.B.M. 118: 1132-1137.
GUILLEMIN, R., YAMAZAKI, E., JUTISZ, M., and SAKIZ, E. (1962) "Présence dans un extrait de tissus hypothalamiques d'une substance stimulant la sécrétion de l'hormone hypophysaire thyréotrope (TSH)." C. R. de l'Ac. des Sciences 255: 1018-1020.
GUSFIELD, J. (1976) "The literary rhetoric of science." American Sociological Review 41 (1): 16-34.
_____ (forthcoming) "Illusion of authority: rhetoric, ritual and metaphor in public actions—the case of alcohol and traffic safety."
HABERMAS, J. (1971) Knowledge and Human Interests. Boston: Beacon Press.
HAGSTROM, W. O. (1965) The Scientific Community. New York: Basic Books.
HARRIS, G. W. (1955) Neural Control of the Pituitary Gland. Baltimore: Williams and Wilkins.
_____ (1972) "Humours and hormones." Journal of Endocrinology 53: i-xxiii.
HARRIS, M. (1968) The Rise of Anthropological Theory. London: Routledge and Kegan Paul.
HEFTMANN, E. [ed.] (1967) Chromatography. New York: Van Nostrand Reinhold.
HESSE, M. (1966) Models and Analogies in Science. Notre Dame, IN: Notre Dame University Press.
HORTON, R. (1967) "African traditional thought and Western science." Africa 37: 50-71, 155-187.
HOYLE, F. (1975) Letter to the Times. April 8.
HUME, D. (1738) A Treatise of Human Nature. London.
JACOB, F. (1970) La logique du vivant. Paris: Gallimard.
_____ (1977) "Evolution and tinkering." Science 196(4295): 1161-1166.
JUTISZ, P., SAKIZ, E., YAMAZAKI, E., and GUILLEMIN, R. (1963) "Action des enzymes protéolytiques sur les facteurs hypothalamiques LRF et TRF." C.R. de la societe de Biologie 157 (2): 235.
KANT, E. (1950) [1787] Critique of Pure Reason. London: Macmillan.
KAWABATA, Y. (1972) The Master of Go. New York: Alfred A. Knopf.
KORACH, M. (1964) "The science of industry." Pp. 179-194 in Goldsmith and Mackay (eds.) The Science of Science. London: Souvenir.
KNORR, K. (1978) "Producing and reproducing knowledge: descriptive or constructive." Social Science Information 16(6): 669-696.
_____ (forthcoming) "From scenes to scripts: on the relationships between research and publication in science."
_____ (forthcoming) "The research process: tinkering towards success or approximation of truth." Theory and Society.
KUHN, T. (1970) The Structure of Scientific Revolutions. Chicago: University of Chicago Press.
LACAN, J. (1966) Les écrits. Chapter: "La science et la vérité," Pp. 865-879. Paris: Le Seuil.
LAKATOS, I. and MUSGRAVE, A. (1970) Criticism and the Growth of Knowledge. Cambridge: Cambridge Universtiy Press.

LATOUR, B. (1976) "Including citations counting in the systems of actions of scientific papers." Society for Social Studies of Science, 1st meeting, Ithaca, Cornell University.

_____ (1976b) "A simple model for a comprehensive sociology of science." (mimeographed).

_____ (1978, forthcoming) "The three little dinosaurs."

_____ and FABBRI, P. (1977) "Pouvoir et devoir dans un article de science exacte." Actes de la Recherche en Sciences Sociales 13: 81-95.

LATOUR, B. and RIVIER, J. (1977, forthcoming) "Sociology of a molecule."

LAW, J. (1973) "The development of specialities in science: the case of X-ray protein crystallography." Science Studies 3: 275-303.

LEATHERDALE (1974) The Role of Analogy, Model and Metaphor in Science. New York: Elsevier.

LECOURT, D. (1976) Lyssenko. Paris: Maspéro.

LEHNINGER, (1975) Biochemistry. New York: Worth.

LEMAINE, G., CLEMENÇON, M., GOMIS, A., POLLIN, B., and SALVO, B. (1977) Stratégies et choix dans la recherche apropos des travaux sur le sommeil. The Hague: Mouton.

LEMÀINE, G., LÉCUYER, B. P., GOMIS, A., and BARTHÉLEMY, G. (1972) Les voies du succès. Paris: G.E.R.S.

LEMAINE, G., MACLEOD, R., MULKAY, M., and WEINGART, P. [eds.] (1976) Perspectives on the Emergence of Scientific Disciplines. The Hague: Mouton/ Aldine.

LEMAINE, G. and MATALON, B. (1969) "La lutte pour la vie dans la cité scientifique." Revue Française de Sociologie 10: 139-165.

LEVI-STRAUSS, C. (1962) La pensée sauvage. Paris: Plon.

LOVELL, B. (1973) Out of the Zenith. London: Oxford University Press.

LYOTARD, J. F. (1975, 1976) Lessons on Sophists. San Diego: University of California.

McCANN, S. M. (1976) B.L.'s interview. Oct. 19. Dallas.

MACHLUP, F. (1962) The Production and Distribution of Knowledge. Princeton, N.J.: Princeton University Press.

MANSFIELD, E. (1968) The Economics of Technological Change. New York: W.W. Norton.

MARX, K. (1970) Feuerbach: Opposition of the Naturalistic and Idealistic Outlook. New York: Beckman.

_____ (1977) The Capital, Vol. 1. New York: Random House.

MEDAWAR, P. (1964) "Is the scientific paper fraudulent? yes; it misrepresents scientific thought." Saturday Review Aug. 1: 42-43.

MEITES, J. [ed.] (1970) Hypophysiotropic Hormones of the Hypothalamus. Baltimore: Williams and Wilkins.

_____, DONOVAN, B., and McCANN, S. (1975) Pioneers in Neuroendocrinology. New York: Plenum Press.

MERRIFIELD, R.B. (1965) "Automated synthesis of peptides." Science 150 (8; Oct.): 178-189.

_____ (1968) "The automatic synthesis of proteins." Scientific American 218 (3): 56-74.

MITROFF, I. I. (1974) The Subjective Side of Science. New York: Elsevier.
MONOD, J. (1970) Le hasard et la nécessité. Paris: Le Seuil.
MOORE, S. (1975) "Lyman C. Craig: in memoriam." Pp. 5-16 in Peptides: Chemistry; Structure; Biology. Ann Arbor: Ann Arbor Science Publishers.
——, SPACKMAN, D. H., and STEIN, W. H. (1958) "Automatic recording apparatus for use in the chromatography of amino acids." Federation Proceedings 17 (Nov.): 1107-1115.
MORIN, E. (1977) La méthode. Paris: Le Seuil.
MULKAY, M. J. (1969) "Some aspects of cultural growth in the natural sciences." Social Research 36(1): 22-52.
—— (1972) The Social Process of Innovation. London: Macmillan.
—— (1974)"Conceptual displacement and migration in science: a prefatory paper." Social Studies of Science 4: 205-234.
—— (1975) "Norms and ideology in science." Social Science Information 15 (4/5): 637-656.
——, GILBERT, G. N., and WOOLGAR, S. (1975) "Problem areas and research networks in science." Sociology 9: 187-203.
MULLINS, N. C. (1972) "The development of a scientific specialty: the Phage group and origins of molecular biology." Minerva 10: 51-82.
—— (1973) Theory and Theory Groups in Contemporary American Sociology. New York: Harper and Row.
—— (1973b) "The development of specialties in social science: the case of ethnomethodology." Science Studies 3: 245-273.
NAIR, R.M.G., BARRETT, J. F., BOWERS, C. Y., and SCHALLY, A. V. (1970) "Structure of porcine thyrotropine releasing hormone." Biochemistry 9: 1103.
NIETZSCHE, F. (1974a) Human, All Too Human. New York: Gordon Press.
—— (1974b) The Will to Power. New York: Gordon Press.
OLBY, R. (1974) The Path to the Double Helix. Seattle.: University of Washington Press.
ORGEL, L. E. (1973) The Origins of Life. New York: John Wiley.
PEDERSEN, K. O. (1974) "Svedberg and the early experiments: the ultra centrifuge." Fractious 1 (Beckman Instruments).
PLATO The Republic.
POINCARÉ, R. (1905) Science and Hypothesis. New York: Dover.
POPPER, K. (1961) The Logic of Scientific Discovery. New York: Basic Books.
PORATH, J. (9167) "The development of chromatography on molecular sieves." Laboratory Practice 16 (7).
PRICE, D. J. de SOLLA (1963) Little Science, Big Science. London: Columbia University Press.
—— (1975) Science Since Babylon. London: Yale University Press.
RAVETZ, J. R. (1973) Scientific Knowledge and Its Social Problems. Harmondsworth: Penguin.
REIF, F. (1961) "The competitive world of the pure scientist." Science 134 (3494): 1957-1962.
RESCHER, N. (1978) Scientific Progress: A Philosophical Essay on the Economics of Research in Natural Science. Oxford: Blackwell.

RODGERS, R. C. (1974) Radio Immuno Assay Theory for Health Care Professionals. Hewlett Packard.

ROSE, H. and ROSE, J. [eds.] (1976) Ideology of/in the Natural Sciences. London: Macmillan.

RYLE, M. (1975) Letter to the Times, 4.12.

SACKS, H. (1972) "An initial investigation of the usability of conversational data for doing sociology." Pp. 31-74 in Sudnow (ed.) Studies in Social Interaction. New York: Free Press.

______, SCHEGLOFF, E. A., and JEFFERSON, G. (1974) "A simplest systematics for the organisation of turn-taking for conversation." Language 50: 696-735.

SALOMON BAYET, C. (1978) L'institution de la science, et l'expérience du vivant." Ch. 10. Paris: Flammarion.

SARTRE, J. P. (1943) L'Etre et le Néant. Paris: Gallimard.

SCHALLY, A. V. (1976) B.L.'s interview. Oct. 21. New Orleans.

______, AMIMURA, A., BOWERS, C. Y., KASTIN, A. J., SAWANO, S., and REDDING, T. W. (1968) "Hypothalamic neurohormones regulating anterior pituitary function." Recent Progress in Hormone Research 24: 497.

SCHALLY, A. V., ARIMURA, A., and KASTIN, A. J. (1973) "Hypothalamic regulatory hormones." Science 179 (Jan. 26): 341-350.

SCHALLY, A. V., BOWERS, C.Y., REDDING, T. W., and BARRETT, J. F. (1966) "Isolation of thyrotropin releasing factor TRF from porcine hypothalami." Biochem. Biophys. Res. Comm. 25: 165.

SCHALLY, A. V., REDDING, T. W., BOWERS, C. Y. and BARRETT, J. F. (1969) "Isolation and properties of porcine thryrotropin releasing hormone." J. Biol. Chem. 244: 4077.

SCHARRER, E. and SCHARRER, B. (1963) Neuroendocrinology. New York: Columbia University Press.

SCHUTZ, A. (1953) "The problem of rationality in the social world." Economica 10.

SERRES, M. (1972) L'interférence, Hermes II. Paris: Ed. de Minuit.

______ (1977a) La distribution, Hermes IV. Paris: Ed. de Minuit.

______ (1977b) La naissance de la physique dans la texte de Lucrèce: fleuves et turbulences. Paris: Ed. de Minuit.

SHAPIN, S. (forthcoming) "Homo Phrenologicus: anthropological perspectives on a historical problem." In Barnes and Shapin (eds.).

SILVERMAN, D. (1975) Reading Casteneda. London: Routledge and Kegan Paul.

SINGH, J. (1966) Information Theory, Language and Cybernetics. New York: Dover.

SOHN RETHEL, A. (1975) "Science as alienated consciousness." Radical Science Journal 2/3: 65-101.

SPACKMAN, N.D.H., STEIN, W. H., and MOORE, S. (1958) "Automatic recording apparatus for use in the chromatography of amino acids." Analytical Chemistry 30 (7): 1190-1206.

SPINOZA (1976) [1977] The Ethics. Appendix Part I. Secaucus, N.J.: Citadel Press.

SUDNOW, D. [ed.] (1972) Studies in Social Interaction. New York: Free Press.

SWATEZ, G. M. (1970) "The social organisation of a university laboratory." Minerva 8: 36-58.

TOBEY, R. (1977) "American grassland ecology 1895-1955: the life cycle of a professional research community." In Eggerton (ed.) The History of American Ecology. New York: Arno Press.

TUDOR, A. (1976) "Misunderstanding everyday life." Sociological Review 24: 479-503.

VALE, W. (1976) "Messengers from the brain." Science Year 1976. Chicago: F.E.E.C.

WADE, N. (1978) "Three lap race to Stockholm." New Scientist April 27, May 4, May 11.

WATANABA, S. [ed.] (1969) Methodologies of Pattern Recognition. New York: Academic Press.

WATKINS, J.W.N. (1964) "Confession is good for ideas." Pp. 64-70 in Edge (ed.) Experiment: A Series of Scientific Case Studies. London: BBC.

WATSON, J. D. (1968) The Double Helix. New York: Atheneum.

_____ (1976) Molecular Biology of the Gene. Menlo Park, CA: W. A. Benjamin.

WHITLEY, R. D. (1972) "Black boxism and the sociology of science: a discussion of the major developments in the field." Sociological Review Monograph 18: 61-92.

WILLIAMS, A.L. (1974) Introduction to Laboratory Chemistry: Organic and Biochemistry. Reading, MA: Addison-Wesley.

WILSON, B. [ed.] (1977) Rationality. Oxford: Blackwell.

WOOLGAR, S. W. (1976a) "Writing an intellectual history of scientific development: the use of discovery accounts." Social Studies of Science 6: 395-422.

_____ (1976b) "Problems and possibilities in the sociological analysis of scientists' accounts." Paper presented at 4S/ISA Conference on the Sociology of Science. Cornell, New York, Nov. 4-6.

_____ (1978) "The emergence and growth of research areas in science with special reference to research on pulsars." Ph.D. thesis, University of Cambridge.

WYNNE, B. (1976) "C. G. Barkla and the J phenomenon: a case study in the treatment of deviance in physics." Social Studies of Science 6: 307-347.

YALOW, R. S. and BERSON, S. A. (1971) "Introduction and general consideration." In E. Odell and O. Daughaday (eds.) Principles of Competitive Protein Binding Assays. Philadelphia: J. B. Lippincott.

YOUNG, B. (n. d.) "Science is social relations" (mimeographed).

第二版后记（1986）

按照惯例，人们都想问一则文本“真正”想表达什么，对它的真实含义穷追不舍。本书初版后的几年里，反对者、批评者就作者的“真实意图”争个不休。让人深感欣慰的是，文学理论正日益远离这种文本批评。当前的趋势是容许文本有自己的生命。文本的“真实”含义成为一个幻象，或至少是一个能够无限再议的概念。因此，“文本说了什么”“过去真正发生了什么”“作者想要表明什么”，这些问题现在都留给读者自行想象。读者，才是文本的作者。

虽然这种变化在文学批评中最为瞩目，但它显然对科学社会研究有特殊的意义，因为科学社会研究的公理是：将客体化实践视作暂时的、偶然的。尤其是科学事实的建构，它就是生成开放性**文本**的过程，文本的命运掌握在后续解释手中，它们将决定文本的地位、价值、效力、事实性。因此，我们不会就《实验室生活》的内容给出确定无疑的重述，而是选择就一些批评意见的性质及其反映的科学社会研究变化稍作讨论。

1975 年 10 月初，我们中的一位进入了吉耶曼教授的实验室，在索尔克研究所进行了为期两年的研究。拉图尔教授没有科学知识，英语也差得很，而且从没听过科学社会研究。除了最后一点（也许恰恰是因为这一点），拉图尔是一个典型的被派往全然陌生环境中的民族志学家。既然人们常常会问他当初是怎么来到索尔克研究所的，我们索性就先简单说说这个。

在科特瓦尔时，因为拉图尔是法国研究机构 ORSTOM[①] 的一名发展社会学研究者，他常被问起为何黑人管理人员很难适应现代工业生活（Latour，1973）。他发现有大量非洲哲学与比较人类学的文献。但是，从早期文献开始便似乎过快地总结了非洲“思维”的特点，而这些特点非常容易用社会学因素解释。例如，技校里白人老师批评年轻的黑人小伙子们不懂得“三维看问题”，这被看成是一个严重缺陷。但是事实证明，学校系统（完全是法国系统的翻版）在给学徒们介绍工程图的时候，学徒们没有人真正使用过发动机。小伙子们大多来自农村地区，他们之前从来没有见过或运行过发动机，所以看到图纸实在是困惑不解。随着非洲现代化研究的推进，研究者们更偏好牵强的认知解释，不愿考虑简单的社会解释。于是一个可怕的疑虑浮现出来：也许关于认知能力的文献通通在根本上就错了。尤其是每项研究都强调科学与前科学在推理上存在差别，这会产生很多问题。在与杰出的人类学者欧杰及其他同事的交往中，拉图尔受到启发，一个初步研究计划逐渐成形。如果像研究科特瓦尔一样研究一流的科学家，科学推理与前科学推理之间的“大分裂”（Great Divide）还会存在吗？两年以前，我们这位“未来的”（would-be）科学人类学家结识了吉耶曼教授，两人

① 法国合作发展科学研究所，致力于发展中国家与热带地区研究，后发展为法国国家科学研究网络。

都是勃艮第人。吉耶曼大夸索尔克研究所包容开放，邀请拉图尔过来他的实验室开展认识论研究，让他放心，自己一定全力支持。必须得说，吉耶曼的慷慨非同一般，在他的热情帮助下，拉图尔毫不费力地进入了实验室，得到了友善接待，这位吉耶曼心中的“认识论学者”（杰基尔博士）就此开展起科学人类学研究（海德先生）①[1]。

1979 年，《实验室生活》初版时，难以相信这是第一本在科学家的大本营里研究他们日常活动细节的论著。最诧异的要数科学家，这居然是首次科学人类学研究！在他们眼里，理所当然需要开展这种研究，他们打趣说：“居然有人无视我们的日常工作细节吗？”所以大多数科学家只是仔细地检查了一番成书，确定我们引述他们的话时作了匿名处理，除此以外没觉得里面的内容有多新鲜，可能还觉得它太琐碎了。虽然这证明我们的观察是可靠的，但是我们并不希望他们如此反应。科学家对韦德②（Nicholas Wade，1981）的研究更感兴趣。韦德研究了吉耶曼–沙利之争，虽然有点一边倒地支持沙利，但还是写了一本很有意思的书，最关键的是它突出反映了优秀科学报道与出色的科学社会学研究很不一样。书中，韦德的愤怒贯穿始终，他义愤填膺地写道：“科学方法的规则”被破坏了。我们避开了这个特殊事件，因为它太“社会”了（狭义的社会：炮制丑闻，

① 罗伯特·斯蒂文森（Robert Stevenson）代表作《化身博士》当中的经典人物，绅士亨利·杰基尔博士喝了自己配制的药剂，分裂出了邪恶的海德先生人格。

② 英国作家、记者。

“下流手段”)，而韦德的书则重点强调了这个事件。相比于我们的书，韦德笔下的漫长纷争更精准地命中了科学家的八卦心理。显然，我们的读者是另一批人。

对科学社会理论感兴趣的学者认为，本书采用了新颖的方法，是惊喜之作。库恩（Kuhn，1962）为科学的社会性提供了一般性基础（虽然这或许不是他的本意，参见 Kuhn，1984），尽管后来他改换了立场（Kuhn，1970）。巴恩斯（Barnes，1974）与布鲁尔（Bloor，1976）为科学知识社会学定下“强纲领”的议题。很多作者开始反对将科学当成一个“黑箱”。在新库恩分析浪潮中，我们本以为参与式观察也将有用武之地，结果它没有立即响应科学社会学的热情呼唤，几乎没有人花大量时间近距离观察在职科学家的日常活动。[2]

事后看来，任何民族志学者（或参与式观察者）的经历都证明走进一个陌生文化并生活其中相当费力。科学实验室的神秘文化更是给观察者带来艰巨挑战，概念与实践上都是如此。例如，保持分析距离对科学的民族志学者来说极其困难，因为他自己的文化（本土文化）中已经有“科学是什么”的概念。更大一重障碍或许在于，虽然库恩研究产生了一定影响，但1970年代末的科学社会学对此的反应却相对迟缓。众所周知，库恩的研究契合重新评价科学“特殊性”的先验假设，这改变了科学社会研究的重点。于是，人们不再研究科学家之间的关系、回报系统与制度联系，转而开始证实物（object）、事实与科学发现的基本社会特征。科学社会学变成了科学知识社会学。

对科学先验观念的重新评价是否也影响了科学社会研究使

用的方法与技术？或许尚不清楚这一问题的答案。认识论的科学先验观念修正后，一个棘手问题出现了：科学社会分析的本质是什么？我们能否在自己的研究实践中继续保持工具主义实在论立场，同时声称要将自然科学家去神秘化？我们是否应该大声疾呼科学的社会进程，却对自身研究的社会进程一言不发？面对这一根深蒂固的质疑，我们的犹豫不决与区别对待，多少说明了前库恩时代的正统已被撼动，丰富的研究视角得以解放。尽管新的科学知识社会研究都蔑视（“被接受的”）传统科学观，方法论风格与研究取向却明显不同（例如，见 Knorr-Cetina 和 Mulkay 的论文集，1983）。修正认识论先验观念时的不同声音也对《实验室生活》发表了不同看法。[3]

最主要的批评是本书缺乏条理。一位评论者说阅读《实验室生活》“好比是迷人地域上的一次极度颠簸的骑旅”（Westrum，1982：438）。韦斯特鲁姆注意到书中遗漏了一个详细表格以及一条索引（本版均已纠正），除此之外，他认为《实验室生活》叙事不够连贯，情节不够连续，读来不像一个整体。但我们的目的正是避开传统的事情“就是这样”的叙事建构，为此牺牲了流畅性。例如，我们不想沿用“戏剧人格”（*dramatis personnae*）的呈现手法，将人类描述为实验室的主要行动者。韦斯特鲁姆自己也留意到了这一点，他指出本书的形式与书中描绘的实验室过程存在一致性：“研究人员们切碎动物的大脑，拉图尔与伍尔加也是这样，他们把研究人员推进科学的努力和他们的科研事业切成碎片，好辨认、考察他们的互动。”（Westrum，1982：438）《实验室生活》之所以是现在这个形式，更平实的原因是，它是由一位法国哲学家与一位英国社会学家合作撰写的。继承了“杂合出创新”的优良传统，两位作者发现他们一直在重新发现、重新协商被称作（沙文主义的）英国海峡（the English Channel）的文化分裂的意义。于是，合作过程涌现出不协调的组合式风格，但显然产生了丰硕成果。

更实质性的批评涉及多个问题，下文会总结几个最重要的。还是不要花篇幅一一反驳这些观点，我们简要评价它们的意义，探讨它们提出的问题，为未来研究提供参考。

多激进才算激进？

既然学界当前已经提出可以就科学的任何部分进行社会学分析，一些马克思主义者也热烈欢迎对此观点进行详细的经验论证，但同时他们批评《实验室生活》是“资产阶级科学社会学”之作（Stewart，1982：133）。既然你们已经证实，科学事实形成于对自身历史性的否定与抹杀中，可以认为科学内部关系是明显的资本主义关系，你们为何不进一步就理由追问下去？批评者们对此感到失望。他们抱怨我们没能考察科学事实建构、科学等级剥削关系与整个社会阶级划分之间的联系。他们指责《实验室生活》维护理想主义的相对主义，缺乏社会－经济分析，将物质现实还原为“人类能动性的堪称任意的变动”（Stewart，1982：135）。

“相对主义”显然是这一特殊的激进主义立场的眼中钉。的确，目前存在随意使用“相对主义”的倾向，比如不理解相对主义与建构主义存在区别。但马克思主义的科学分析也有弱点，它们渴望科学的、客观的观点。持有马克思主义立场的分析者需要批判客观性，这样才能为他们的激进科学腾出空间，但同时，他们希望有一种“真正的科学”为激进科学提供基础（Latour，1982a：137；亦参见 Wolff，1981）。社会生产关系如何导致科学家“以特定方式选择与塑造自然”？对这一问题进行宏观社会分析的呼吁为马克思主义科学争取到了特权，而这恰是它们拒绝给予资产阶级科学的。

什么研究才算民族志研究？

科学实践的民族志理念催生了一系列“实验室研究”[4]，它们都假设如若沉浸于在职科学家的日常活动，所见所闻将有助于我们理解科学。至于从这些经验中可以得到什么，应该得到什么，研究者基本没有达成共识。我们在《实验室生活》中只初步呈现经验材料，希望借此寻回科学的某些工艺特性，因而需要括起对研究对象的熟悉感，同时需在分析时保持一定程度的“反身性”，出于这些考虑，我们使用“科学的人类学”概括这项研究。但这些特征还只是相当笼统地反映传统民族志的要求。

传统上，只要研究者描述了一个部落的生态、技术与信仰系统，便可以称其研究为民族志研究。但克诺尔·塞蒂娜

（Knorr-Cetina，1982a：40）发现这种“民族志”解释在人类学内部受到了严厉批评，因此一般认为民族志呼吁详尽的参与式观察记录与田野笔记，特别要备注资金来源、参与者职业背景、相关文献引用模式、工具的性质与来源等信息。有研究者（Latour，1982b）认为，如果要对事实制造的在地环境进行比较分析，必须了解上述信息。另有学者主张这些信息是必要的，但与其说是出于比较的目的，不如说但凡想要克服困难描述科学，都最好开展经验研究。

最初使用“民族志”术语时，我们特别强调这种方法有助于保持分析距离，避免轻信所观察的文化对其内部活动的通行解释。尤其要注意科学文化，因为科学文化的对象（事实）有强烈的自我解释倾向。我们的首要目标在于确定事实如何获得事实性，无意沿用科学家发现的事实解释其活动。林奇[①]（Michael Lynch，1982）指出我们遵从了舒茨（Schutz，1944）的建议，采取陌生人视角进行社会学分析，使用这一策略理解异文化会遭遇一些困难，但在看待成员司空见惯的文化现象时，这些难题恰恰为我们开拓了新视野。

林奇发现实验室科学的技术实践会判定事件“客观”状态与“社会历史”状态之间的关系（Lynch，1985b），而这正是我们所做的。但林奇强调科学家的评估（他称之为内生的批判性探究）无关乎任何社会学专业兴趣，也不完全依赖社会科学专业方法（Lynch，1982：501）。相反，社会科学家的种种努

① 美国社会学家，对科学研究的民族志方法多有讨论。

力导向了一种“非参与式”分析，例如陌生人方法需要借助陌生人身为社会科学家的分析能力，这种人类学式的陌生化切断了“技术实践与其现实世界研究对象的逻辑传递性”（Lynch，1982：503）。

林奇所说的“非参与式”具体指什么呢？在林奇看来，社会学家与科学家在能力上有根本差别，两者能力之间的关系会产生一系列问题。林奇列举了若干内容证明这种能力上的差别，比如我们的“观察者”（尤其见第二章）无法胜任实验室技术实践，无法理解技术报告，再如观察者与受访者发生争执，凡此种种。他认为还有很多区分社会科学实践与科学家实践的内容有待发现。

林奇的批评源于过度理想化，他不仅严格区分内部人士（科学家）与外部人士（观察者），而且认为完全有可能为二者明确匹配不同技能。至于我们，则从一开始就想避免这类区分，无意假定科学家与非科学人士具有原则性区别，林奇指出我们如果要使用陌生人方法就必须用到这种区分。他自行假设了这一区别，抱怨我们的观察者体验报告未如实记录科学家实践。林奇坚信技术实践（实际的）客观性，也认同科学研究的对象在现实世界客观存在。尽管他的批评严厉警告我们小心落入社会学中心主义，但没有说清楚什么样的描述能称得上是科学家技术实践的充分“参与式”描述。[5]

目前，我们对“民族志”这一概念的理解与其他研究者略有不同。不同于众多社会学理论（特别是马克思主义），人类学**不清楚**它所研究的社会的性质，也无法划定技术、社会、科学、自然等领域之间的界限，这便是民族志的主要优点。我们在定义实验室的本质上享有额外自由，这比划定与观察对象的人为距离重要得多。我们研究特定社会时，只要碰到无法确定社会构成的情况，都可以应用这种人类学方法。尽管许多人类学家为了追求“距离”效果都要去往异国他乡，但这并非不二法门，其实人类学家即便与科学家、工程师一类研究对象紧密合作，也能兼具距离效果。我们从“民族志”中汲取了不确定性的工作原则，而不是异国情调。

哲学的处境

大家都知道，在这个领域里，历史学家对科学知识社会学的新发展越来越热心，科学哲学家对此却一直比较抗拒。当然，社会学家也明显反感某些哲学。布鲁尔说“像哲学家一样提问往往都是为了麻痹思想”（Bloor，1976：45），这或许是对哲学最猛烈的一击。但自布鲁尔（Bloor，1981）与劳丹[①]（Larry Lauda，1981）之争以后，部分哲学家开始赞同科学知识社会学的工作（例如，Nickles，1982，1984），这说明我们或许不应再否定科学哲学化的所有尝试（Knorr-Cetina，1982a）。

科学社会研究领域内外的大部分学者都基于根深蒂固的本

① 美国科学与认识论者、哲学家，强烈批判实证主义、实在论与相对主义传统哲学。曾就“强纲领”与布鲁尔论辩，劳丹认为“强纲领”是伪科学。

体论信仰研究科学，不对科学作任何经验性描述，因此我们不应只否定哲学。正因如此，经验性证据（如《实验室生活》中所提供的）不太可能动摇思想，透过实在论的眼镜阅读本书的人会觉得内容有误（例如，Bazerman，1980：17）。我们反倒需要研究这些本体论的根源，并努力发展出另一种研究路径（Latour，1984，1986a）。不过，认识论作为哲学的特殊分支早该彻底消亡了，它居然认为知识的唯一来源是头脑中固有的理性观念。社会学、历史学与（其他）哲学日渐兴盛的知识分析早已证明认识论实乃多余，尽管认识论一再断言这些学科毫无见地（特别是针对巴什拉及其法国追随者的研究）。这并不意味着我们要给认识论与自然主义科技论研究分配不同主题，因为后者正是要消解前者。因此，《实验室生活》既不想发展出另一种认识论，也无意攻击哲学。我们建议对科学的认知性解释先暂停个十年，这或许最贴切地表达了我们的立场。如果我们的法国认识论者同行们十分自信，坚持认知现象对于理解科学极端重要，他们一定愿意接受这个挑战。我们在此承诺，如果十年之后还有什么有待解释，我们也会求助于心智！

有学者试将《实验室生活》解读为对科学证伪主义的确认！，这大概是对我们研究最有意思的（哲学）解释。这一观点认为《实验室生活》构成了对波普尔科学哲学的“惊人的确证”（Tilley，1981：118）。（我们）描述了科学家投入大量精力贬低对手的主张，这难道不就是科学与日常常识具有根本区别的绝佳证明吗？日常生活中的争论可无法在巨大的实验室里，通过精心策划的争论加以解决。

蒂尔利（Nick Tilley）对我们论点的自杀式（不过仍然是合理的）解读也发挥了一定作用，因为它揭示了我们研究的两个基本缺陷。首先，尽管研究实验室原本是一种必要且可取的方式，但不应将实验室当作独立单位研究，它只是一个更丰富的故事的一部分。另有学者研究了为何所有讨论都必须涉及实验室的问题。只有将实验室的内部运作与实验室在社会中的战略定位结合起来研究，才能抵制蒂尔利的绑架。一旦我们编织起完整的故事，便能看到日常争议与实验室争议共处一个连续体中，分析这个连续体便能得知为何解决实验室争议要投入大量资源，但是平息一场酒吧争吵则无需投入太多（Latour，1986a and b）。其次，蒂尔利证明我们所掌握的资源还不足以推动他人放弃其他解释，接受我们的解释，例如蒂尔利几乎不费吹灰之力就构筑了一个与我们完全对立的二元解释。

“社会”的消亡

科学社会研究的拓展过程中对“社会”一词的不当使用加深了人们对它的误解。由于我们在第一章便明确否定了“社会因素”，后文仍继续沿用“社会”，看上去稍显讽刺。那么，我们谈论“社会”建构是想表达什么呢？我们大可承认“社会”一词已经毫无意义，它被默顿主义者用来定义与“科学”内容毫不相干的领域，爱丁堡学派尝试用它解释科学的技术内容（与技术内容的内部主义解释相比），他们都将“社会”视作二元关系的一方，与“科学”“技术”相对立。然而一旦我们认同一切互动都是社会互动，“社会”一词还能发挥多大作用呢？用笔在图纸上绘图也好，建构文本也罢，甚至是逐步阐明一个氨基酸链，当我们说这些都是“社会”的，“社会”一词又能表达什么呢？它当然失去了意义。科学社会研究证明了“社会”普遍适用于一切现象，因而“社会”一词丧失了全部意义（参见 Latour，1986a and b）。尽管这也是我们的初衷，但直到现在我们才明白索性不如抛弃这个词语，使用一个新的副标题：“科学事实的建构过程”，这才是我们感兴趣的话题。

反身性

前文谈到过，我们最初想要开展具有一定反身性的“民族志”研究。除此以外，我们还指出对《实验室生活》的各类评价其实反映了科学社会研究根深蒂固的矛盾心理，特别是这项工作的性质与处境都很特殊，难免使研究者意识到自己在分析虚构性叙述的建构时，同样也在建构虚构性叙述。但饶有趣味的是，大多数“实验室研究”倾向于采用工具性的民族志概念，而不使用反身性民族志概念（Woolgar，1982）。目前很多实验室研究的纲领是“仅在科学进行时研究科学”，这也常见于更广泛的科学社会研究。一方面，这句口号表明，相对而言，实验室研究试图摆脱事后重建的限制描述科学，因为实验室研究可以在场观测科学活动，基于一手经验分析科学，不需要依靠事后回忆。另一方面，分析者在科研活动现场研究科学能够贴近科学家日常工作环境，无需以受访者为中介，依赖他们对科学的建构表述。因此比起访谈，在场观察将更直接地接触实验室事件。无论从哪一种角度理解“发生式科学研究”，它都有一个基本理念：相比于二手诠释，研究者能从现场获得更多信息。研究者通过现场观测当代科学活动，描绘了坚守实验台的科学家，批判性听取科学家的说法，尤其要谨慎对待他们离开（既指时间意义上的远离，也指语境意义上的远离）科研现场后的说法。

“科学进行时”纲领简单直接地表明，与其依赖那些不在现场的科学行动者，听信他们对科学活动的“曲解”，不如开展实验室研究，它将“更好”或“更准确”地刻画科学图景。这种观点无疑有其价值所在，例如在请求实验室入场许可时，可以将它作为谈判的筹码，毕竟部分科学家非常看重“科学实践情况”与“波普尔一类哲学家的科学见解”的区别。但出于**分析**的目的开展“科学进行时”研究在傲慢之余也完全走偏，因为这样就是假定分析者享有接触科学“实际真相”的特权，并暗示如果更密切详尽地观察技术实践，最终便能接近真相（参见 Gieryn，1982）。因此，它将忽略一些值得探究的现象：科学观察的报告为什么“足够好”，又为什么“不充分”？人们为何认为它“真实”“准确”地描述了科学，又为什么觉得它“曲解”了科学？

如果更进一步反思实验室研究，便不会对所谓的“谬误性问题”不屑一顾，因为所有描述、报告、观察都总有可能会被质疑。但我们不能一边用这一论点描述他人（科学家或其他社会学家）工作，一边暗示我们自己提出的解释方案没有缺陷，这样做颇为讽刺（Woolgar，1983）。相反，我们应该认可谬误性适用于所有解读，并想办法妥善处理自身解读的谬误。我们在描述、分析的过程中不仅将谬误性用作批评工具，而且要将其保留在我们的解读中，不断提醒人们注意它的存在。不妨承认“谬误性问题”无可避免也无法解决，即便试图回答研究者如何在分析中避免谬误性也难免失败，因为这种探究一定囊括了避免谬误的企图。[7] 我们所要做的，是发展出一种适当的行文风格，使其既能遏制谬误怪物，又允许它盘踞在我们研究的核心地带。[8]

当然，探索反身性还引发了一个有趣问题，因为我们在写作上受制于报告体传统，所以读者更容易以为民族志报告直接反映了实验室内的“实际”情况，这种解读有其价值所在，一些读者能够就此走进他们此前从未注意的科学世界的角落。但如果这样解读我们的报告不免错过重点。我们将观察任务交给一个虚构的“观察者”（尤其是在第二章），试图以此应对反身性问题，暗示读者批判性地看待我们企图通过文本表达建立客观性的尝试，提醒读者思考自己与文本的关系，鼓励他们探究这种关系的本质。例如，照片 1（第 92 页）是“实验室屋顶视角”。可以想见，如果一位读者笃定信仰工具主义，他看到这张照片想必会照单全收，然后高兴地翻过这一页，毕竟他现在已经更了解实验室屋顶的特点（以及从那里看的景色）。当然，能增进这类读者的知识，我们自然会感到欣喜，但不幸的是我们会失去更多，因为我们还是希望这样一张照片至少可以让读者稍作停留，思考文本与图像并置说明了哪些内容，对读者理解文本“事实”又会产生什么影响。我们关注反身性问题，自然也会在文本中建议读者不断自问：作者真的观察了实验室吗？本书的导言真的是乔纳斯·索尔克所写吗？

因此，反身性提醒读者**所有**文本都是故事，无论是科学家制造的事实，还是我们对他们工作的虚构性描述都是如此。文本的故事性意味着文本的解读原则上并不唯一：读者永远无法“确切知晓”。前文已经提过民族志研究有助于强调这种解读的不确定性，现在我们看到，反身性便是以文本为对象的民族志学者。

结论

我们在《实验室生活》最后一章讨论了自身论证的性质，自问我们是否（仅仅）编织出一个（对科学的）新故事，用它取代旧故事。原稿的结尾处承认我们的分析“最终无法令人信服”，请求读者不要将文本当真。但初版的出版商坚持要我们删掉这句话，他们说自己不会出版“否定自我价值”的东西。

读者应当明白，我们从未声称我们的说法比科学家受访者的说法更可信，也不认为我们的说法能免于批评。但就像原稿中删掉的那句话一样，这句话往往也被看成自欺欺人：你们怎么能不相信自己的说法呢？怎么能将自然科学与你们自己的相对主义故事都相对主义化呢？这样做显然会导致读者错过反思重点，只听见道歉，只看到自相矛盾。但是，对于相信叙述内部本身就存在准确性与虚构性的人而言，这句话只会是一句自相矛盾的话，而这正是我们想要挑战的观点。因此，我们在初版的末尾句（也是这篇后记的最后一句话）中预测了其他研究者想要超越我们的解释，需要做哪些工作。这句话提醒我们，任何文本（结构、事实、主张、故事、叙述）的价值与地位都不源于它本身所谓的“固有”品质，而是由外部东西所决定。我们在前文中已经给出了建议，指明判断一则叙述是否准确（或虚假）要看后续对这个故事的解读，故事本身无关紧要。这就是我们在陈述的模态化与去模态化中提出的基本原则。《实验室生活》也像我们讨论过的 TRF（H）、生长抑素与其他事实一样，它的解读权也重回读者手中。是他人在改变主张的状态，为它们赋予或多或少的事实性，抑或使它们解体，将它们纳入不同的黑箱以备论证所需，抑或嘲笑它们荒谬不经。所有主张都注定经历这些，承认这一点既不会导致自相矛盾，也不意味着认输，反而在预测读者的反应时，更能理解他们的不同行为。每个文本、实验室、作者与学科都在努力创作自己的世界，越来越多的人遵从这个世界的法则，它所提供的解释越来越有说服力。换句话说，解释与其说是告知，不如说是执行。因此，科学家们力图呈现我们生活的世界，而我们则想要解构它，他们显然能得到更多支持。我们意识到了自己与科学家的巨大差异，但我们并不因此自我否定，只是承认当前各种力量达成了平衡。至于未来如何则有待进一步思考：为使我们的论证比其他论证更可信，还需要再进行什么研究？继续投资什么？是否需要重新定义科学社会学领域？要将什么视为可接受的论证？

注 释

1 谁才是坏人？读者可以换位思考。目前重要的是角色已经发生了改变。

2 现在一般认为，早在实验室研究成为热潮以前，弗莱克（Ludwik Fleck，1979）就进行了类似研究，他描述了瓦瑟曼（August Wassermann）的梅毒研究，其著作最初在 1935 年以德文发表。韦斯特鲁姆（Ron Westrum，1982）认为佩里（Stewart Perry，1966）对精神病学研究的研究也预见了《实验室生活》中的结论。

3 讨论《实验室生活》的评论与综述文章均列在附加参考文献中，用星号（*）表示。许多“实验室研究”（见注 4）也包含了对《实验室生活》的批评性评价。

4 对“实验室研究”的评论可见：克诺尔（Knorr-Cetina，1983）与伍尔加（Woolgar，1982）。“实验室研究”范畴中的实证研究涉及以下科学领域：神经内分泌学（Latour and Woolgar，1979；Latour，1980，1981）、植物蛋白研究（Knorr，1977，1979；Knorr-Cetina，1981，1982a，1982b）、脑科学（Lynch，1982，1985a，1985b）、心理生理学（Star，1983）、粒子物理学（Traweek，1980，1981，即将出版）、固态物理学（Woolgar，1981a，1981b，即将出版）、胶体化学（Zenzen and Restivo，1982）、催化化学（Boardman，1980）、细胞生物学（Law and Williams，1981，1982）。除此之外，还有学者大概讨论了科学论研究采用“人类学方法”的重要性（Anderson，1981；Elkana，1981；Lepenies，1981），但一般既没提到也未利用具体实证研究。古德菲尔德（June Goodfield，1981）进一步研究了科学家个人经历，但是没有探究实验室工作的社会进程。

5 林奇曾研究过神经科学实验室，给出了令人惊叹的详细描述，但他本人声称自己“极度受制于加芬克尔路径，只给出了最具推测性的描述，别的就什么也没有了”（Lynch，1985b：128）。

6 美国科学促进会最近一次会议（纽约，1984 年夏）包含一场“实验室研究：

科学家们真正在做什么？”的讨论。*

7 科学论研究中的“语言学转向”试图类型化科学家为对抗谬误而进行的阐释工作。例如，“话语分析”重点考察科学家如何组织意义，因为他们的解释极富灵活性与多变性（例如，Mulkay et al.，1983）。这类研究并不满足反身性的要求，因为它们（并不基于讽刺目的地）宣称要揭开科学家话语实践的真实内幕。若想了解多种科学文本分析法，可参考卡隆等人的总结（Callon et al.，1986）。

8 最近试图照此继续探究的有阿什莫尔（Malcolm Ashmore，1985）、马尔凯（Mulkay，1984）、伍尔加（Woolgar，1984）。

---

* 编者注：注释 6 在文中的注码缺失。

附加参考文献

*表示关于《实验室生活》的评论或综述文章。

ANDERSON, R. S. (1981) "The necessity of field methods in the study of scientific research." Pp. 213-244 in Mendelsohn and Elkana (1981).

ASHMORE, MALCOLM (1985) A Question of Reflexivity: Wrighting Sociology of Scientific Knowledge. Unpublished Ph.D. thesis. University of York.

* AUSTIN, J. (1982) Social Science and Medicine 16: 931-934.

* BAZERMAN, CHARLES (1980) 4S Newsletter 5: 14-19.

* BEARMAN, DAVID (1979) *Science 206*: 824-825.

BERGER, P. L. and LUCKMAN, T. (1971) The Social Construction of Reality. Harmondsworth: Penguin.

BLOOR, DAVID (1981) "The strengths of the strong programme." Philosophy of the Social Sciences 11: 173-198.

BOARDMAN, M. (1980) The Sociology of Science and Laboratory Research Practice: Some New Perspectives in the Social Construction of Scientific Knowledge. B.Sc. dissertation, Brunel University.

BORGES, J. L. (1981) "Pierre Menard, author of The Quixote." Pp. 96-103 in Borges: A Reader. Ed. E. R. Monegal and A. Reid. New York: E. P. Dutton.

CALLON, MICHEL, LAW, JOHN and RIP, ARIE [eds.] (1986) Texts and Their Powers. London: Macmillan.

* COZZENS, SUSAN (1980) 4S Newsletter 5: 19-21.

ELKANA, YEHUDA (1981) "A programmatic attempt at an anthropology of knowledge." Pp. 1-76 in Mendelshon and Elkana (1981).

FLECK, LUDWIG (1979) The Genesis and Development of a Scientific Fact, translation by F. Bradley and T. J. Trenn of 1935 German edition. Chicago: The University of Chicago Press.

GIERYN, T. (1982) "Relativist/constructivist programmes in the sociology of science: redundance and retreat." Social Studies of Science 12: 279-297.

GILBERT, G. NIGEL and MULKAY, MICHAEL (1984) Opening Pandora's Box. Cambridge: Cambridge University Press.

GOODFIELD, JUNE (1981) An Imagined World. New York: Harper and Row.

GRENIER, M. (1982) Toward An Understanding of the Role of Social Cognition in Scientific Inquiry: Investigations in a Limnology Laboratory. M.A. dissertation, McGill University.

——— (1983) "Cognition and social construction in laboratory science." 4S Review 1 (3): 2-16.

*HARAWAY, D. (1980) Isis 71: 488-489.

KNORR, K. D. (1977) "Producing and reproducing knowledge: descriptive or constructive?

Towards a model of research production.'' Social Science Information 16: 699-696.
——— (1979) ''Tinkering toward success: prelude to a theory of scientific practice.'' Theory and Society 8: 347-376.
——— and KROHN, R. and WHITLEY, R. D. [eds.] (1980) The Social Process of Scientific Investigation. Sociology of the Sciences Yearbook, Vol. 4. Dordrecht and Boston, Mass.: Reidel.
KNORR-CETINA, KARIN D. (1981) The Manufacture of Knowledge: An Essay on the Constructivist and Contextual Nature of Science. Oxford: Pergammon.
——— (1982a) ''Reply to my critics.'' Society for the Social Studies of Science Newsletter 7 (4): 40-48.
——— (1982b) ''Scientific communities or transepistemic arenas of research? A critique of quasi-economic models of science.'' Social Studies of Science 12: 101-130.
——— (1983) ''The ethnographic study of scientific work: towards a constructivist interpretation of science.'' Pp. 116-140 in Knorr-Cetina and Mulkay (1983).
——— and MULKAY, MICHAEL (1983) [eds.] Science Observed: Perspectives on the Social Study of Science. London: Sage.
KUHN, T. S. (1962) The Structure of Scientific Revolutions. Chicago: University of Chicago Press.
——— (1970) The Structure of Scientific Revolutions. Second Edition, Enlarged. Chicago: University of Chicago Press.
——— (1984) ''Reflections on receiving the John Desmond Bernal Award.'' 4S Review 1 (4): 26-30.
* KROHN, R. (1981) Contemporary Sociology 10: 433-434.
LAUDAN, LARRY (1981) ''The pseudo-science of science?'' Philosophy of the Social Sciences 11: 173-198.
LATOUR, BRUNO (1973) ''Les idéologies de la competence en milieu industriel à Abidjan.'' Cahiers Orstrom Sciences Humaines 9: 1-174.
——— (1980) ''Is it possible to reconstruct the research process? The sociology of a brain peptide.'' Pp. 53-73 in Knorr et al. (1980).
——— (1981) ''Who is agnostic or What could it mean to study science?'' in H. Kuklick and R. Jones (eds.), Knowledge and Society: Research in Sociology of Knowledge, Sciences and Art. London: JAI Press.
——— (1982a) ''Reply to John Stewart,'' Radical Science Journal 12: 137-140.
——— (1982b) Review of Karin Knorr-Cetina's The Manufacture of Knowledge. Society for Social Studies of Science Newsletter 7 (4): 30-34.
——— (1983) ''Give me a laboratory and I will raise the world.'' Pp. 141-170 in Knorr-Cetina and Mulkay (1983)
——— (1984) Les Microbes: Guerre et Paix suivi par Irréductions. Paris: A. M. Metailie et Pandore.
——— (1986a) The Pasteurisation of French Society, translated by Alan Sheridan. Cambridge, Mass.: Harvard University Press.
——— (1986b) Science in Action: How to follow scientists and engineers through society. Milton Keynes: Open University Press.
LAW, J. and WILLIAMS, R. J. (1981) ''Social structure and laboratory practice.'' Paper read at conference on Communication in Science, Simon Fraser University, 1-2 September.
——— (1982) ''Putting facts together: a study of scientific persuasion.'' Social Studies of Science 12: 535-557.

LEPENIES, W. (1981) "Anthropological perspectives in the sociology of science." Pp. 245-261 in Mendelsohn and Elkana (1981).

* LIN, K. C., LIESHOUT, P. v., MOL, A., PEKELHARING, P. and RADDER, H. (1982) Krisis: Tijdschrift voor Filosofie 8: 88-96.

* LONG, D (1980) American Scientist 68: 583-584.

LYNCH, MICHAEL E. (1982) "Technical work and critical inquiry: investigations in scientific laboratory." Social Studies of Science 12: 499-533.

LYNCH, MICHAEL (1985a) "Discipline and the material form of images: an analysis of scientific visibility." Social Studies of Science 15: 37-66.

——— (1985b) Art and Artifact in Laboratory Science: A Study of Shop Work an Shop Talk in a Research Laboratory. London: Routledge and Kegan Paul.

McKEGNEY, DOUG (1982) Local Action and Public Discourse in Animal Ecology: a communcations analysis of scientific inquiry. M.A. dissertation, Simon Fraser University.

MENDELSOHN, E. and ELKANA, Y. [eds.] (1981) Sciences and Cultures. Sociology of the Sciences Yearbook, Vol. 5. Dordrecht and Boston, Mass.: Reidel.

MULKAY, MICHAEL (1984) "The scientist talks back: a one-act play, with a moral, about replication in science and reflexivity in sociology." Social Studies of Science 14: 265-282.

——— POTTER, JONATHAN and YEARLEY, STEVEN (1983) "Why an analysis of scientific discourse is needed." Pp. 171-203 in Knorr-Cetina and Mulkay (1983).

* MULLINS, N. (1980) Science Technology and Human Values 30: 5.

NICKLES, THOMAS (1982) Review of Karin Knorr-Cetina's The Manufacture of Knowledge. Society for Social Studies of Science Newsletter 7 (4): 35-39.

——— (1984) "A revolution that failed: Collins and Pinch on the paranormal." Social Studies of Science 14: 297-308.

PERRY, STEWART E. (1966) The Human Nature of Science: Researchers at Work in Psychiatry. New York: Macmillan.

SCHUTZ, ALFRED (1944) "The Stranger."American Journal of Sociology 50: 363-376. Reprinted pp. 91-105 in Schutz, Collected Papers II: Studies in Social Theory, ed. Arvid Brodersen (1964). The Hague: Martinus Nijhoff.

STAR, SUSAN LEIGH (1983) "Simplification in scientific work: an example from neuroscientific research." Social Studies of Science 13: 205-228.

* STEWART, J. (1982) "Facts as commodities?" Radical Science Journal 12: 129-140.

* THEMAAT, V. V. (1982) Zeitschrift für allgemeine Wissenschafstheorie 13: 166-170.

TIBBETTS, PAUL and JOHNSON, PATRICIA (forthcoming) "The discourse and praxis models in recent reconstructions of scientific knowledge generation." Social Studies of Science.

* TILLEY, N. (1981) "The logic of laboratory life." Sociology 15: 117-126.

TRAWEEK, SHARON (1980) "Culture and the organisation of scientific research in Japan and the United States." Journal of Asian Affairs 5: 135-148.

——— (1981) "An anthropological study of the construction of time in the high energy physics community." Paper, Program in Science, Technology and Society, Massachusetts Institute of Technology.

——— (forthcoming) Particle Physics Culture: Buying Time and Taking Space.

WADE, NICHOLAS (1981) The Nobel Duel. New York: Doubleday.

WILLIAMS, R. J. and LAW J. (1980) "Beyond the bounds of credibility." Fundamenta Scientiae 1: 295-315.

* WESTRUM, R. (1982) Knowledge 3 (3): 437-439.

* WOLFF, R. D. (1981) "Science, empiricism and marxism: Latour and Woolgar vs. E. P. Thompson." Social Text 4: 110-114.

WOOLGAR, STEVE (1981a) "Science as practical reasoning." Paper read at conference on Epistemologically Relevant Internalist Studies of Science, Maxwell School, Syracuse University, 10-17 June.

——— (1981b) "Documents and researcher interaction: some ways of making out what is happening in experimental science." Paper read at conference on Communication in Science, Simon Fraser University, 1-2 September.

WOOLGAR, STEVE (1982) "Laboratory Studies: a comment on the state of the art." Social Studies of Science 12: 481-498.

——— (1983) "Irony in the social study of science." Pp. 239-266 in Knorr-Cetina and Mulkay (1983).

——— (1984) "A kind of reflexivity." Paper read to Discourse and Reflexivity Workshop, University of Surrey, 13-14 September. Forthcoming in Cultural Anthropology.

——— (forthcoming) Science As Practical Reasoning: the practical management of epistemological horror.

ZENZEN, M. and RESTIVO, S. (1982) "The mysterious morphology of immiscible liquids: a study of scientific practice." Social Science Information 21: 447-473.

LABORATORY LIFE: The Construction of Scientific Facts, 2nd Edition
by Bruno Latour and Steve Woolgar
Published by Princeton University Press, 41 William Street, Princeton, New Jersey 08540
In the United Kingdom: Princeton University Press, Guildford, Surrey

上海市版权局著作权合同登记 图字：09-2021-0204 号